现代草莓栽培理论与实践

曹学东　杜为刚　徐春明　范永强　主编

U0213055

中国农业大学出版社
·北京·

内 容 简 介

本书对草莓生育特性、草莓土壤障碍特点、草莓需肥与病虫草害的发生规律、草莓疑难杂症发生与防治、草莓土壤修复与施肥技术及病虫草害安全高效防治技术等进行了典型描述,并在书后面附有图片,图片清晰、典型,便于读者查阅和田间诊断。本书创造性地提炼出我国现代草莓栽培土壤修复施肥和病虫草害全程安全高效系统解决方案,力求体现我国现代草莓栽培的安全性、科学性、系统性、先进性和实用性。

图书在版编目(CIP)数据

现代草莓栽培理论与实践 / 曹学东等主编 . --北京:中国农业大学出版社,2022.5

ISBN 978-7-5655-2767-8

Ⅰ.①现⋯　Ⅱ.①曹⋯　Ⅲ.①草莓-果树园艺　Ⅳ.①S668.4

中国版本图书馆 CIP 数据核字(2022)第 071341 号

书　　名	现代草莓栽培理论与实践		
作　　者	曹学东　杜为刚　徐春明　范永强　主编		
策划编辑	赵　中	责任编辑	赵　艳
封面设计	郑　川		
出版发行	中国农业大学出版社		
社　　址	北京市海淀区圆明园西路 2 号	邮政编码	100193
电　　话	发行部 010-62733489,1190	读者服务部	010-62732336
	编辑部 010-62732617,2618	出　版　部	010-62733440
网　　址	http://www.caupress.cn	E-mail	cbsszs@cau.edu.cn
经　　销	新华书店		
印　　刷	北京鑫丰华彩印有限公司		
版　　次	2022 年 6 月第 1 版　2022 年 6 月第 1 次印刷		
规　　格	170 mm×228 mm　16 开本　19.75 印张　365 千字		
定　　价	80.00 元		

图书如有质量问题本社发行部负责调换

编写人员

主　编　曹学东　杜为刚　徐春明　范永强

副主编　胡乃意　刘　伟　刘　杰　王朝纲　焦德昌
　　　　刘仕强　姚树恩　高历文　牟　慧　惠文荣

参　编（按姓氏笔画排序）

王广泉　王公兴　王庆三　王善玲　白进武

巩俊花　吕　慧　朱力争　伏咏梅　刘　飞

刘卫龙　米如钦　杜庆章　李　欣　李印宝

李守霞　李运辉　李明光　李春玲　李积福

李慧憬　杨　春　杨德臣　吴　震　宋庆辕

宋庆增　张　慧　张敬涛　张新兰　陈升兰

陈洪福　邵明升　邵泽龙　范　葳　林凡华

庞立峰　孟庆庆　胡长军　洪　波　姚夕敏

徐建玲　徐春花　高　强　高建玲　崔　梅

彭发田　董伟伟　解红军　樊文坤

前　言 ●●●●

　　我国是草莓原产地之一，但草莓正式栽培始于1915年。中华人民共和国成立后，随着我国国民经济的发展和人民生活水平的不断提高，草莓生产有了较大的发展。目前，我国的草莓栽培面积和产量均居世界首位，总产量占全球的40%以上；我国也是全球草莓食用量最大的国家，食用量占全球的70%以上。我国在辽宁、河北、吉林、山东、江苏、上海、浙江、四川等地都建立了较大规模的草莓生产基地，这些生产基地是我国大、中城市的草莓鲜果供应主产区；在草莓品种更新方面也不断加快，栽培方式也由单一的露地栽培向多形式的保护地栽培转变，草莓鲜果的市场供应期不断延长，栽培的经济效益大大提高。

　　但是，我国在草莓栽培生产发展过程中，受农村经济体制限制，单位种植规模较小，机械化生产水平相对落后，主要以人工管理为主，特别是受农民管理技术水平和农业技术推广力度的影响，盲目施肥和病虫草害防治失当现象普遍存在，生产效率低下，造成土壤酸化与盐渍化加剧，更重要的是造成农田环境的面源污染，导致草莓病虫草害的发生和危害程度呈上升趋势，特别是草莓的品质不高，出口销售受到限制，这些都严重影响着我国草莓生产的健康发展和经济效益的提高。因此，针对目前我国草莓生产的现状，结合多年的研究与实践，我们编写了《现代草莓栽培理论与实践》一书。本书对草莓生育特性、草莓土壤障碍特点、草莓需肥与病虫草害的发生规律、草莓疑难杂症发生与防治、草莓土壤修复与施肥技术、病虫草害安全高效防治技术等进行了典型描述，并在书后面附有图片，图片清晰、典型，便于读者"按图索骥"和田间诊断。在土壤修复与病虫害综合防治方面，集成推广国内外新型肥料和高效低风险农药绿色防控模式和技术，结合自己的研究成果，创造性

地提炼出我国现代草莓栽培土壤修复、施肥和病虫草害全绿色全高效系统解决方案,力求体现我国现代草莓栽培的安全性、科学性、系统性、先进性和实用性。实践证明,书中所述技术方案具有安全可靠,有利于修复和保护土壤生态环境,病虫草害防治高效及时、劳动强度小、成本低和功效高等优点。

由于编写时间紧迫,编者水平有限,经验不足,书中错误和疏漏之处在所难免,恳请专家、同仁和广大读者批评指正,以便再版时修正。

编 者

2021 年 10 月

目 录 ●●●●

第一章 概　　述

第一节　草莓的起源

　　草莓为蔷薇科草莓属宿根性多年生草本植物,学名 *Fragaria ananassa* Duch.。园艺学上将其划归为浆果类,别名有洋莓、凤梨草莓、地莓、蛇莓、蚕莓、红莓、士多啤梨和鸡冠果等。现代草莓栽培的品种均属于凤梨草莓,又名大果草莓。

　　草莓起源于亚洲、美洲和欧洲,到目前为止,已知的草莓属有 24 个种。我国是野生草莓的发源地之一,其中在我国自然分布的有 13 个种。《本草纲目》中记载:"就地引蔓,节节生根,每枝三叶,叶有齿刻。"草莓果实呈圆形或心形,色泽鲜美红嫩,果肉多汁,酸甜可口,香气浓郁,被誉为"水果皇后"。

　　如今世界上主流的食用草莓品种大多起源于法国。为了满足农业需求,法国植物育种学家对草莓进行杂交,将优良性状尽可能多地表达在同一个品种上。虽然过度的杂交让如今的食用草莓味道寡淡,但法国依然保留着一些并未大规模生产的极优品种,它们大多香气馥郁十足,但难以保存、运输,让人很难在法国以外的地方享用到。

　　欧洲殖民者登陆北美洲后,在当地找到了很多欧洲本土不具备的植物,弗州草莓就是其中之一。弗州草莓是现今所有食用草莓的母本之一,它结的果又小又多,但十分香甜,因此探险家们将弗州草莓带回了法国进行培育。

　　弗州草莓到达法国的百年之后,法国军事工程师弗朗索瓦・弗雷齐耶在智利海滩上发现了一种果实特别大的草莓,并起名为"智利草莓"。他将智利草莓带回法国,并种植在弗州草莓田附近。智利草莓与弗州草莓完成了杂交,它们的后代成了现代食用草莓的祖先。

　　法国虽然培育出了现代草莓的鼻祖,但是将它发扬光大的却是英国人。英国人将现代草莓逐渐培育成了适合保存、运输的品种,并传播到世界各地,但是受商业化的影响,英国人培育的草莓严重缺乏风味,比法国草莓要寡淡得多。

第二节　草莓的成分与价值

一、草莓的成分

草莓具有较高的营养、药用及医疗保健价值。草莓营养丰富,每 100 g 果实含热量 30 kcal(1 kcal＝4.186 J)、蛋白质 1 g、脂肪 0.2 g、碳水化合物 71 g、维生素 C(抗坏血酸)47 mg、维生素 A(胡萝卜素)30 mg、维生素 E 0.71 mg、维生素 B_1(硫胺素)0.02 mg、维生素 B_2(核黄素)0.03 mg、纤维素 1.1 g、烟酸 0.3 mg、铁(Fe)1.8 mg、钙(Ca)18 mg、镁(Mg)12 mg、锌(Zn)0.14 mg、锰(Mn)0.49 mg、铜(Cu)0.04 mg、磷(P)27 mg、钾(K)131 mg、钠(Na)4.2 mg、硒 0.7 mg。

二、草莓的食用价值

草莓鲜果无皮无核,色泽鲜艳,外形美观,柔嫩多汁,酸甜可口,芳香味浓,可食部分占整个果实的 98% 左右,是深受人们喜爱的时令水果。同时,草莓病虫害较少,很容易生产无公害水果和达到绿色食品质量标准要求。

草莓除鲜食外,还可以加工制成草莓酱、草莓汁、草莓干、草莓酒、草莓蜜饯、草莓果脯、糖水草莓、糖浆草莓等多种食品。在各种水果酱中,草莓酱风味最佳,草莓系列饮料也以其独特的浓郁芳香味受到人们的青睐。新鲜草莓经速冻处理,可保持果实色泽鲜艳和原有风味,便于贮藏运输,延长市场供应和加工期。

三、草莓的药用价值

草莓味甘酸、性凉、无毒,具有润肺、生津、利痰、健脾、解酒、补血和化脂之功效,对肠胃病和心血管病有一定预防作用。草莓果实中所含维生素、纤维素及果胶物质,对缓解便秘和治疗痔疮、高血压、高胆固醇及结肠癌等均有疗效。咽喉肿痛、声音嘶哑者可经常服用鲜草莓汁。经常食用草莓,对积食胀痛、胃口不佳、营养不良和病后体弱消瘦有一定调理作用。草莓汁还有滋润营养皮肤的作用,用它制成各种高级营养美容霜,对减缓皮肤出现皱纹有显著效果。据研究,从草莓浆果、叶、茎、根中提取一种叫“草莓胺”的物质,临床试验表明对治疗白血病、障碍性贫血等血液病有良好的疗效。近年发现草莓对预防动脉粥样硬化、冠心病及脑出血也有较好疗效。广东一带分布的一种野生草莓,当地人将其茎叶捣烂后用来敷疗疮有特效,用其敷蛇伤、烫伤、烧伤等均有显著的功效。

四、草莓的经济价值

草莓是当今世界十大水果之一,在世界各国的小浆果生产中,产量与栽培面积一直居于首位,在果品生产中占有重要地位。草莓较其他的果树生长周期短,是露地栽培最早成熟的水果。鲜果在春末夏初时成熟,正值水果市场淡季,作为应时鲜果可以有效地填补鲜果市场的缺档。同其他果树相比,草莓很适宜保护地设施栽培,通过保护地促成栽培、半促成栽培、植株的冷藏延迟及异地的早熟栽培,基本上可以达到周年生产的目的,并满足市场供应。而且草莓的保护地栽培对设施要求不是很高,可以用地膜覆盖、小拱棚、塑料大棚和日光温室等多种形式栽培,可以拉开鲜果上市时间,从而大大缓解草莓集中上市的突出矛盾。同时,草莓的适应性强,在我国可以栽培的区域很广,东起山东半岛,西至新疆的石河子地区,南至海南岛,北到佳木斯,都能进行草莓生产。另外,草莓较其他果树相比,植株矮小,耐阴性强,还可以和很多作物进行间作套种,在北方地区可以与大葱、果树(桃、葡萄)、玉米、生姜等套种,可以达到双丰收的目的。因此,草莓生产具有投资少、周期短、见效快、效益高的特点,既能满足人们的高端消费需求,又能带动休闲观光采摘的"三产融合",从而实现农民增收的愿望,发展前景十分广阔。

第三节　国外草莓生产发展概况

草莓的适应性极强,因此在全球分布范围很广,从热带到北极圈区域的五大洲都有栽培。从草莓生产分布看,近 20 年来世界草莓的栽培中心从欧洲逐渐转移到了亚洲(表 1-1)。到 2017 年,世界栽培面积约 40.3 万 hm^2,较 2000 年的栽培面积 31.4 万 hm^2 增长了 28.3%。其中,亚洲草莓栽培面积最大,占世界栽培面积的 41.8%,较 2000 年增长了 74.7%;其次是欧洲,占世界栽培面积的 40.8%,较 2000 年下降了 5.5%。

表 1-1　世界草莓种植面积统计表　　　　万 hm^2

项目	非洲	美洲	亚洲	欧洲	大洋洲
2000 年	6 427	36 345	96 426	173 904	1 084
2017 年	14 217	52 047	168 412	164 354	3 548
增长/%	121	43	74.7	−5.5	227

欧洲是草莓集中生产最早的地区。在过去的两个世纪中,欧洲草莓的栽培面积

占全世界的 60％以上,主要采用露地栽培方式,以大型集体农庄为生产单位,生产的草莓主要用于冷冻或制酱。近 30 年来,由于受到亚洲等新产区的发展影响和当地劳动力成本提高的限制,草莓栽培面积略有下降,各国冷冻加工草莓数量逐年下降,但草莓生产水平一直位居世界领先地位,而且欧洲各国很重视新品种的研发培育,保护地草莓在这些国家发展很快,逐渐以鲜食草莓为主。西班牙西南部及地中海沿岸冬季为温和的地中海气候,气候环境适宜,是西班牙草莓的主要生产地。比利时、荷兰的保护地草莓产量则高达 90％以上,也是欧洲最重要的草莓生产国。

美国是美洲草莓生产的主产区,美国的草莓生产和其他农作物机械化生产一样,大都是在大型农场中大面积集中种植,美国加利福尼亚州每个草莓种植户经营面积都在 20 hm² 以上。同时,草莓的集约化管理水平比较高,从育苗、定植、采收到保鲜等整个生产环节都实现了全程机械化操作,生产效率很高。

亚洲草莓生产在近 30 年来突飞猛进,目前我国已是世界最大的草莓生产国。除此之外,日本草莓生产也迅速发展,栽培面积逐渐扩大。日本是草莓设施栽培极其发达的国家,草莓设施栽培面积占草莓栽培总面积的 80％以上,栽培形式主要是促成栽培,部分为半促成栽培,果实以鲜食为主。另外,日本在早熟品种选育和促进花芽分化的理论研究及实践方面均处于世界领先水平。日本草莓栽培主要是集约化生产,单元种植规模小,大多采用精耕细作,人工耗用量大,但草莓口感好、果实大、外观美、休眠浅、花芽分化早、品质佳,且培育的优质草莓品种已推广到世界各地。但抗病虫害能力弱,果实软,耐贮运性差。由于其主要采取设施栽培,所以与之相应的草莓专用肥、二氧化碳肥、加温和电照等配套设施及其材料相当完善,育苗促花技术水平高。草莓栽培采用不同品种和相应栽培方式,基本上能够周年生产。

目前,全世界草莓产量约为 878.3 万 t,较 2011 年的 672.6 万 t 增长了 30.6％,在小浆果品类中居首位(图 1-1)。

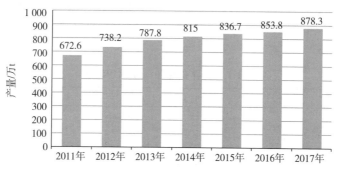

图 1-1　世界草莓产量变化情况

联合国数据中心统计显示,2016 年全球鲜草莓(HS:081010)进出口贸易总额为 49.51 亿美元,较 2015 年的 46.14 亿美元增长了 7.3%。

2012—2016 年间,美国是全球最大的鲜草莓(HS:081010)进口国,进口总额达 20.52 亿美元,排在第二位的是加拿大,进口总额为 16.74 亿美元,德国、法国、英国进口总额依次为 13.34 亿美元、10.44 亿美元、10.38 亿美元。

2012—2016 年间,西班牙是全球最大的鲜草莓(HS:081010)出口国,出口总额达 31.86 亿美元,排在第二位的是美国,出口总额为 22.47 亿美元,荷兰、墨西哥、比利时出口总额依次为 16.53 亿美元、11.96 亿美元、8.50 亿美元。

草莓育种工作进展较快。据统计,全世界现有草莓栽培品种 2 000 多个,并且新品种仍在不断出现。美国、日本和波兰等国家草莓科研起步早,种质资源丰富,已育成了很多适合本国的草莓配套品种,而且做到了定期更新换代。20 世纪 60年代,日本先后培育出宝交早生和春香两个著名品种,同时保护地栽培也得到了相应的发展。70 年代中期,又培育出较著名的品种丽红。到 80 年代中后期,上述品种先后退出市场,1983 年公开的丰香和 1984 年公开的女峰成为日本主栽品种。

草莓栽培技术不断提高。除露地栽培外,保护地栽培和抑制栽培等方式的出现,促进了草莓生产的发展。比利时和荷兰等国的温室和大棚中无土栽培技术很有特色,是将草莓植株栽培在填有泥炭的袋或桶中,进行基质栽培和水培、气培等无基质栽培。

草莓无病毒苗已进入应用阶段,日本和韩国栽培面积的 70% 以上是采用组织培养技术生产的无病毒苗,育苗技术已进入营养钵育苗或穴盘育苗阶段。蜜蜂传粉和二氧化碳(CO_2)气体施肥也已普遍采用。美国加利福尼亚州在草莓采收后,立即强制预冷到 5 ℃以下,然后用二氧化碳(CO_2)处理,并装入冷藏车(船),运往全美各地,可保持 2 周之久,而不影响草莓品质和风味。

第四节　我国草莓生产发展概况

一、发展历史

我国的草莓资源很丰富,差不多南北各省都有野生草莓分布,如新疆有新疆草莓,东北有野草莓,华北及华中有麝香草莓,广州有野生地锦草莓等。但是,目前我国栽培的草莓多数是 20 世纪五六十年代陆续从欧洲、日本或朝鲜引进的。开始的时候只是在园边、地角或花盆里栽种,随后才逐步扩大到田间,但多数仍是零星的小面积栽种。

我国凤梨草莓的栽培始于 20 世纪,1915 年一位俄罗斯侨民从莫斯科引入 5 000 株"维多利亚"(别名"胜利")草莓品种到黑龙江亮子坡栽植,1918 年又有一铁路司机从高加索引入维多利亚品种到一面坡栽种,随后各地通过教堂、大使馆等渠道少量引入。我国草莓生产在新中国成立前未受到重视,只有零星栽培,发展很慢。20 世纪 50 年代初期才形成了一定的种植规模,有的地方形成了较集中的产区。到 50 年代后期,沈阳农学院、北京植物园等先后从苏联、东欧等国家和地区大量引入世界各国的品种进行试验研究。自 70 年代末以来,随着改革开放和农业科技创新实力的增强,草莓生产得到了迅速的发展。

我国适宜草莓种植的地区非常广泛,北起黑龙江,南到广东,东到胶东半岛,西达新疆的石河子等均可栽培。因此,目前我国华北、东北、华东、西南等 20 多个省(自治区、直辖市)都有栽培,其中栽培面积较大的有河北、江苏、辽宁、浙江、上海、山东和北京等地,总面积超 2 万 hm^2。国家在北京和南京分别建立了草莓种质资源圃,专门进行草莓品种资源的收集、保存、研究和利用。我国从国外引进了上百个品种,开展了高产栽培、品种选育、组织培养等研究,取得了一定成果,并在生产中推广应用。我国的江苏省农业科学院园艺研究所、山东省果树研究所、河北省农林科学院石家庄果树研究所、沈阳农业大学、山西省农业科学院果树研究所等培育的硕丰、硕蜜、硕露、硕香、红丰、石莓 1 号、石莓 2 号、新明星、绿色种子、明晶、明磊、明旭、香玉、长丰、长虹 1 号、长虹 2 号等优良新品种也有较大的栽培面积,为发展草莓生产起到了积极的推动作用。

二、种植面积与产量

国家统计局数据显示(图 1-2),近年来我国草莓栽培面积保持持续增长的市场态势,由 2011 年的 9.6 万 hm^2 增长至 2017 年的 14.1 万 hm^2,占世界栽培面积

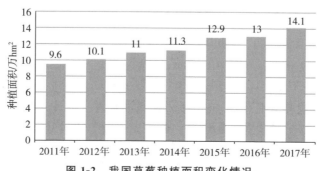

图 1-2　我国草莓种植面积变化情况

的 35.1%,是世界上栽培面积最大的国家。在草莓生产逐步扩大的同时,草莓新品种、新技术、新产品、新模式的推广应用得到普及,种植布局也趋于优化,涌现出一批知名产区。目前,我国几乎所有省、自治区、直辖市都有草莓生产种植,其中主要产地分布在辽宁、河北、山东、江苏、上海、浙江等东部地区,近几年四川、安徽、新疆和北京等地区发展也很快。

我国草莓产量增长明显(图 1-3),由 2011 年的 249.08 万 t 增长至 2016 年的 342 万 t,2017 年我国草莓产量在 375.3 万 t 左右。

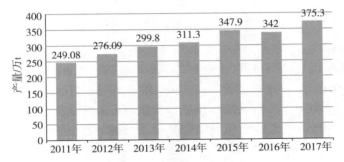

图 1-3　我国草莓产量增长变化情况

我国草莓生产大省主要集中在中东部(图 1-4),2018 年草莓产量超过 10 万 t 的省份分别是山东、江苏、辽宁、河北、安徽、河南、浙江和四川,其中山东和江苏的产量超过 50 万 t,占到 2018 年我国草莓总产量的 1/3。

三、进出口状况

我国冷冻草莓的出口量出现由增到减的趋势(图 1-5),在 2016 年后出现下降趋势,但出口金额却出现与产量增减趋势不同的波动,如果从均价(美元/kg)看,2016 年也是转折点,总体呈现“U”形,而在 2018 年出口量大量减少的情况下,出口金额的减幅较小,均价回升。

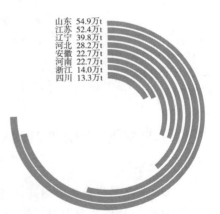

图 1-4　2018 年年产量超过
10 万 t 的省份

我国每年进口冷冻草莓的总量和金额都在创新高(图 1-6),从 2014 年的 7 130 955 kg,到 2018 年的 14 352 723 kg,进口规模增长了 101%,平均年增长率为 25.32%,但总体规模依然不大,进口冷冻草莓的均价仍高于出口冷冻草莓均价 30% 左右。

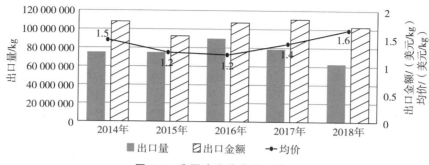

图 1-5　我国冷冻草莓出口情况

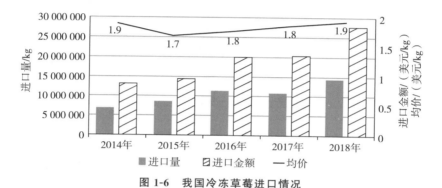

图 1-6　我国冷冻草莓进口情况

从国外进口的冷冻草莓,在国内主要用于加工农副产品,国内消费者主要食用的还是国产的新鲜草莓,所以国外进口冷冻草莓和国产的新鲜草莓是不构成竞争关系的。

四、草莓生产中存在的问题

1. 品种方面

生产中大面积栽培的草莓品种较为单一,缺乏早、中、晚熟搭配的优良品种,品种更新缓慢,品种选择上忽视市场需求,影响经济效益。品种应用上脱离实际,冬季较暖地区因栽培休眠深的品种而出现矮化,冬季较冷地区因栽培休眠浅的品种而出现徒长;保温效果好的因选用休眠深的品种而造成设施浪费,保温效果差的因选用休眠浅的品种而造成花期冻害等。

2. 产量方面

草莓栽培面积大但产量低,虽然个别地区每亩(1 亩≈666.7 m²)最高产量达2 000 kg,但平均产量仅为 600～1 000 kg。产量不高,经济效益自然不会太高。

3. 栽培方式

草莓以露地栽培和简易覆盖栽培为主,设施栽培面积仍然不大。致使草莓供应期集中于5—6月,极易造成供过于求,出现销售难的现象。

4. 栽培技术

缺少配套的先进规范化、标准化栽培技术体系。育苗工作比较粗放,无病毒苗繁育体系尚未建立健全。

5. 病虫害防治

随着种植年限的增加,草莓老产区病虫害日趋严重,特别是土传病害加重,极大地影响了草莓产量和品质。

6. 连作障碍

草莓是多年生草本植物,由于长期在同一地块中种植,有害微生物及土传病原菌逐年积累,土壤养分过度消耗,土壤中微量元素减少,有机质含量降低,造成土壤微生物生态结构不平衡,土壤菌群组成比例发生变化,有益微生物菌群减少。草莓长期连作,自身代谢活动产生化感自毒作用,草莓根系分泌的酚酸类物质对草莓苗的根、茎、叶的生长均有一定程度的抑制作用,能抑制草莓根系生长的活力,降低叶片的叶绿素含量及超氧化物歧化酶(SOD)活性,从而导致草莓抗病能力下降。长期过量使用化学肥料,使土壤中硝态氮和速效磷含量严重超标,造成土壤理化性质恶化、酸化和次生盐渍化加重,导致草莓严重减产甚至绝收。尤其是在保护地栽培条件下,连作障碍已成为限制草莓生产的主要因素。

五、草莓生产发展趋势

根据我国草莓的生产情况和特点,结合国外发展动向,预测今后草莓生产的发展趋势有以下特点。

1. 生产标准化,品质安全化

随着生活水平的不断提高,人们的健康意识和环保意识也不断增强,安全优质、营养健康已逐渐成为人们选择食品的首要原则。实施草莓标准化生产,突出优质、安全、绿色导向,制定草莓标准化育苗技术、草莓标准化栽培技术,对草莓生产产地环境、生产方式及产品的安全标准、化肥农药等生产资料使用要求、草莓病虫草害及畸形果的标准化防治、草莓果实采收与商品化处理制定统一标准,将草莓的生长环境、生长数据、田间管理等各个要素与环节进行精准的管理规划,保障草莓生长的全程标准化。对草莓果品及加工产品的安全性、外观、品质和风味进行等级评价,真正实现优质优价,提高草莓产品的市场竞争力。

2. 管理数字化，种植智能化

当前，我国经济已由高速增长阶段转向高质量发展阶段，以数字经济为代表的新动能加速孕育形成。大数据、物联网、云计算、遥感、移动互联等现代信息技术已经逐步在草莓生产中推广应用，提高资源利用率、土地产出率和劳动生产率，促进草莓产销向智能化、精准化、集约化、网络化方向转变，充分发挥物联网和智能装备在节水、节药、节肥、节省劳动力等方面的作用，按专业分工，育苗、分苗、定植、收获等多项作业普遍使用智能农机装备。加快推进信息化手段在草莓生产和质量管控中的应用，从草莓基地的环境数据采集，到草莓生产、采收、加工、贮藏、物流以及销售等环节的信息化管理，并科学规划草莓生产规模、优化基地布局、把控草莓质量，最终实现对草莓产业的智能化管理、专业化服务和质量安全监控。

3. 良种区域化，种苗无毒化

在良种选育中，要选择适合不同生产区域发展的草莓品种，从而实现品种的区域化，草莓品种要求高产稳产、抗性强、适应性广、商品性状好，需培育出果形大、着色好、香味浓、糖度高和耐贮运的品种。同时，还需培育适合各种栽培方式的优良品种。应做到引种与育种相结合，不断推出优良品种，更新换代。不同地区、不同栽培方式、不同用途应有自己的拳头产品，进行适度规模生产。建立完善草莓脱毒组培苗和苗木繁育体系，并加强管理，推广应用无病毒苗。育苗技术逐步向塑料营养钵或穴盘基质育苗方向发展。

4. 创新体系化，供应周年化

草莓在选种、育苗、栽培、克服连作障碍、农技推广、采收、贮运、保鲜、加工等环节建立完善的技术创新体系，推动农业全产业链改造升级，大力发展智慧气象和农业遥感技术应用。栽培新技术、新模式和新设施将不断涌现，并迅速在农业生产中推广应用。

利用现代栽培技术，实现草莓的周年生产和周年供应，满足市场对草莓鲜果的需求。主要发展方向是保护地促成栽培和植株冷藏延迟栽培，配合露地栽培、地膜覆盖、半促成栽培以及四季草莓优良品种的利用，形成周年生产与鲜果供应的保障体系。

5. 经营品牌化，流通溯源化

构建现代农业服务体系、农产品质量安全追溯体系、品牌创建保护体系，建立多渠道多层次的品牌宣传与市场推广体系，进行品牌的整合宣传，注重品牌产品包装创新，提高公众对品牌形象的认知度和美誉度，拓展草莓品牌产品功能作用。打造农产品区域公用品牌、国家地理标志产品，创建草莓产品知名品牌。实施草莓产品标识和溯源管理,建立可追溯平台来实现对草莓的流通追踪已经成为一种趋势,草莓流通可追溯系统是一个能从生产、物流、营销数字化监控,各个节点数据相连,系统智能化数据分析。生产、库存、物流、经销商、门店等供应链系统数据可公开化,提高效率,增加上下游信用体系建设,以指导生产、引导消费,为现代农业发展提供质量安全保障。

6. 产业集群化,发展融合化

遵循农产品标准化生产和循环农业发展原则,依托国家政策支持和区域资源环境、技术人才优势,以推进设施园艺产业数字化建设为目标,草莓产业将由一家一户分散式生产,向整村、整镇、整县园区化、集群化发展,按照"农业生产智能化,经营信息化,管理数据化,服务在线化"的要求,建设成为具备"育苗、种植、产后加工、销售、仓储物流"于一体的数字化全产业链设施园艺科技园区,构建起"企业+农户+基地""专业合作组织+农户"的生产模式,形成生产、加工、销售一条龙,贸、工、农一体化的紧密而完整的产业化链条,逐步形成草莓产业化、专业化、标准化、科学化发展格局。地方政府依托科技园区搭建草莓产业技术创新平台,促进区域内科技成果的推广应用和技术交流,推动草莓产业"接二连三"融合发展,促进草莓产业提质增效和转型升级。

在草莓特色种植园区,通过加快现代特色农业发展步伐,进一步推进草莓生产与农业、文化、旅游的深度融合,推动生产研发、加工物流、农旅休闲、电商服务、教育培训、展示展览、示范带动为一体的特色园区建设,形成企业为龙头、基地为依托、标准为核心、品牌为引领、市场为导向的"三产融合"模式,使草莓从生产、研发、加工、销售到休闲观光、生态采摘、农事体验,形成了一条完整的产业链,让农民共享"三产融合"的增值收益。

第二章　草莓的生长发育特性

第一节　草莓的植物学特性

草莓是多年生常绿草本植物。同其他果树一样,草莓分为地下部和地上部,一个完整的草莓植株由根、茎、叶、花、果实和种子等器官组成(附图 2-1)。根、茎、叶为营养器官,花、果实和种子为生殖器官。了解这些器官的形成及其生长习性,便于采取相应的技术措施,争取优质高产。

草莓植株矮小,呈半匍匐或直立丛状生长,高 20～30 cm,不同品种、环境及季节,植株高度存在着差异,但一般不超过 35 cm。在短缩茎上密生着叶片,顶端长花结果,下部生根。草莓盛果年龄 2～3 年。

第二节　草莓的根系

一、草莓的根系种类

根据繁殖方法的不同,草莓形成的根系有 2 种类型。一种是用种子繁殖形成的根系,称为实生根系。实生根系由发达的主根、各级侧根和须根组成,属于直根系,生产上一般不采用种子繁殖。另一种是由茎生根形成的根系,称为茎源根系(附图 2-2),即由新茎和根状茎上发生的粗细相近的不定根组成的根系,十分发达,属于须根系,生产上栽培的草莓为此类根系。茎上产生的不定根,直径 1～1.5 mm,因为是由茎上第一次发根,称为初生根。每一植株一般具有初生根 30～50 条,多者 100 条左右。初生根上产生侧根,形成输导根和吸收根,侧根上密生无数条根毛。侧根和根毛的主要作用是吸收养分和水分,还能合成营养;而初生根的作用主要为固定植株,输导养分和水分,并贮藏养分。

二、草莓的根系分布

草莓根系在土壤中分布较浅,主要分布在距地表 20 cm 深的土层中,少量根系可达 40 cm 以下的土层。根系分布状况受品种、栽植密度和土壤质地等影响。有的品种根系分布深,有的品种根系分布浅。同一品种栽植密度大,分布深,栽植密度小则分布浅。砂土地分布较深,黏土地分布较浅。土壤水肥供应充足,根系分布则较浅。据沈阳农业大学调查,壤土条件下的二年生草莓,根系主要分布在 0～20 cm 土层内,在该土层内,输导根和吸收根均占同类根总长度的 70% 以上。20 cm 以下土层,根系分布明显减少。所以,草莓栽种、施肥等不需像木本果树那么深。

三、草莓的根系生长发育特点

草莓由茎上新萌发的不定根肥嫩粗大,呈乳白色至浅黄色,不断生长后变为暗褐色,老根呈黑褐色。新根形成后,不断进行加长生长和加粗生长,但加粗生长较少,当生长到一定粗度后即停止加粗生长,加长生长也逐渐停止,不定根寿命为 2～3 年。发生新根的新茎第二年成为根状茎,其上根系继续生长,同时根状茎上长出的新茎又产生新根。一般到了第三年,着生在衰老根状茎上的根开始衰老死亡,而由上部茎上发出的新的根系来代替。由于抽生新茎的部位逐年升高,发生新的不定根的部位也随着提高,甚至露出地面,影响新根的生长和植株正常生长与结果。因而需要采取培土护根措施,使植株健壮生长和安全越冬。

在年周期中,只要环境条件适宜,草莓根系会持续地生长,而不断出现自然休眠。受土壤温度、植株营养等条件的影响,草莓植株根系一年内有两次或三次生长高峰。早春,当 10 cm 深土层温度稳定在 1～2 ℃时,根系开始活动,比地上部开始生长早 10 d 左右。早春最早的根系生长以上一年秋季发生的白色未老化根的继续延长生长为主,新根发生较少,之后随着土温上升,植株生长加强。进入开花结果阶段,地下部由短缩茎及初生根逐渐发生新根,根系生长出现第一次高峰。随着植株开花和幼果膨大,需要大量营养,根系生长逐渐缓慢,果实采收后,根系生长进入第二次高峰,此时以发生新根为主。秋季至越冬前,由于叶片制造的养分大量回流运转到根系,根系生长出现第三次高峰。有的地区,在年周期中,根系只有两次生长高峰,分别在 4—6 月和 9—10 月。7—8 月,由于地温高,根系生长缓慢,到深秋气温下降,生长逐渐减弱,根系结束生长比地上部晚。

第三节　草莓的茎

一、茎的分类

1. 按年龄分

草莓的茎按年龄分为新茎、根状茎和匍匐茎3种类型。

(1)新茎(附图2-3):芽萌发后抽生的当年生茎称新茎,相当于木本果树的新梢和一年生枝。新茎呈弓背形,粗而短。

(2)根状茎(附图2-4):草莓二年生及二年生以上的茎称根状茎。新茎在第二年其上芽萌发抽生新茎,其上叶片全部枯死脱落后形成外形似根的根状茎。相当于木本果树的二年生枝和多年生枝。因此,根状茎是一种具有节和年轮的地下茎,是贮藏营养物质的地方。

(3)匍匐茎(附图2-5):由新茎叶腋间的芽当年萌发形成的一种特殊地上茎,也是草莓的营养繁殖器官。

2. 按性质分

草莓的茎按性质分为营养茎、结果茎和结果母茎。

(1)营养茎:指只着生叶片,没有花序的新茎。营养茎由叶芽发育而成,匍匐茎及匍匐茎苗的新茎为营养茎。

(2)结果茎:指能够形成花序结果的新茎。结果茎由混合花芽发育而成。结果茎是当年产量的保证。

(3)结果母茎:指能够形成混合花芽的新茎。混合花芽分化质量影响来年开花结果,所以结果母茎是来年产量的基础。草莓的新茎,不管是营养茎,还是结果茎,一般都能成为结果母茎,结果母茎可以连续结果。据研究,10月初各类植株的花芽分化株率达100%。只要扎下根的匍匐茎苗,即使仅有2~3片功能叶,也均已开始分化花芽。

二、草莓的新茎

草莓不同类型的茎,其形态和生长发育有其各自的特点。

草莓芽萌发后,加长生长速度缓慢,年生长量为0.5~2 cm。加粗生长比较旺盛,节间极短,使新茎呈短缩状态。新茎上密生具有长叶柄的叶片,叶腋部位着生腋芽,秋季在顶端产生 1～2 个混合花芽,下部周围产生叶芽,成为结果母茎。第二年这些芽又产生新茎,呈假轴分枝。由混合花芽萌发长成的茎,当长出 3～4 个叶片时,花序则从下一片未伸展开的叶片的托叶芽鞘内微露。新茎在生长后期下部产生不定根,第二年新茎就成为根状茎。

新茎腋芽具有当年萌发为新茎分枝的特性,称为早熟性。有的萌发为匍匐茎,相当于木本果树的副梢。栽植当年发生新茎分枝的多少与草莓品种、栽植时期和种苗质量有关,当地上部受损时,隐芽易萌发形成新茎分枝或匍匐茎。有的品种混合花芽有早熟性,当年形成后,萌发并开花结果,这是草莓一年内多次结果的根据。

根状茎发生新茎的多少,因品种、年龄等而异,一年生苗每年产生 1～3 个新茎,二年生 2～5 个,三年生 5～9 个,4～5 年生可增加到 10 个以上,总高度达 10～15 cm,新茎数量最多达 25～30 个。

三、根状茎

根状茎是一种具有节和年轮的地下茎,是贮藏营养物质的器官。

新茎生长后期,基部发生不定根,第二年抽生新茎分枝,其上叶片全部枯死而脱落,成为外形似根的根状茎。二年生根状茎,尚能起到树干的作用,下部根系继续生长发育,吸收水分和营养,供给上部着生的新茎所需。根状茎从第三年开始,一般不发生新根,并从下部老的根状茎开始逐渐向上死亡。三年生以上的根状茎,分生组织不发达,极少发生不定根。其内部衰老过程是由中心部逐渐向外衰老。从外观形态上看,先变褐色,再转变为黑色,其上着生的根系随之死亡。因此,根状茎越老,其地上部分及根系生长越差。

新茎上部分未萌发的腋芽,成为根状茎的隐芽。当地上部分受损伤时,隐芽能发出新茎,新茎基部形成新的不定根,很快恢复生长。

根状茎与新茎的结构不同,根状茎木质化程度高,而新茎内皮层中维管束的结构较发达,生活力较强。

四、匍匐茎

1. 匍匐茎的发生

草莓匍匐茎由新茎的腋芽当年萌发形成,是草莓主要的营养繁殖器官。匍匐茎细长柔软,节间长。

腋芽萌发产生一次匍匐茎,生长初期匍匐茎向上生长,长到约超过叶面高度后,便垂向株丛空间日照充足的地方,沿着地面匍匐生长。匍匐茎是一种单轴-合轴分枝。大多数品种,第一节的腋芽保持休眠状态,第二节的生长点分化出叶原基,转化为缩短茎,向上形成芽和密集叶片,向下产生不定根,不定根在有 3 片叶显露之前形成,扎入土中,形成一次匍匐茎苗。在匍匐茎苗分化叶原基的同时,第一叶原基的叶腋间侧芽又萌发,继续抽生二次匍匐茎,形成合轴分枝。又发出的匍匐茎仍然是第一节保持休眠,第二节分化叶原基形成二次匍匐茎苗。以此类推,匍匐茎可在第四、第六、第八节等偶数节上形成匍匐茎苗,外形似乎为一条连续线。一根先期抽生的匍匐茎在营养正常的情况下,能连续向前延伸形成 3～5 株匍匐茎苗。

匍匐茎奇数节上为不发育的小型叶,有些品种如宝交早生、春香等,除偶数节能形成匍匐茎苗外,其奇数节上的芽还能抽生一条匍匐茎分枝,此分枝也能在偶数节形成匍匐茎苗。而且当年形成的健壮匍匐茎苗,其新茎腋间当年还能抽生二次匍匐茎,二次匍匐茎上形成的健壮匍匐茎苗,有的当年还能抽生三次匍匐茎。

匍匐茎的发生时间较早,但果实采收前发生量较少,多由未开花的株上发生,大量发生的时间一般在果实采收之后。一般早熟品种匍匐茎发生早,在 5 月上旬,晚熟品种在 6 月上旬发生。总之,采收后 6—9 月都易产生匍匐茎苗。据观察,产生匍匐茎早的植株,一次匍匐茎数量少,但能发生大量多次匍匐茎,后期大量发生一次匍匐茎的,发生分枝少,但发生快且多。

匍匐茎的寿命较短,当匍匐茎苗产生不定根,扎入土中形成独立苗后,它便与母株逐渐中断联系。一般 2～3 周,匍匐茎苗即可独立生长。

正常情况下,在一年中,一般品种都具有产生匍匐茎的能力,每株可生长 10 余条一次匍匐茎,每一母株一般产生 30～50 株匍匐茎苗。但匍匐茎苗发生早晚不一,因此大小不一样,先发生的形成大苗,靠近母株,而后发生的形成的苗较小,远离母株。离母株越近,形成越早的匍匐茎苗生长发育越好,定植后当年可形成大量花芽,第二年开花结果。

2. 影响草莓匍匐茎发生的因素

(1)草莓匍匐茎的发生数量与品种有关。植株发生匍匐茎的数量因品种类型、年龄、营养状况、栽培技术和环境条件等有很大差异,品种方面除以上讲的发生规律外,一般低温需求量多的寒地品种,如全明星、哈尼等,匍匐茎发生较少;要求低温期短的暖地品种,如宝交早生、丰香、女峰等,发生匍匐茎较多。一般地下茎多的品种发生匍匐茎少。四季草莓匍匐茎发生数量少,一季结果品种发生数量多。一季结果品种中,花期长和结果开花多的品种,发生数量少。二到三年生植株抽生匍匐茎能力最强,一年生植株利用匍匐茎的繁殖系数在 20 以上,每条匍匐茎至少能形成 2 株匍匐茎苗。凡生长健壮、营养充足的母株发生匍匐茎多,反之则发生少。

(2)草莓匍匐茎需要在长日照和较高温度条件下发生。适宜的日照时数在 12～

16 h,气温在 14 ℃以上。当气温低于 10 ℃时,即使给予长日照条件,也不能再抽生匍匐茎。

（3）草莓匍匐茎的发生量与母株经受的低温时间长短有关。如宝交早生需要在 5 ℃以下低温积累时间达到 400～500 h,如果低温感受不足,会影响匍匐茎的发生。如果把低温积累量较高的寒地品种引入暖地种植或进行促成栽培,就会因其感受的低温不足而影响匍匐茎的发生。如果适于促成栽培的暖地品种或浅休眠的品种,经历较长时间的低温处理,则可增加匍匐茎的发生数量。促成栽培的植株同露地栽培相比,未遭受低温影响,春季以后匍匐茎发生很少,这种母株不宜用作繁殖匍匐茎苗。

（4）草莓匍匐茎的发生数量与土壤水分关系也较密切。匍匐茎发生期保持土壤水分充足,有利于匍匐茎苗根系下扎,但也不宜地面积水,维持在田间持水量 70% 左右最好。

（5）植物生长调节剂影响匍匐茎的发生数量。赤霉素有与长日照类似的生理作用,可明显促进匍匐茎的发生。经过低温处理之后的四季草莓植株,在 6 月或 7 月 2 次喷洒质量分数为 30～50 mg/kg 的赤霉素,可有效抑制开花,促进匍匐茎的抽生,在疏花后喷施效果更好。相反,喷施多效唑、矮壮素等植物生长抑制剂可抑制匍匐茎的发生。

17

第四节　草莓的叶

一、叶的基本结构

草莓的叶属于基生三出复叶(附图 2-6),总叶柄较长,一般为 10～20 cm。总叶柄基部与新茎相连的部分,有 2 片托叶合成鞘状包于新茎上,称为托叶鞘。托叶鞘的色泽是品种的特征之一。叶片表面密布细小茸毛,小叶多为椭圆形,也有圆形、卵圆形、菱形等,一般长 6～14 cm,宽 5～12 cm。叶缘有三角形大锯齿。草莓叶片有的边缘上卷,呈匙形,有的平展,也有的两边上卷,叶尖部分平展等形状,均与品种有关。

二、叶的功能

草莓的叶执行着光合、呼吸、蒸腾、吸收和贮藏等生理功能。叶是进行光合作用制造有机营养的主要器官。在光照条件下,以水和二氧化碳为原料,制造碳水化合物,植物体内 90% 左右的干物质是由叶片合成的,以此为草莓的生长发育、形成产量奠定物质基础。叶片的吸收作用是叶面喷肥的依据。

三、叶的生长发育特点

草莓在 20 ℃ 的适宜条件下,每 8～10 d 抽生一片叶。草莓新叶由新茎长出后,逐渐展开,叶面积不断增大,光合作用随之增强,展叶后约 30 d 达最大面积,30～50 d 光合能力最强,所以最有效的叶龄为展叶后 30～50 d 的成龄叶。50 d 以后开始衰老,光合能力下降。从整个植株叶片分布看,从顶部向下 3～5 片叶光合作用能力最强。每株草莓一年能生出 20～30 片叶,由于环境条件和植株营养状况的变化,不同时期发生的叶片,其形态、寿命长短、大小也不一致,从坐果到采果前的叶片比较典型,能反映该品种的特征。

在生长季节里,从新茎上不断产生的叶片,平均生活 60～80 d,然后枯黄死亡。在秋季发生的部分叶片,在适宜的环境与保护下,能保持绿叶过冬,其寿命可延长到 200～250 d,来年春季生长一个阶段以后,才枯死脱落,被早春发出的新叶所代替。因此,草莓植株具有常绿性。越冬的绿叶保留越多,对提高产量越有明显的效果。所以做好越冬的覆盖防寒工作非常重要。

据研究,在辽宁沈阳,从春季被迫休眠尚未解除的 4 月 7 日到秋末冬初自然休眠发生,戈雷拉等 3 个草莓品种的叶柄、叶面积、株高的增长曲线大体上均呈一抛物线形,即开始时生长处于缓慢状态,以后转为迅速生长状态,维持一段时间后,生长速度便开始下降,最低点为 11 月 6 日左右。

根据叶片的功能和特点,在草莓生产中,可通过调节控制叶片的数量与叶面积来达到不同的目的。育苗期进行摘叶处理,促进花芽分化,花芽分化过后,促进叶片生长,有利于花芽的发育。开花结果期应维持一定数量的功能叶,以提高光合性能,调整好地上部和地下部的关系。生产过程中,应定期除去病叶、老叶和黄化叶,以减少呼吸消耗和传播病害的机会。

第五节　草莓的芽

一、芽的分类

1. 按着生部位分

(1)顶芽:着生在新茎尖端的芽称为顶芽。

(2)侧芽：着生在新茎叶腋间的芽称为侧芽，也称腋芽。

2.按性质分

(1)叶芽(附图2-7)：具有茎雏形，萌发后形成茎的芽称为叶芽。

(2)花芽(附图2-8)：含有花器官，萌发后开花的芽称为花芽。草莓的花芽内不仅有花器官，还具有新茎雏形，萌发后在新茎上抽生花序，开花结果，称为混合花芽。顶芽是花芽的称为顶花芽，侧芽是花芽的称为腋花芽。

3.按萌发时间分

(1)早熟性芽：当年形成当年萌发的芽称为早熟性芽。

(2)隐芽或潜伏芽：芽形成的第二年不萌发的芽，成为根状茎上的隐芽或潜伏芽。

草莓的芽具有早熟性。新茎上的腋芽，在开花结果期可以萌发成新茎分枝，夏季新茎上的腋芽萌发抽生匍匐茎，混合花芽当年萌发开花结果是多次结果的基础。

二、草莓花芽分化

19

草莓只有形成花芽，才能开花结果。花芽是在叶芽的基础上形成的，由叶芽的生理状态和形态转为花芽的生理状态和形态的过程称为花芽分化。花芽分化的时间、数量、质量是影响翌年草莓经济产量的主要因素之一。

1.花芽分化过程

从理论上讲，花芽分化过程经过生理分化、形态分化和性细胞形成3个时期。形态分化的过程是先出现花序，然后每朵花由外到内依次分化为花的各个器官。

(1)叶芽期：形态分化前与叶芽相似，其生长点被刚分化的雏叶叶鞘所包被，叶原基体基部平坦，顶部为锥形突起。其内部进行着生理分化，为形成花芽做物质准备。

(2)花序分化期：进入花芽形态分化期，生长点变大、变圆，肥厚而隆起，从而与叶芽区别开来，从组织形态上改变了发育方向。

(3)花蕾分化期：生长点迅速膨大，并发生分离，出现明显的突起，为花蕾分化期。中心的突起为中心花蕾原基，两边为侧花花蕾原基。

(4)萼片分化期：在花蕾原基中央突起的周边出现突起，为萼片原始体。

(5)花瓣分化期：萼片原基内层出现新的突起，为花瓣原始体。

(6)雄蕊分化期：花瓣原始体内缘出现两层密集的小突起，为雄蕊原始体。

(7)雌蕊分化期：由于萼片、花瓣、雄蕊原始体的不断生长，花器中心相对下陷。下陷的花托上出现多数突起，为雌蕊原始体。

(8)萼片收拢期:萼片将花瓣、雄蕊、雌蕊等原始体包被,并有大量绒毛长出,此期为萼片的收拢期。该期标志着一朵花的各器官原基的分化完成。现蕾期为花粉四分子形成期到开花前雄蕊和雌蕊的性细胞形成。

在一个花序上,花序原基形成以后,首先出现中心花原始体,中心花首先完成分化;侧花原始体分化较晚,分化进程参差不齐,陆续进行。一个花序上可有15～20朵花,甚至有更多的花分化。

花芽开始分化的时间称为花芽分化期。据观察研究,在山东、河北、辽宁草莓分化期为9月中旬到10月下旬,集中期在9月下旬到10月上旬。草莓真正能够形成产量的关键因素主要是顶花芽及其以下第一侧花芽,至越冬前,二者形态分化已经完成,其余部分侧芽分化开始较晚,进程较慢,参差不齐,这些侧花芽到翌春,一般抽不出花序,最后随着新茎的老化而变褐枯死。所以,就整个草莓植株或草莓园而言,花芽分化期比较长,但就生产上的有效分化而言,花芽分化期主要指顶芽及其以下第一侧芽开始分化的时间。

花芽有效分化时间较短,分化初期仅需4～5 d,随即开始花序原基分化。花序分化期约需11 d,花器分化期约需16 d,先是顶生花序上的雄蕊和雌蕊的分化,然后陆续分化其下的第二及第三花序。在一般条件下,从第一花序原基出现到雌蕊发生,持续1个月左右。

2.影响草莓花芽分化的因素

草莓花芽分化受内部因素和外部因素两方面的影响。

(1)内部因素

①品种特性。不同成熟期的品种,花芽分化迟早不同。同时,不同品种分化的花数和花芽数也有差异。

②营养物质。植株营养状况与花芽形成密切相关。营养物质包括碳水化合物、蛋白质、氨基酸、有机磷及各种矿质营养等,是花芽形成的物质基础。营养物质的种类、含量、相互比例以及物质的代谢方向,都影响花芽分化。到花芽分化期,充足的碳水化合物(C)积累,丰富的氮、磷、钙、锌、硼等无机营养,适当的氮素(N)营养和C/N值增加,都有利于花芽分化;相反,氮素过多,营养生长旺盛,C/N值小,不利于花芽分化,花芽分化就晚。所以,一般认为,秋季有5片以上功能叶的植株为壮苗,4片功能叶以下的植株为弱苗。壮苗比弱苗花芽分化期早,且随着幼苗叶数增多,其小花数量也相应有所增加。

诱导花芽分化需低水平氮。幼苗若定植早,植株氮吸收增加,体内氮水平上升早,会增加花数。即使小苗过早定植,花数也会增加。同时,早期植株氮水平提高,易产生畸形果。幼苗定植晚,则植株体内氮水平上升晚,花数减少,而果形良好。

新茎顶端生长点的大小,大致和新茎粗度成正比。新茎粗壮,则生长点大,花芽分化良好。但新茎太粗壮的苗,由于花芽分化期营养过剩,容易造成过多的一级果梗互相聚合,从而产生聚合果。匍匐茎苗发生早,采苗也早,多形成大苗,根茎粗,第一花序花数多。定植后不摘叶,会增加花数。

③生长调节物质。生长调节物质主要是内源激素。花芽分化是促进花芽分化的激素和抑制花芽分化的激素相互作用的结果。花芽分化需要激素的启动和促进,成花作用的激素直接参与花芽分化。一般促进生长的激素,主要指产生于种子、幼叶的赤霉素和产生于茎尖的生长素,不利于花芽分化。抑制生长的激素主要指成叶中产生的脱落酸和根尖中产生的细胞分裂素,有促进花芽分化的作用。草莓自身产生的脱落酸成分对赤霉素具有拮抗作用,如果赤霉素使用不当,会对花芽的形成产生影响。

④遗传物质。遗传物质核糖核酸(RNA)和脱氧核糖核酸(DNA)控制花芽的形成。研究认为,多种果树 RNA/DNA 的比例增加,核酸核酶的活性降低,有利于促进花芽分化。

(2)外部因素

①温度和光照。温度与光照影响草莓的光合、呼吸等生理过程,关系到碳素营养的生产积累,影响花芽形成。低温和短日照诱导花芽形成。草莓一般经过旺盛生长之后,大多数品种在日平均温度降至 20 ℃ 以下、日照缩短至 12 h 以下的低温、短日照条件诱导下,开始花芽分化。而以 10~17 ℃ 温度和 10 h 短日照条件下分化快。对于花芽形成,低温比短日照更重要,在 5~10 ℃ 的条件下,花芽分化与日照长度无关;在 10~15 ℃ 范围内,日照长度左右着花芽分化,即短日照条件下进行花芽分化。在 25 ℃ 以上时,不管日照长短都不会导致花芽分化。我国北方分化早,南方分化晚,四季草莓在高温和长日照条件下仍能进行花芽分化,故在一年中能多次开花结果。

②施肥和浇水。同一品种由于氮肥过多,浇水、降水多,植株营养生长势强,表现徒长和植株叶片过多,或者叶片不足都会使花芽分化延迟。在 8 月,尽量不要大量灌水和施入过多氮肥,以免使植株贪青徒长,营养积累少,从而影响花芽分化的质量。

③植物生长调节剂。人工喷施赤霉素可抑制花芽分化。而植物生长延缓剂和抑制剂,如矮壮素、多效唑、脱落酸等施于草莓幼苗后,会抑制植株生长,促进花芽分化。

④摘叶。试验证明,对草莓苗摘叶,即使给予长日照,同样能诱导成花,摘除老叶比摘除新叶效果更明显。分析表明,老叶中含有较多的成花抑制物质,摘除后其含量减少。摘除老叶可减少营养物质的消耗,增加积累,从而促进花芽分化。生产

中摘叶要适度。

第六节　草莓的花

一、花的分类与组成

草莓绝大多数品种为完全花(附图 2-9),雌雄性器官发育正常,能自花结实。少数品种为不完全花:一是雌能花,只有雌蕊,雄蕊发育不完全;二是雄能花,雌蕊发育不完全,雄蕊正常。这类不完全花品种,必须以两性花品种授粉,与两性花品种种植在一起,最多不超过 20～30 m 的距离,这样经过昆虫给雌能花品种传粉,产量也不低于两性花品种。

草莓完全花由花柄、花托、萼片、花瓣、雄蕊和雌蕊组成。花托为花柄顶端膨大部分,呈圆锥形,肉质,其上着生主、副萼片 5 枚,椭圆形白色花瓣 5 枚,雄蕊数目不等,多为 25～35 枚,雄蕊顶端为黄色的花药,花药为纵裂,雌蕊离生,螺旋状整齐排列在花托上,数目多为 200～400 枚,花小则雌蕊数目少,花大则雌蕊数目多。雄蕊由花丝和花药组成。雌蕊由柱头、花柱和子房 3 部分组成。基部有蜜腺,能吸引昆虫授粉,为虫媒花。

二、草莓的花序

草莓的花序在植物学中称为聚伞花序(附图 2-10),品种间花序分枝变化较大,形式比较复杂。通常典型的草莓花序为二歧聚伞花序。花轴顶端发育为一花后,停止生长,然后在下面同时生出两等长的分枝,每分枝顶端各发育出一花,然后又以同样方式再产生分枝,这种花序称为二歧聚伞花序,为复合花序。形成的花依次称为第一级序花,第二级序花、第三级序花等。由于受品种遗传特性、环境条件营养状况等影响,在花芽形成过程中,在应该形成花的部位未形成花,造成多种花序分歧形成,有的花序着花多,有的花序着花少。一个花序着生花 3～60 朵不等,一般为 10～20 朵。草莓花序的高度有高于叶面、等于叶面和低于叶面 3 种类型,因品种而异。花序低于叶面的品种,由于受到叶面的遮盖,受晚霜危害的可能性较小。

三、草莓开花与授粉

在春季一般新茎展出 3 片叶,而第 4 片叶未完全伸出时,花序就在第四片叶的托叶鞘露出。随着花序梗的逐渐伸长,出现整个花序。随着花序不断生长,花蕾发育成熟后,即行开花。在一个花序中,第一级序花首先开放,然后是第二级序花开放,依此类推。由于花序上花级次不同,开花先后不同,因而,同一花序上颗粒大小和成熟期也不相同。级序越高,开花越晚,果实越小,成熟期越晚。高级序花有开花不结果,形成无效花的现象。无效花的多少因品种而不同,对 15 个草莓品种的调查表明,大部分品种无效花占 15%～20%,最低为 4%,最高达 54%。同一品种在不同年份,无效花的多少变化很大,在适宜的气候和良好的栽培管理条件下,无效花数量可大大减少。

开花时,花冠将萼片向外推挤着展开,雄蕊的花药里飞散出成熟的花粉粒。花粉落到雌蕊柱头上,称为授粉。草莓的花粉可落到自身的柱头上称为自花授粉,草莓花粉落到柱头上可由昆虫的活动完成,称为虫媒花。授粉后,花粉发芽,产生花粉管,生长至胚囊,释放出精子与胚囊中的卵细胞结合,形成种子,子房发育为果实。草莓单花开放期 3～4 d,待花药中的花粉散完,花瓣开始脱落。整个植株花期一般持续 20 d 左右,在一个花序上,有时有第一朵花所结果实已经成熟,而最末的花还正开着。花粉的发芽力以开花后一天最高,生活力可持续 3～4 d。雌蕊柱头在开花后 8～10 d 内具有接受花粉的能力。

植株营养充足,有利于开花授粉。应加强秋春季管理,增加贮藏营养,提高当年光合水平。雌雄器官发育不良,影响开花和授粉,应注意进行辅助授粉。温度过低影响花蕾发育。花蕾发育成熟后,当气温稳定在 10 ℃ 以上时,即开花。花期气温 0 ℃ 以下使柱头受损变黑,失去接受花粉的能力。气温超过 30 ℃,也会使花粉发育不良。保护地栽培中应注意保温、降温。湿度过大,影响花粉的散开,使花粉吸水破裂,失去生活力,开花期遇连阴雨天气,注意排水,降低田间湿度。保护地栽培中,如地膜覆盖、放风等措施可控制好湿度。园内放蜂可明显提高坐果率,使授粉全面,减少畸形果。

第七节　草莓的果实与种子

一、果实

草莓果实由花托和子房愈合在一起发育而成。食用的果肉为花托部分,植物学上称为假果。许多小果聚生在花托上,也称聚合果。果实柔软多汁,栽培学上称为浆果。草莓果实由果柄、萼片、花托和瘦果组成。从解剖结构看,果实的中心部分为花托的髓，髓部的充实或空洞及其大小因品种而异，向外是花托的皮层，中间以主柱为界相隔，髓部有许多维管束与嵌在皮层内的瘦果相连。

草莓果实的形状和颜色因品种不同有很大的差异(附图 2-11)，果实的形状有短圆锥形、圆锥形、长圆锥形、扁圆形、圆形、长圆形、扇形、短楔形、楔形、长楔形等。果实的颜色有红色、深红色、橙红色，少数为白色。果肉颜色多为红色、浅红色、橘红色、深红色，也有白色微带红色。果实的大小，以第一级序果大小为准，果重 3～60 g 不等，一般为 10～25 g。

草莓开花授粉受精后，花托膨大，形成果实的食用部分果肉。大量着生在花托上的离生雌蕊形成一个个小瘦果。果实开始为绿色、较硬、味酸，果实成熟前 10 d，体积和重量的增加达到高峰，成熟时变为红色、深红色等果实应有的颜色，风味酸甜，有香气，变软。由开花到果实成熟需 1 个月左右，品种间有差别。一般情况下，早开花的品种是早熟品种。由于花期长，果实成熟期也相应延续比较长，因品种不同，在 12～25 d，一般为 20 d 左右。第一级序花发育为第一级序果，第二级序花发育成第二级序果，其余类推。第一级序果最大，其次为第二级序果，级序越高，果实越小。由于草莓花序分歧复杂，花序上级次高的果小，有的已无经济价值，称为无效果，采收费工，生产上一般不采收或及时疏花疏果，集中营养，提高果实品质。果实发育大小与品种及营养有关，也受其他因素的影响，尤其水分不足时大果品种也会相对变小，因草莓鲜果中约 90% 是水分。

二、种子

草莓的种子为瘦果(附图 2-14)，黄色或黄绿色，通常叫种子，实际上是果实包裹着种子，果皮很薄，种皮坚硬而不开裂，内有一粒种子，小而干燥，其嵌于浆果表面，深度因品种而异，有与果面持平、凸出果面和凹入果面 3 种情况，种子凸出果面的品种较耐贮运，而凹入果面的品种，表面易损伤，不耐贮运。

第八节　草莓的休眠特性

一、草莓休眠外观表现

休眠是草莓适应冬季低温的一种自我保护性生理现象。在露地栽培的自然条件下，草莓经过旺盛生长，进入温度变低、日照变短的深秋后，新出叶逐渐变小，叶柄变短，整个植株矮化，新茎和匍匐茎停止生长，即使开花花序也不伸长，表示草莓在形态上已进入休眠。

二、草莓休眠的条件

当日平均气温降到 5 ℃以下及短日照条件时,草莓植株便进入休眠期。露地草莓一般在 10 月下旬至 11 月上旬进入休眠期。

三、草莓休眠的两个阶段

草莓的休眠分为自然休眠和被迫休眠两个阶段。

1. 自然休眠阶段

草莓自然休眠是由草莓自身的生理特性决定的,只有经历一定的低温条件才能顺利通过,即使外界环境条件适宜也不能生长,且自然休眠要历经由浅至深的过程,随后才能逐渐觉醒。

2. 被迫休眠阶段

被迫休眠阶段是指在满足自然休眠以后,由外界环境条件不适宜所引起的休眠状态。在这种情况下,只要给予适当的生存条件,即可以打破休眠,使植株进入正常生长的状态。

四、影响草莓休眠的因素

引起草莓休眠的因素是外界环境条件和植株自身生理状况的变化共同作用的结果。花芽分化之后,即进入低温、短日照的秋季,有研究表明,相对于低温而言,秋季短日照是诱发休眠更重要的因素。例如,处于 21 ℃较高温度下,给予短日照也能引起休眠。而处于 15 ℃相对较低的温度下,给予长日照却只能引起轻度休眠甚至不能休眠。此外,气候的变化使植株体内原有的激素平衡被打破,赤霉素类物质含量减少,脱落酸类生长抑制物质增加,从而能够诱发植株进入休眠状态。

25

第三章　草莓对环境条件的要求

第一节　草莓对土壤条件的要求

一、土壤质地

草莓适应性强,可在各种土壤中生长,但高产栽培以肥沃、疏松、通气良好的砂壤土为宜。草莓根系浅,表层土壤对草莓的生长影响极大。砂壤土保肥保水能力较强,通气状况良好,温度变化小。黏壤土虽具有良好的保水性,但排水性能较差,通气不良,根系呼吸作用和其他生理活动受阻,易发生根腐烂现象。黏土地的草莓果实味酸、色暗、品质差,成熟期比砂质土壤晚2~3 d,黏土地、沼泽地、盐碱地不适合栽植草莓。砂壤土通气性好,但夏季温度高,保肥保水能力差,如果多施有机肥、速效肥,浇水少量多次,还是较适宜种植草莓的,且品质优良,成熟期提前。

二、土壤酸碱度(pH)

草莓适宜在中性或微酸性的土壤中生长,在土壤 pH 在 5.5~6.5 范围内最适宜。如果土壤有机质含量较高(>1.5%)时,土壤 pH 在 5~7 范围内均可以生长良好。在土壤 pH 超过 8 以上时,植株生长不良,表现为成活后逐渐干叶死亡。

第二节　草莓对温度的要求

温度是草莓生命活动的必要因素之一,草莓对温度的适应性较强,喜欢温暖的气候,但不抗炎热,虽有一定的耐寒性,但也不抗严寒。平均温度、有效积温、最高温度和最低温度等都影响草莓的生长发育。

一、气温

当气温达到 5 ℃时,草莓地上部开始生长,春季生长如遇－7 ℃低温则受冻害,－10 ℃时大多数植株死亡。早春,晚熟品种比早熟品种抗寒,而晚秋冬初,早熟品种比晚熟品种抗寒。植株生长的最适温度为 18～23 ℃,光合作用最适温度为 15～25 ℃。夏季气温超过 30 ℃生长受抑制,不长新叶,有的成熟叶片出现灼伤或焦边,生产中可采取浇水或遮阳等措施降温。

露地生长发育最旺盛的时期为 9—10 月和 4—6 月。在晚秋经过霜冻和低温锻炼的植株,抗寒力可大大提高,芽能耐－15～－10 ℃的低温。气温低于－20 ℃,植株往往被冻死。开花结果期最低温度在 5 ℃以上,低于 0 ℃或高于 40 ℃会影响授粉受精,进而影响种子发育,产生畸形果。气温低于 15 ℃时才开始花芽分化,而降到 5 ℃以下又会停止。低温短日照是诱导草莓休眠的主要环境因素。

保护地栽培中,加温开始到开花前维持气温 15(夜间)～25 ℃(白天),地温 20 ℃;开花期气温 20～10 ℃,地温 15 ℃;果实膨大期气温 6～20 ℃,地温 15 ℃。

二、地温

当地温在 2 ℃时根系便开始活动,10 ℃时形成新根。根系生长最适宜温度为 15～20 ℃。秋季温度降到 10 ℃以下生长减弱,冬季土壤温度下降到－8 ℃时,根部就会受到危害。

第三节　草莓对光照的要求

一、对光照强度的要求

草莓是喜光植物,光是草莓生长发育的重要因素之一,无光不结果,但又较耐荫。太阳辐射强度、光谱成分和日照长度等都影响草莓的生长发育。光照主要通过光合作用,制造草莓生长发育所需要的有机营养。据测定:草莓的光饱和点比较低,为 2 万～3 万 lx。光饱和点是指光合速度达到最高时的光照强度,这样较低的光饱和点,作为露地栽培,对光能是浪费,但对冬季设施栽培来说,如此低的光饱和点有利满足草莓对光照的要求。草莓光补偿点为 0.5 万～1.0 万 lx,光合积累与消耗等于零时的光照强度为光补偿点。20～25 ℃时,光合速率最大。光合作用的原料是水和二氧化碳,在不同的二氧化碳浓度下,光饱和点和光补偿点会相应变

27

化,二氧化碳浓度较高,有利于光合作用。

二、对光照时间的要求

草莓在不同的生长发育阶段对光照时间的要求不同。在开花期和旺盛生长期,需要每天 12～15 h 的较长日照时间,制造较多的光合产物,利于生长结果。在花芽分化期,要求每天 10～12 h 的短日照和较低温度,诱导花芽的转化。如果人工给予每天 16 h 的长日照处理,则花芽分化不好,甚至不开花结果。但在花芽发育过程中,给予长日照处理,能有促进作用。短日照和低温诱导草莓休眠。

三、光照条件对草莓生长发育的影响

在光照充足的条件下,植株生长较低矮、强壮,叶片颜色深,花芽分化好,果实产量较高,品质好,色泽深红,含糖量高,甜香味浓。如果光照不足,植株生长弱,叶柄、花序柄细,叶片颜色淡,花朵少而小,有的甚至不能开放,果实着色差,成熟期延迟,果实小,味酸,品质下降。秋季光照不足时,影响花芽的形成,植株生长弱,植株内贮藏营养少,抗寒力降低,影响来年生长发育,但光照过强,如遇干旱和高温,植株生长不良,叶片变小,根系生长差,严重时会成片死亡。

第四节　草莓对水分的要求

水是草莓生命活动的重要因素,是光合作用和蒸腾作用的原料,是营养吸收和运输的介质,植物体内水分含量在 90% 左右。草莓为浅根性植物,根系多分布在 20 cm 深的土层内,植株矮小,叶片多、叶片大、蒸腾量大且整个生长期不断进行新老叶片更替,又经抽生大量的匍匐茎和果实发育,对水分要求很敏感,需满足供应。

一、越冬期对水分的要求

草莓在不同的生长发育阶段对水分的要求不一样,越冬后草莓萌芽生长,应视土壤墒情适当灌水。现蕾期到开花期应满足水分供应,以不低于土壤田间持水量的 70% 为宜,此时水分不足则花期缩短,花瓣卷于花萼内不展开而出现枯萎。

二、果实膨大期对水分的要求

草莓果实膨大期需水量较大,应保持田间持水量的 80% 左右,此时水分不足,果实变小,品质变差,此时期满足土壤供水,但应防止空气湿度过大,以免烂果,保护地栽培中可采用地膜覆盖、暗灌水、滴灌等方法。

果实成熟期应适当控水,以免造成果实脱落和腐烂,不利于果实成熟和采收。

三、旺盛生长期对水分的要求

草莓旺盛生长期需水较多,缺水会使匍匐茎扎根困难,降低苗木繁殖系数。秋季苗木定植后要保证水分供应,因外界温度尚高,植株蒸腾量大而根少,缺水影响成活率与植株发育。花芽分化期适当减少水分,以保持田间持水量 $60\%\sim65\%$ 为宜,有利于植株由营养生长向生殖生长转化。灌足封冻水,以便草莓安全越冬,不使土壤干裂造成断根和冻害,有利于来年春季生长。

草莓不耐涝。土壤中水分和空气互为消长,水分过多则通气不良,引起缺氧,影响根系生长,进而影响地上部生长,降低抗寒力,增加病害,甚至使植株窒息而死。因此,灌水不宜过多,雨季做好田间排水工作,条件允许的情况下应推广滴灌技术,草莓园地下水位不能太高,低洼地区可用高畦高垄栽培。

29

第五节 草莓对矿物质养分的要求

一、草莓对矿物质养分的需求特性

草莓生长发育对氮(N)、磷(P)、钾(K)、钙(Ca)、镁(Mg)、硫(S)需求量大,对铁(Fe)、锰(Mn)、锌(Zn)、铜(Cu)、硼(B)、钼(Mo)和氯(Cl)需求量较小,不同的营养元素对草莓的生长发育影响不同。

1. 氮(N)

(1)氮的生理功能:氮是构成蛋白质的主要成分,是细胞质、细胞核和酶的组成成分;是核酸、磷脂、叶绿素和辅酶的组成成分;许多维生素(维生素 B_1、维生素 B_2、维生素 B_6)和激素(吲哚乙酸、激动素)中都含有氮。氮在草莓体内可以重新分配。

(2)氮对草莓生长发育的作用:氮促进新茎的生长,加大叶面积,使叶色浓绿,叶绿素含量高,提高光合效率。加大干茎和枝的粗度。增加花芽量,提高坐果率,提高草莓产量。增加叶内氮元素的含量。

(3)缺氮症状(附图3-1):草莓植株缺氮的外部症状从轻微至明显取决于叶龄和缺氮程度。一般刚开始缺氮时,特别在生长盛期,叶片逐渐由绿向淡绿色转变。随着缺氮的加重,叶片变为黄色,局部枯焦而且比正常叶略小。幼叶或未成熟的叶片,随着缺氮程度的加剧,颜色反而更绿。老叶的叶柄和花萼则呈微红色,叶色较淡或呈现锯齿状亮红色。果实常因缺氮而变小。轻微缺氮时,田间往往看不出来,并能自然恢复,这是土壤硝化作用释放氮元素所致。

(4)氮中毒症状:由于品种、氮肥形态、氮与其他元素间的平衡关系以及根的有效性和氮肥使用时期不同,均使氮中毒的症状各异。氮元素多,植株生长旺,具有不正常的深绿色叶,抑制根系生长,抑制花芽的形成,开始结果晚或结果少。因为植株长出大量的幼嫩枝叶,形成了较多的赤霉素,抑制体内乙烯的生成,果实成熟晚,质量差,着色不好,风味劣,贮藏性能下降,并易感染许多生理病害。

2.磷(P)

(1)磷的生理功能:磷是糖磷脂、核苷酸、核酸、磷脂和某些辅酶的组成部分,是细胞质和细胞核的主要成分,是三磷酸腺苷(ATP)、二磷酸腺苷(DTP)、辅酶A、辅酶Ⅰ和辅酶Ⅱ的组成成分。磷直接参与呼吸作用的糖酵解过程,参与碳水化合物间的相互转化,参与蛋白质和脂肪的代谢过程。磷可以在植株体内重新分配。

(2)磷对草莓生长发育的作用:磷能增加草莓花芽数,提高坐果率和产量。促进植株对氮素的吸收,可提高果实对磷的吸收,使茎叶中淀粉和可溶性糖的含量增加。

(3)缺磷症状(附图3-2):草莓缺磷症状要细心观察才能看出,草莓缺磷时,植株生长弱,发育缓慢,叶色带青铜暗绿色。缺磷的最初表现为叶片深绿,比正常叶小。缺磷加重时,有些品种的上部叶片外观呈黑色,具光泽,下部叶片的特征为淡红色至紫色,近叶缘的叶片上呈现紫褐色的斑点,较老龄叶的上部叶片也有这种特征。缺磷植株的花和果比正常植株小,有的果实偶尔有白化现象。根部生长正常,但根量少,颜色较深。缺磷草莓的顶端受阻,明显比根部发育慢。

(4)缺磷发生规律:草莓缺磷主要是土壤中含磷量少,如果土壤中含钙多或酸度高时,磷被固定,不易被吸收。土壤缺镁时,施用的磷不能被吸收。不疏松的砂土或有机质多的土壤中也易发生缺磷现象。

(5)磷中毒症状:草莓磷中毒症状多在与重金属拮抗时发生,由于重金属缺乏(如锌、铜、铁或锰的缺乏)而引起磷的过多,症状常与所缺的重金属典型症状混在一起。

3.钾(K)

(1)钾的生理功能:钾为某些酶或辅酶的活化剂(如ATP酶系的活化),钾是丙酮酸激酶、硝酸还原酶等的诱导剂。钾能促进蛋白质的合成,钾参与碳水化合物的形成与运转,钾离子(K^+)可使原生质胶体膨胀,钾是构成细胞渗透势的重要成分,要有一定浓度的钾离子,气孔才能开放。钾离子在植株体内的移动性很大。

（2）钾对草莓生长发育的作用：适量钾肥能促进草莓果实膨大和成熟，改善果实品质，提高产量。提高植株抗旱、抗寒、抗高温和抗病虫害的能力。

（3）缺钾症状（附图 3-3）：草莓开始缺钾的症状常发生在新成熟的上部叶片，叶边缘出现黑色、褐色和干枯，继而发展为灼伤，还可在大多数叶片的叶脉之间向中心发展危害，包括中肋和短叶柄的下面叶片产生褐色小斑点，从叶片到叶柄几乎同时发暗，并变为干枯或坏死，这是草莓特有的缺钾症状。草莓缺钾时，较老的叶片受害重，较幼嫩的叶片不显示症状。这说明钾元素可由较老叶片向幼嫩叶片转移，所以新叶中钾元素常充足，不表现缺钾症状。光照会加重叶片灼伤，所以缺钾易与日烧病相混淆。灼伤的叶片其叶柄发展成浅棕色到暗棕色，有轻度损害，以后逐渐凋萎。缺钾时果实颜色浅，质地柔软，没有味道。缺钾时根系一般正常，但颜色暗。轻度缺钾可自然恢复。

（4）缺钾发生规律：在砂土及有机肥和钾肥少的土壤中易缺钾。施氮肥过多，对钾吸收有拮抗作用。缺氮时施用钾肥不能增加叶中的钾。

（5）钾中毒症状：苗期未见钾过多的特殊中毒症状。开花结果期过量施用钾肥，特别是设施栽培草莓冲施大量的硝酸钾，土壤中含钾量高，土壤溶液中阳离子浓度过高，常会引起根系吸收功能的降低，植株吸收的钾少，同时也严重影响其他元素的吸收，严重抑制草莓的生长发育，降低草莓植株的光合作用，从而阻碍草莓果实的膨大，大大降低草莓的产量和品质。

4. 钙（Ca）

（1）钙的生理功能：钙是某些酶或辅酶的活化剂，如 ATP 水解酶和磷脂水解酶等；是细胞膜和液泡膜结构中的黏结剂。钙可维持细胞正常分裂，使细胞膜保持稳定，抵抗不良环境的侵袭，如 pH 过低、温度过高、冻害、缺氧、有毒离子浓度过高等。对韧皮部细胞起稳定作用，使有机营养向下运输通畅，增加蛋白质的合成作用。钙在植物体内移动性小。

（2）钙对草莓生长发育的作用：草莓对钙的吸收量仅少于钾和氮，以果实中含钙量最高。钙可降低果实的呼吸作用，增加果实耐贮性，减少生理病害。增强植株抗逆性，保证根系正常生长，降低铜、铝对草莓的毒害作用。

（3）缺钙症状（附图 3-4）：草莓缺钙最典型的是叶焦病，硬果，根尖生长受阻和生长点受害。叶焦病在叶片加速生长期频繁出现，其特征是叶片皱缩，或者缩成皱纹，有淡绿色或淡黄色的界线，叶片褪绿，下部叶片也发生皱缩，顶端不能充分展开，变成黑色。在病叶叶柄的棕色斑点上还会流出糖浆状水珠，大约在下面花茎 1/3 的距离也会出现类似症状。缺钙的草莓浆果表面有密集的种子覆盖，未展开的果实上种子可布满整个果面，果实组织变硬、味酸。缺钙草莓的根短粗、色暗、随后呈淡黑色。在较老叶片上叶色由浅绿到黄色,逐渐发生褐变、干枯,在叶的中肋处会形成糖浆状水珠。

(4)缺钙发生规律:土壤酸化、土壤干燥,土壤溶液浓度大,会阻碍对钙的吸收。年降水量多的砂质土壤容易发生缺钙现象。

(5)钙中毒症状:未见钙过多的直接症状,但土壤中钙过多会使土壤 pH 提高,以致影响其他元素的吸收,如缺锌、缺铁、缺锰等。

5.镁(Mg)

(1)镁的生理功能:镁是叶绿素的成分之一,是许多酶的活化剂,如碳水化合物代谢中的果糖激酶、半乳糖激酶、羧化酶、葡萄糖激酶等均需要镁离子(Mg^{2+})作为活化剂。镁能维持核糖和蛋白体的结构,对植株生命过程起调节作用。镁在植物的磷酸代谢中起作用,并因此间接地在呼吸作用中起作用。镁在植株体内可以移动,主要存在幼嫩组织中,成熟时,则集中在种子里。

(2)镁对草莓生长发育的作用:镁使根生长健壮,能促进体内维生素 A 和维生素 C 的形成,对提高果实品质有重要意义。镁能增强植株抗寒越冬能力。

(3)缺镁症状(附图3-5):缺镁时草莓叶片的边缘黄化,逐渐变褐枯焦,进而叶脉间褪绿并出现暗褐色的斑点,部分斑点发展为绿色并肿起。枯焦现象随着叶龄增长和缺镁加重而发展。幼嫩的新叶通常不显示症状。缺镁植株的浆果通常比正常果红色较淡,质地较软,有白化现象。缺镁时根量则显著减少。

(4)缺镁发生规律:施用大量氮肥、钾肥等容易抑制镁的吸收,引起缺镁。降雨量大的地区或受到大雨淋洗后的砂土、酸性土壤中的钾浓度显著高于镁,或因大量施用石灰致含镁量减少,土壤易造成缺镁。

(5)镁中毒症状:一般镁过多无特殊症状,多伴随着缺钾和缺钙。

6.硫(S)

(1)硫的生理功能:硫是氨基酸、蛋白质、维生素和酶的组成元素,是原生质等稳定结构物质的组成成分之一,这些含硫氨基酸中的硫构成了植物体中全硫含量的90%,在植物体内以还原状态存在。为维生素 B_1、生物素和辅酶 A 的组成成分之一。硫在植物体内不重新分配。

(2)缺硫症状:缺硫和缺氮症状差别很小。缺硫时叶片均匀地由绿色转为淡绿色,最终成为黄色。缺氮时,较老的叶片和叶柄发展为呈微黄色的特征。而较幼小的叶片实际上随着缺氮的加强而呈现绿色。相反地,缺硫植株的所有叶片都趋于一致,保持黄色。缺硫的草莓浆果有所变小,其他无影响。

(3)缺硫发生规律:我国北方含钙质多的土壤,硫多被固定为不溶状态。而南方丘陵山区的红壤,因淋溶作用,硫流失严重,这些地区的草莓园易缺硫。

7. 铁(Fe)

(1)铁的生理功能:铁是细胞色素、细胞色素氧化酶、过氧化氢酶、过氧化物酶等辅基的成分。铁在呼吸作用中起着电子传递的重要作用。铁虽不是叶绿素的成分,但在叶绿素的合成中必须要有铁。铁在植株体内不易移动。

(2)铁对草莓生长发育的作用:铁使草莓生长正常,防止黄叶,增加叶中的叶绿素含量。

(3)缺铁症状(附图3-6):缺铁的最初症状是幼龄叶片黄化或失绿,但这还不能肯定是缺铁,当黄化程度发展并进而变白,发白的叶片组织出现褐色污斑时,则可判定为缺铁。草莓中度缺铁时,叶脉(包括小的叶脉)为绿色,叶脉间为黄白色。叶脉转绿复原现象可作为缺铁的特征。严重缺铁时,新成熟的小叶变白,叶边缘坏死,或者小叶黄化(仅叶脉为绿色),叶片边缘和叶脉间变褐坏死。缺铁草莓植株的根系生长弱。缺铁对果实影响很小,严重缺铁时,草莓单果重减小,产量降低。

(4)缺铁发生规律:碱性土壤容易缺铁,酸性强的土壤也易缺铁。铁的吸收是通过根系周围土壤颗粒的离子交换进行的,因此,凡是影响新根生长的因素均可影响铁的吸收。例如土壤中的氧气不足,水分过多过少,土温过高过低,土壤含盐量过高,根系病虫害危害或磷过多等,均可减少根冠比而引起缺铁。

(5)铁中毒症状:很难看到中毒症状,铁过多常呈现缺镁症状。

8. 锌(Zn)

(1)锌的生理功能:锌是作物必需的营养元素,能促进吲哚乙酸的合成。锌是某些酶的组成成分,如乳酸脱氢酶、谷氨酸脱氢酶、碳酸酐酶、乙醇脱氢酶以及羧端多肽酶等。锌与叶绿素的合成有关。锌参与碳水化合物的转化。锌在植株体内移动小。

(2)锌对草莓生长发育的作用:提高抗寒性和耐盐性,增加花芽数,提高单果重,从而提高产量。

(3)缺锌症状(附图3-7):轻微缺锌的草莓植株一般不表现症状。缺锌加重时,新叶黄化,但叶脉仍保持绿色叶片边缘有明显的黄色或淡绿色的锯齿形边,较老叶会出现三片叶片不等大现象,边缘变窄,特别是基部叶片,窄叶部分伸长,但缺锌不发生坏死现象,这是缺锌的特有症状。缺锌植株纤维状根多且较长,果实一般发育正常,但结果量少,果形变小。

(4)缺锌发生规律:在砂质土或盐碱地上栽植草莓,易发生缺锌现象。被淋洗的酸性土壤、地下水位高的土壤易缺锌。酸性土壤施石灰,或石灰性土壤都会降低锌的可给性。大量施用氮肥易引起缺锌。大量施磷,增加了植株对锌的需要,而引起缺锌。土壤中有机物和水分过少,易缺锌。土壤中铜、镍等元素不平衡也易导致缺锌。

9.硼(B)

(1)硼的生理功能:硼能促进花粉的萌发和花粉管的生长,对生殖器官的发育有重要作用。硼参与碳水化合物的转化和运输,调节水分吸收和养分平衡,参与分生组织的细胞分化过程。

(2)硼对草莓生长发育的作用:硼可提高坐果率,减少未受精果率,提高产量。使枝叶生长繁茂,根系发育良好。增加果实可溶性糖含量。提高叶片中硼的含量。

(3)缺硼症状(附图3-8):草莓早期缺硼的症状表现为幼龄叶片出现皱缩和叶焦,叶片边缘黄色,生长点受伤害,根粗短、色暗。随着缺硼的加剧,老叶的叶脉间有的失绿,有的叶片向上卷。缺硼植株的花小,授粉和结实率降低,果小,果实畸形,或呈瘤状,种子多,有的果顶与萼片之间露出白色果肉,果实品质差,严重影响产量。

(4)缺硼发生规律:华南花岗岩发育的红壤和北方含石灰的碱性土壤易缺硼。酸性土壤施用石灰,使土壤硼呈不溶解状态,有效性降低。施用大量钾肥会减少硼的吸收。干旱季节和干旱年份使土壤中硼有效性降低,易出现缺硼。只有在温度较高时,植株才吸收硼。

10.铜(Cu)

(1)铜的生理功能:铜是多酚氧化酶、抗坏血酸氧化酶等的组成成分,在氧化还原过程中起着传递电子的作用。叶绿体中有一个含铜蛋白质(质体蓝素)在光合作用中有重要作用。铜在植株体内移动小。

(2)缺铜症状:草莓缺铜的早期症状是未成熟的幼叶均匀地呈淡绿色,不久,叶脉之间的绿色变得很浅,而叶脉仍具明显的绿色,逐渐在叶脉和叶脉之间有一个宽的绿色边界,但其余部分都变成白色,出现花白斑。缺铜对草莓根系和果实不显示症状。

(3)缺铜发生规律:碱性和石灰性土壤及砂质土壤,铜的有效性低,容易发生缺铜。大量施用氮肥或磷肥容易发生缺铜。

11.锰(Mn)

(1)锰的生理功能:锰是许多酶的活化剂,如苹果酸脱氢酶、草酰琥珀酸脱羧酶等,是吲哚乙酸氧化酶的辅基成分。锰直接参与光合作用,在叶绿素合成中起催化作用,参与氮的转化,是亚硝酸还原酶和羟胺还原酶的活化剂。锰参加植株体内的氧化还原过程。

(2)锰对草莓生长发育的作用:锰能使草莓正常生长,显著提高产量。锰能促进花粉萌发和花粉管生长,能促进幼苗的早期生长,能提高果实含糖量。

(3)缺锰症状:缺锰的初期症状是新发生的叶片黄化,这与缺锌、缺硫、缺钼时全叶呈淡绿色的症状相似。缺锰进一步发展,则叶片变黄,有清楚的网状叶脉和小圆点,这是缺锰的独特症状。缺锰加重时,主要叶脉保持暗绿色,而在叶脉之间变成黄色,有灼伤,叶片边缘向上卷。灼伤会呈连贯的放射状横过叶脉而扩大,这与缺铁时叶脉间的灼伤明显不同。缺锰植株的果实较小,但对品质无影响。

(4)缺锰发生规律:石灰性土壤如黄淮海平原、黄土高原等盐碱地易缺锰。酸性土壤施用石灰可使低价锰转变为高价锰,不易被植物吸收利用。铁锰拮抗,铁的供给量增多时,植物摄取的锰减少。钙锰拮抗,钙影响对锰的吸收。

12. 钼(Mo)

(1)钼的生理功能:钼是硝酸还原酶的重要成分,硝酸还原酶的作用是把硝酸态氮转化为氨态氮。钼与氮、磷代谢过程有密切关系。钼在碳水化合物合成、转化运转中起重要作用。缺钼会阻碍糖类的形成,使维生素 C 的含量减少。

(2)缺钼症状:草莓初期的缺钼症状与缺硫相似,不管是幼龄叶片或成熟叶片最终都表现为黄化。随着缺钼程度的加重,叶片上面出现枯焦,叶缘向上卷曲,除非严重缺乏,缺钼一般不影响浆果的生长发育。

(3)缺钼发生规律:由黄土母质发育的土壤含钼较少,红土等酸性土壤虽含钼较多,但含有效性钼少。我国土壤含钼量低,有效性也低,即使在含钼较高的土壤施用钼肥,也有良好肥效。

二、草莓对矿物质养分的需求规律

草莓为多年生草本植物,每年都需要从土壤中吸收大量矿物质养分,对矿物质养分的要求比一般果树高,产量越高,需求量越大。据研究,每亩草莓园如果生产 750 kg 浆果,大约需要氮(N)10 kg、磷(P_2O_5)5 kg、钾(K_2O)10 kg。据日本学者研究,生产 1 000 kg 草莓需氮(N)4.65 kg、磷(P_2O_5)1.75 kg、钾(K_2O)6.10 kg、钙(Ca)5.10 kg、镁(Mg)1.70 kg。由此可以看出,草莓需求矿物质养分的量由大到小的顺序依次为钾、钙、氮、磷、镁。

不同的草莓品种对矿物质养分需求不同。开花结果多、花期集中、产量高的品种往往需要较多的矿物质养分,如全明星、宝交早生等。适于促成、半促成栽培的丰香、静香等品种,花期较长,因而对矿物质养分的需求较高。

草莓不同生育期需要的矿物质养分特性不一样。幼苗期植株生长量较小,其需要的矿物质养分量也不大,该期主要是根、叶等营养器官的形成,对氮、钾、钙等需求量相对大些。进入花芽分化期,对磷、钾肥需求迫切,氮肥多,营养生长旺盛,影响花芽分化。花芽分化结束后,为使花芽发育良好,应氮、磷、钾同时施用。休眠前 15～20 d 应停止施用氮肥,防止徒长以利于越冬。萌芽至开花前,植株生长量逐步增加,需要矿物质养分的量也随之增加。进入开花结果期,随着果实发育,植株需矿物质养分的量迅速增加。开花结果期已进入生殖生长阶段,植株需磷、钾肥较为迫切,但必须结合施氮肥,以防止植株早衰,利于增加中后期产量。

第四章　草莓病虫草害的发生与诊断

第一节　草莓病害的发生与诊断

一、侵染性病害

1.真菌性病害

（1）灰霉病：灰霉病是草莓的主要病害，分布很广，全国各地都有报道。严重发生时可使草莓减产50％。

【典型症状】（附图4-1）灰霉病是草莓开花后发生的真菌病害。主要危害果实、花瓣、花萼、果梗、叶片及叶柄。果实发病常在近成熟期，发病初期，受害部分出现呈油渍状黄褐色斑点，后扩展至边缘呈棕褐色、中央暗褐色病斑，且病斑周围具明显的油渍状中毒症状，至全果变软，病部表面密生灰色霉层，湿度大时，长出白色絮状菌丝。花、叶、茎上发病时，病部产生褐色或深褐色油渍状病斑，严重时受害部位腐烂，高湿条件下，病斑迅速扩大，病部出现白色絮状菌丝。

【发生规律】病原菌为灰霉菌，除为害草莓外，还侵害茄子、黄瓜、莴苣、辣椒和烟草等多种作物。病原菌在受害植物组织中越冬。31℃以上高温或2℃以下低温环境条件下，以及空气干燥时，不形成孢子，不发病。在气温18～20℃和高湿条件下大量繁殖。孢子飞散于空气中传播。在气温20℃左右，以及阴雨连绵、浇水过多、地膜上积水、畦中覆盖稻草、种植密度过大、生长过于繁茂等持续多湿环境条件下，容易导致灰霉病的大发生。据调查，保护地栽培的草莓灰霉病的发病在2月初，3—4月达到高峰。露地栽培的草莓发病高峰在5月的果实收获期。灰霉菌孢子从健全组织侵入的能力较弱，多是从伤口或枯死的部位侵入繁殖，所以枯芽老叶是这种病原菌的第一侵染场所，然后危及果实。

（2）白粉病：白粉病为草莓常见病害，露地栽培草莓发生较少，保护地栽培草莓中广泛发生。我国东北地区白粉病发生严重。

【典型症状】(附图4-2)白粉病主要危害叶片、果实、果梗和叶柄,匍匐茎上很少发生。被害叶片发生大小不等的暗色污斑,随后在叶背斑块上产生白色粉状物,后期呈红褐色病斑,叶缘萎缩、枯焦,叶向上卷曲,呈汤匙状。花蕾发病后,花瓣变为红色,花蕾不能开放。果实早期受害时,幼果停止发育,干枯。后期受害,在果实表面上形成一层白色粉状物,果实停止膨大,着色变差,失去商品价值。受害严重时使整个植株死亡。在温室内发病严重。

【发生规律】白粉病在整个生长季可不断发生。真菌生长后期,形成黑褐色子实体越冬,也可在植株上以菌丝体越冬。病原菌主要靠空气传播,在15~25℃的气温条件下蔓延很快,病原菌孢子活动的适宜温度为20℃左右,低于5℃和高于35℃均不发病,属于低温性病原菌,在盛夏高温季节发病较轻。干燥及高湿的条件下都可造成病害蔓延。但病原菌孢子在有水滴的情况下不能发芽。降雨可抑制孢子飞散,但在晴天午后孢子会大量飞散传播。

(3)叶斑病:叶斑病也称蛇眼病。美国的伊利诺伊州、印第安纳州及日本都流行过该病。我国各草莓产区也有不同程度的发生。目前由于广泛地采用抗病性品种,此病危害较轻,造成的经济损失较小。

【典型症状】(附图4-3)叶斑病主要危害叶片,尤其是老叶,也侵害叶柄、匍匐茎、花萼、果实和果梗。病叶开始产生紫红色小斑点,随后扩大为直径3~6 mm的圆形病斑,边缘呈紫红色,中央呈棕色,后变为灰白色,酷似蛇眼。病斑过多会引起叶片褐枯。病斑大量发生会影响叶片的光合作用,植株抗病性降低。

【发生规律】此病从春到秋均有发生,但主要发生在夏秋高温高湿季节。在草莓开花结果前开始轻度发病,果实采收后才为害严重。病原菌在枯枝落叶上越冬,翌年春季分生孢子借空气传播蔓延。

(4)褐斑病:也称叶枯病,是我国草莓栽植区重要的叶病。个别地区发生较严重,如浙江杭州、湖南长沙等地。此病易与叶斑病混淆。

【典型症状】(附图4-4)主要危害叶片、果梗、叶柄。受害初期叶片上出现红褐色小点,以后逐渐扩大成圆形或椭圆形斑块,中央呈褐色,边缘为紫红色,病健部交界明显,病斑直径1~3 mm。后期病斑上形成褐色小点,即病原菌分生孢子,多呈不规则轮状排列。当多个病斑连成一片时,可使叶片大面积枯死。病斑在叶尖、叶脉发生时,常使叶组织呈"V"字形枯死。

【发生规律】病原为凤梨草莓褐斑病菌。发病适温为20~30℃,在此温度范围内,雨水过多会加剧病害发生。北方6—8月为发病盛期。

(5)轮斑病:轮斑病是草莓的重要病害,草莓产区多有发生。

【典型症状】(附图4-5)病原菌主要危害叶片,叶柄和匍匐茎上也有发生。感病初期,叶面上形成一到多个紫红色圆形小斑,以后病斑逐渐扩展为椭圆形至棱形,沿叶脉构成"V"形病斑是该病的明显特征。病斑扩展后中心部分呈深褐色,周围黄褐色,边缘黄色、红色或紫红色。病斑上有清晰轮纹,后期出现黑色孢子堆颗粒。严重时病斑连成一片,致使叶片干枯死亡。叶柄症状为红紫色长椭圆形病斑,严重发生时,叶片大量枯死。

【发生规律】病原为凤梨草莓轮斑病菌。病原菌在叶柄上越冬,靠空气传播。该病为高温病害,28～30 ℃时发生严重,在高温多雨情况下,常会发生。

(6)草莓蛇眼病(草莓白斑病)

【典型症状】(附图4-6)叶柄、果梗、嫩茎和浆果及种子也可受害。叶上病斑初期为暗紫红色小斑点,随后扩大成2～5 mm大小的圆形病斑,边缘呈紫红色,中心部呈灰白色,略有细轮纹,酷似蛇眼。病斑发生多时,常融合成大型斑。

【发生规律】病原菌以病斑上的菌丝或分生孢子越冬,也可产生细小的菌核越冬,还有的以产生的子囊壳越冬,越冬后翌春产生分生孢子或子囊孢子进行传播和初次侵染,后期病部产生分生孢子进行再侵染,病原菌和表土上的菌核是主要传播载体,病原菌生育适温为18～22 ℃,低于7 ℃或高于23 ℃发育迟缓。秋季和春季光照不足,天气阴湿发病重,重茬田、管理粗放及排水不良地块发病重。品种间抗性差异显著。因都卡、新明星等品种较抗此病。

(7)革腐病:革腐病是草莓的重要果实病害。在我国甘肃、新疆和辽宁沈阳等地发生较重。

【典型症状】(附图4-7)绿果受害后,病部呈褐色至深褐色,以后整果变褐,呈皮革状,果实不再膨大。成熟果实受害后,病部表现黄白色,逐渐呈革腐状。在高温条件下,病果表面有白色霉状物,果肉呈灰褐色腐烂状,病果有一种腥臭气味。在干燥条件下,病果变成僵果。制果酱或果冻时,如果混入轻微感病果,会使加工品产生苦味。

【发生规律】病原菌以卵孢子在患病僵果和土壤中越冬,有很强的抗寒能力,为土壤传播真菌病害。病原菌入侵需要水分,入侵最适温度为17～25 ℃。高湿和强光是发病的重要条件。发病与品种有关,戈雷拉发病最重,达80%,宝交早生次之,其他品种如绿色种子、明晶、哈尼、长虹2号、美14发病较轻。

(8)炭疽病

【典型症状】(附图4-8、附图4-9)主要危害草莓的叶片、叶柄、匍匐茎、根茎(维管束)、花和果实。夏季苗圃中正在展开的新叶为草莓炭疽病的初侵染源。病原菌在病斑上产生孢子,侵染定植后幼苗新长出的第1～3片叶。发生在匍匐茎和叶柄上的病斑起初很小,有红色条纹,之后迅速扩展为深色、凹陷和硬的病斑。环境潮湿,病斑中央清晰可见粉红色的孢子团。根茎病斑通常在近叶柄基部的一侧开始产生,然后以水平的"V"形扩展到根茎,病株在水分胁迫期间午后表现萎蔫,傍晚恢复,反复2～3 d后死亡。大多数草莓品种的花对草莓炭疽病原菌非常敏感,被侵染的花朵迅速产生黑色病斑,病斑延伸至花梗下面距花萼处。开花期间环境温暖潮湿,整个花序都可能死亡,植株呈枯萎状。即将成熟的果实对草莓炭疽病原菌也非常敏感,尤其是上一年采用塑料薄膜覆盖栽种的高垄草莓,草莓炭疽病发生尤其严重,先在果实上形成淡褐色、水渍状斑点,随后迅速发展为硬的圆形病斑,并变成暗褐色至黑色,有些为棕褐色。

【发生规律】1931年Brooks首次报道为害草莓匍匐茎和叶柄的罪魁祸首为草莓炭疽病。草莓炭疽病是由胶孢炭疽菌、尖孢炭疽菌或草莓炭疽菌侵染所引起的,病原菌主要随病苗在发病组织越冬,也可以菌丝和拟菌核随病残体在土壤中越冬。第二年菌丝体和拟菌核发育形成分生孢子盘,产生分生孢子。分生孢子靠地面流水或雨水冲溅传播,侵染近地面幼嫩组织,完成初侵染。在感病组织中潜伏的菌丝体,第二年直接侵染草莓引起发病,病部产生的分生孢子可进行多次再侵染,导致病害扩大和流行。

(9)芽枯病:芽枯病也称立枯病。

【典型症状】(附图4-10)芽枯病多发生在春季。主要侵染花蕾、幼芽和幼叶,其他部位也可感病。危害症状表现为幼芽出现青枯,随后变成黑褐色而枯死。其他症状有叶呈青枯状,萎蔫。展开叶较小,叶柄带红色,从茎叶基部开始褐变,根部无异常反应。叶和萼片形成褐色斑点,逐渐枯萎,叶柄和果柄基部变成黑色。在芽枯部位多有白色或淡黄色霉状物产生。

【发生规律】病原菌在茎叶越冬,如无合适寄主可在土中存活2～3年。病原菌在土壤中腐生性很强,是多种作物的根部病害。除草莓外,还为害棉花、大豆、蔬菜等作物。发病适宜温度为22～25℃。在多湿多肥的栽培条件下,容易导致病害的发生蔓延。促成、半促成栽培覆膜后,如长期密闭、棚内高温高湿,该病更易发生。植株栽植过深、密度过大,会加重发病程度。夏秋育苗季节,芽枯病也时有发生。

(10)黄萎病:黄萎病于1912年在美国的加利福尼亚州首次发现。目前世界各地都有发生,特别在干旱地区较为严重。在我国丹东地区已造成严重危害,其中丹东鸡冠山镇受害最重,几乎不能重茬。与茄子轮作的地区,病情更加严重。

【典型症状】(附图4-11)一般在果实成熟时开始危害,一直持续到天气变冷。感病植株生长不良,外围老叶首先表现症状,叶缘和叶脉变褐色,新生幼叶表现畸形,有的小叶明显变小,叶色变黄,表面粗糙无光泽,之后叶缘变褐,向内凋萎甚至枯死。根系变褐色腐烂,但中心柱不变色。在匍匐茎抽生期,幼苗极易感病,新叶失绿变黄,叶片变小,弯曲畸形。

【发生规律】该病属于高温型土壤真菌病害。病原菌可以在土壤中以厚垣孢子的形式长期生存。除病株传染外,土壤、水源、农具都可带菌传染。当土壤温度在20 ℃ 时易发病,发病适温为 25～30 ℃ ,温度过高,寄主发病越重。土壤过干过湿都会加重发病。在假植育苗圃往往 9 月发生病情,半促成栽培多在 2—3 月发病,露地栽培主要是 3—5 月发病。一般有病情的地块继续栽植草莓,第二年肯定发病。该病原菌的寄主范围非常广,在一年生和多年生蔬菜、树木等作物上都可寄生,如番茄、马铃薯、棉花、核果类果树以及一年生杂草。

(11)红中柱根腐病:红中柱根腐病是草莓栽培区的一种重要病害。1926 年在苏格兰首次发现,美国、日本等国相继发现。现已成为草莓生产的毁灭性病害,如在日本和我国丹东地区。

【典型症状】(附图 4-12)感病植株发病初期根的中心柱呈红色或淡红褐色,然后开始变黑褐色而腐烂,破坏根的吸收和运输能力。地上部由于缺乏水分和养分的供应,先由基部叶的边缘开始变为红褐色,再逐渐向上凋萎死亡。但叶不失绿,这点与黄萎病不同。被害组织常常受次级病原菌再次侵染,加重受害程度。

【发生规律】病原菌为草莓红中柱根腐疫霉菌,单一寄主寄生,目前全世界已分离出 15 个生理小种,如美国的 A 系、英国的 B 系、加拿大的 C 系等。该病原菌属于低温型,由土壤、病株、水、农具等带菌传染。孢子在土壤中越夏。当地温在 20 ℃以下时,卵孢子发芽从草莓结构根和吸收根的根尖侵入。首先孢子吸附在根尖的表面上,然后侵入并寄生在中柱组织内。地温在 10 ℃ 左右,土壤水分多时发病严重,可成为毁灭性病害。地温在 25 ℃ 以上,即使土壤水分多也不发病。该病喜酸性土壤,在低洼排水不良地块发病较重。通常植株在生长的第一年不受危害,在第二年受害植株生长缓慢,有时可以开花结果,在高温条件下死亡。

(12)根腐病:根腐病常见于露地栽培的低洼地块。近年来有发展的趋势。

【典型症状】(附图 4-13)植株发病初期先由基部叶片的边缘开始变为红褐色,再逐渐向上萎缩枯死,根的中心柱呈红色或淡红褐色,然后变为黑褐色而腐烂。即使没有腐烂的部分,根的中心柱也呈红色,这是此病的特征。有时初看植株好像是健全的,实际上根部的维管束颜色已经开始变色。

【发生规律】病原菌只侵害草莓。该真菌是一种低温性疫霉菌。主要由土壤和植株传播,在土壤中随水扩散,自根部侵染植株,孢子在土中越夏。发病的适宜地温为 10 ℃,病原菌繁殖适温为 22 ℃,地温在 25 ℃,即使水分多发病也轻。因此,在气候冷凉和土壤潮湿条件下,尤其是河流沿岸,水流频繁的草莓种植区,此病发生相当严重。此病常见于露地栽培,保护地栽培较少。

41

2. 细菌性病害(青枯病)

【典型症状】(附图 4-14)草莓青枯病多见于夏季高温时的育苗圃及栽植初期。发病初期,草莓植株下位叶 1～2 片凋萎脱落,叶柄变为紫红色,植株发育不良,随着病情加重,部分叶片突然失水,绿色未变而萎蔫,叶片下垂似烫伤状。起初 2～3 d 植株中午萎蔫,夜间或雨天尚能恢复,4～5 d 后夜间也萎蔫,并逐渐枯萎死亡。将病株由根茎部横切,导管变褐,湿度高时可挤出乳白色菌液。严重时根部变色腐败。

【发生规律】此病由细菌青枯假单胞菌(*Pseudomnas solanacearum*)侵染所致。病原菌在草莓植株上或随病残体在土壤中越冬,通过土壤、雨水和灌溉水或农事操作传播。病原菌腐生能力强,并具潜伏侵染特性,常从根部伤口侵入,在植株维管束内进行繁殖,向植株上、下部蔓延扩散,使维管束变褐腐烂。病原菌在土壤中可存活多年。病原菌寄主范围广,与茄子、番茄的青枯病为同一病原。病原菌喜高温潮湿环境,最适发病条件为温度 35 ℃,最适 pH 为 6.6。浙江及长江中下游的发病盛期在 6 月的苗圃期和 8 月下旬至 9 月上旬草莓定植初期。久雨或大雨后转晴,遇高温阵雨或干旱灌溉,地面温度高,田间湿度大时,易导致青枯病严重发生。草莓连作地,地势低洼、排水不良的田块发病较重。

3. 病毒病

草莓病毒病是由草莓感染了不同病毒后引起发病的总称。草莓病毒病危害面广,是草莓生产上的重要病害。病毒病的发生和危害已成为我国草莓生产中急需解决的问题。据调查,草莓病毒的侵染株率达 80.2%,其中单种病毒的侵染株率为 41.6%,两种以上病毒复合侵染株率为 38.6%。轻病株一般减产 21%～25%,重病株(两种以上病毒侵染)一般减产 43%～59%。

病毒病具有潜伏侵染的特性,植株不能很快地表现出来,所以生产上常被忽视。草莓病毒病的种类很多,据不完全统计,共有 28 种。在栽培上表现的症状大致可分为黄化型和缩叶型两种类型。我国草莓病毒病主要有 4 种。

(1)草莓斑驳病毒(SMoV):该病毒分布极广,世界上凡有草莓栽培的地方,几乎都有斑驳病毒。斑驳病毒单独侵染草莓时无明显症状,但与其他病毒复合侵染时,病株严重矮化,叶片变小,产生褪绿斑,叶片皱缩及扭曲。该病毒由棉蚜、桃蚜和钉毛蚜传染,其中钉毛蚜传染病毒的种类最多。土壤中线虫也是传播病毒的一种媒介,但因线虫的活动范围有限,田间自然扩展速度极慢。此外该病毒还可通过嫁接和菟丝子以及汁液机械传染。

(2)草莓轻型黄边病毒(SMYEV):该病毒单独侵染时仅使植株稍微矮化,复合侵染时引起叶片黄化或失绿,老叶变红,植株矮化,叶缘不规则上卷,叶脉下弯或全叶扭曲,致整个叶片枯死,严重影响植物光合作用,明显减产。该病毒也由蚜虫和嫁接传染。

(3)草莓镶脉病毒(SVBV):该病毒单独侵染无明显症状,复合侵染后叶脉皱缩,叶片扭曲,同时沿叶脉形成黄白色或紫色病斑,叶柄也有紫色病斑,植株极度矮化,匍匐茎发生量减少,产量和品质下降。该病毒由多种蚜虫传播,嫁接和菟丝子也能传播。

(4)草莓皱缩病毒(SCrV):该病毒为世界性分布,是草莓上危害性最大的病毒。该病毒有致病力强弱不同的许多株系,强株系侵染草莓后,使植株矮化,叶片产生不规则的黄色斑点,叶片扭曲变形,匍匐茎数量减少,繁殖力下降,果实变小。该病毒与斑驳病毒复合侵染时,植株严重矮化,如再与轻型黄边病毒三者复合侵染,危害更为严重,产量大幅度下降甚至绝产。该病毒也由蚜虫传播,也可通过嫁接传播。

我国草莓品种多引自欧洲、北美、日本等地,这些地区和国家的草莓上经常发生黄化型病毒病害。其中草莓绿瓣病和翠菊黄化病是草莓的毁灭性病毒病害,应防止传入。这两种病毒病主要由叶蝉传播,一般出现症状2个月内植株即枯死,染病幼苗定植后不久即死亡。绿瓣病的主要症状是花瓣变为绿色,并且几片花瓣常连生在一起,变绿的花瓣后期变红。浆果瘦小呈尖锥形,叶片边缘变黄,植株严重矮化呈丛簇状。绿瓣病还可通过大豆菟丝子传播,并能为害三叶草等多种植物。此外,还有一些类似病毒的病害,如丛枝病等,我国也已发现,但分布范围较窄。

草莓不仅受其本身病毒病的危害,而且也受其他植物病毒的侵染,如树莓斑驳病毒、烟草坏死病毒、番茄环斑病毒等,也能对草莓造成危害,所以同样不可忽视。传播草莓病毒的蚜虫约20种。

防治草莓病毒病主要从以下几个方面入手:采用无病毒苗,搞好植物检疫,及时防治蚜虫,定期更新品种,进行土壤消毒,避免与易感病毒病的茄科作物连作或间作。

4.线虫病

草莓线虫的种类比较多,寄生在草莓芽的线虫主要是草莓芽线虫和草莓根线虫。

(1)草莓芽线虫

【形态特征】芽线虫雌雄均细长,体长0.6~0.9 mm,宽0.2 mm左右。肉眼看不见,必须借助显微镜观察。检查芽线虫的方法是将可能有芽线虫的植株(烂心株)取下,把芽切碎,放在小烧杯中,用水浸泡2~4 h,然后用纱布过滤。取一滴滤液,放在载玻片上,在显微镜下观察,即可以看到游动的线虫。

【发生规律】(根系症状见附图4-15)芽线虫主要为害草莓幼芽的外部,受害轻时,新叶歪曲畸形,叶色变浓,光泽增加,茎叶生长不良。严重受害时,芽和叶柄变成黄色或红色,即可看到所谓"草莓红芽"的症状,植株萎蔫。受害植株,芽的数量明显增多。草莓的顶花芽容易受到危害,对产量影响很大。为害花芽时,使花蕾、萼片以及花瓣变成畸形。为害严重时,花芽退化、消失,或坐果率降低。为害后期,苗心腐烂。草莓芽线虫对草莓的一生都有危害,开花前后易表现明显的症状。芽线虫主要是通过匍匐茎苗传播。

(2)草莓根线虫

【形态特征】根线虫呈细纺锤形,体长 0.3~1.5 mm,一般用肉眼看不见,须借助于放大镜或显微镜观察。该线虫主要靠土壤和苗木传播。

【发生规律】(根系症状见附图 4-16)该线虫寄生在草莓根内,降低根系的吸收功能。导致植株生长发育不良,产量下降。其主要症状是根系不发达,植株矮小。发病初期在根表产生略带红色的无规则纵长小斑点,而后迅速扩大,融合至整个根部,颜色也从褐色变为黑褐色,随后腐败、脱落。如果土壤或苗木中有线虫,则从定植时起就开始为害草莓根系。该线虫主要在土壤中,所以,草莓连作时间越长,所造成的危害越重。除为害草莓外,还害瓜类、葡萄、无花果等。同时,也是传播草莓病毒的一个媒介。

二、非侵染性病害

1.草莓低温障碍

(1)草莓寒害

【典型症状】(附图 4-17)北方地区,冬春季节低温障碍发生时,草莓的叶片呈阴绿状,并伴有萎蔫的现象。草莓植株长期处在寒冷的环境里,根系由于低温或冬季霜冻致锈黄褐色,很少有新根和须根。长期处于低温状态的植株便停止生长,在低温、高湿下或遇急降温气候重症受冻时,整株会呈深绿色浸水状萎蔫。在花芽分化时遇低温,影响花序减数分裂,形成多手畸形果、双子畸形果和授粉不良形成的半畸形果等,低温还会使雌雄花器分化不完全和造成不稔花,从而影响授粉,受精不良,这样草莓就会产生各种畸形果。

【发生原因】草莓喜温凉,但不耐热。生长适宜的温度为 10~30 ℃,最适宜的温度是 15~25 ℃,地温 15~18 ℃。低于适温或低于生存温度就会受到寒害。在北方冬春季节,草莓在寒冷的环境里的耐寒程度是有限的。在遭遇寒冷天气,长时间低温或霜冻时,草莓植株就会产生寒害症状。草莓是短日照作物,它在低温和短日照条件下进行花芽分化,在北方冬春季节,日照时间短、夜温低、温差大,适合草莓进行花芽分化,所以草莓可持续开花几个月。草莓花药开裂最低温度为 11.7 ℃,温度适宜范围为 13.8~20.6 ℃。花粉粒发芽最适宜温度为 25~30 ℃,在 20 ℃以下时发芽不良。一般认为 10～12 ℃为低温段,当温度低于 10 ℃时,花芽分化停止。在花芽分化期遇连续低温,花序减数分裂遇到障碍,形成雌雄不稔花影响授粉,受精不良的草莓就会产生各种畸形果。

(2)草莓冻害

【典型症状】(附图 4-18)草莓幼苗遭受冻害时,两片子叶首先失绿,再慢慢呈白色镶边。定植成活后,真叶受冻先呈暗绿色,后逐渐失水枯萎;幼苗生长顶端受冻,生长点变黑,逐渐干枯致死;根部受冻,侧根、根毛由白变黄转褐色,吸收肥力功能减弱;有的叶片部分冻死干枯,有的花蕊和柱头受冻后柱头向上隆起干缩,花蕊变黑褐死亡,幼果停止发育干枯僵死。

【发生原因】草莓抗冻能力在不同的生育时期是不一样的,各发育期的抗冻能力一般依下列顺序递减:花蕾露白期→开花期→坐果期。草莓叶片在-8 ℃以下的低温中可大量冻死,影响花芽的形成、发育和来年的开花结果;花蕾和开花期出现-2 ℃以下的低温,雌蕊和柱头发生冻害。受寒潮和强冷空气的影响而降温过快致使叶片受冻,受冻的花瓣常出现紫红色,严重时叶片也会受冻呈片状干卷枯死。设施栽培棚室温度较高,植株已经抽蕾开花,这时如果有寒流来临,冷空气突然袭击骤然降温,即使气温不低于 0 ℃,由于温差过大,花期抗寒力极弱,不仅使花朵不能正常发育,往往还会使花蕊受冻变黑死亡。

2. 气(氨)害

【典型症状】(附图 4-19)草莓出现氨害时,在叶片上可以看到的明显特征是在老叶片上,老叶片边缘位置褪绿变为紫褐色枯死,非常脆且容易碎裂。

【发生原因】在草莓设施栽培种植过程中,施用的大量含氮肥料特别是施用了尿素或铵态氮及有机肥,尿素和铵态氮肥在土壤中分解产生氨气(NH_3),同时设施栽培棚室内温度高,透气通风性差,氨气(NH_3)浓度超过草莓生长临界浓度,就会使草莓叶片受害。

3. 药害

【典型症状】(附图 4-20)主要发生在叶片或果实的表面,常见的有斑点、黄化、畸形、枯萎、生长停滞等。

(1)斑点:主要发生在叶片或果实的表面,常见的有褐斑、黄斑、枯斑。药斑和生理性斑点不同,药斑在植株上分布没有规律性,整个地块有轻有重,而生理性病斑通常出现的部位较一致,发生也较普遍。药斑与真菌性病害的病斑也不同,药斑大小、形状变化大,而病斑发病中心、斑点形状较一致。

(2)黄化:主要发生在叶片上。轻度发生时表现为叶片发黄,重度发生时表现为全株黄化。药害引起的黄化与营养元素缺乏引起的黄化有所区别,药害通常由黄叶变枯叶,气温高、晴天多则黄化产生快,阴雨天多则黄化产生慢;而营养元素缺乏引起的黄化常与肥力有关,整个地块黄化表现一致。与病毒引起的黄化相比,后者的黄叶常有碎绿状表现,且植株表现为系统性症状,在田间病株与健株混生。

(3)畸形:常发生于叶片、果实,常见的有卷叶、丛生、根肿、畸形花、畸形果等。药害畸形与病毒病害畸形不同,前者发生普遍,植株上表现为局部症状;后者往往零星发生,常在叶片混有碎绿明脉、皱叶等症状。

(4)枯萎:药害枯萎往往整株表现出症状,大多由除草剂引起。药害引起的枯萎没有发病中心,大多发生过程迟缓,先黄化,后死苗,根茎疏导组织无褐变;而植株染病引起的枯萎症状多数根茎组织堵塞,遇强光照射且蒸发量大时,先萎蔫,后失绿死苗,根基导管常有褐变。

(5)生长停滞:药害抑制了植株的正常生长,使植株生长缓慢,较为常见的药害由三唑类药剂和除草剂引起。药害引起的缓长与生理性病害的发僵和缺素症相比,前者往往伴有药斑或其他药害症状,而后者中毒发僵表现为根系生长差,缺素症发僵表现为叶色发黄或暗绿。

4. 土壤障碍

草莓土壤障碍主要包括肥害、土壤盐渍化、土壤酸化和盐碱地危害等(附图4-21至附图4-25)。

【典型症状】初期缓苗慢,根系不发达,生长缓慢,严重者初期老叶叶缘有干边现象,抗病能力降低,防病效果差,炭疽病、白粉病、根腐病、青枯病等发病重,光合能力降低,花芽分化受到抑制,开花数量少,畸形果多,单果重量小,果实可溶性固形物不高,口感差,上市时间推迟,后期早衰,采收果实时间缩短,严重影响产量和品质。

【发生原因】见本书第五章。

5. 畸形果

【典型症状】畸形果是指形状不正常的果实。常见的畸形果有鸡冠状果、扁平果、果面凹凸不平果、多头果、乱型果、青顶果、裂果、僵果与空洞果等(附图4-26)。

【发生原因】畸形果发生的原因是授粉受精不完全。草莓开花后授粉受精产生种子,种子产生生长素,调集营养,使其周围的花托部分生长膨大。如果受精不完全,果面上一部分花受精,一部分花没受精,不能均匀地形成种子,发育不均便成为畸形果。受精不良也是形成小果的重要原因。出现授粉受精不良的原因有:第一,品种本身的花粉生活力的强弱存在差异,花粉发芽力弱的品种,形成畸形果的比例就高;第二,环境影响授粉受精,湿度大,温度低,影响花药开裂,花粉难以散开,花粉易吸水胀破失去生活力。花粉发芽最适温度为 25～30 ℃,若低于 10 ℃,花粉的萌发和花粉管伸长会受到抑制。日照也影响花粉发育。保护地栽培缺少传粉媒介和良好的通风条件,影响花粉的传播。花期喷药、喷水,对花粉发芽都有不同程度的不良影响,也会增加畸形果,氮肥过多也易产生畸形果。病虫为害果实,有些昆虫专食草莓种子,造成果面种子不均而形成畸形果。

【防治措施】防止畸形果的措施如下:

①选择花粉发芽力强的品种。如哈尼的畸形果率一般不超过 10%,丽红、丰香等畸形果率也较低。部分品种畸形果率高,如全明星、金香在 20% 左右,而硕丰、硕蜜等可达 30%。

②将不同品种混栽。有些品种因不太了解其特性,可将知道的花粉量多、花粉发芽力强的品种一同栽植,通过异花授粉,可大大减少畸形果发生率。

③控制温度、湿度。大棚栽培注意适时通风,保持白天温度控制在 23～25 ℃,夜间温度控制在 8～10 ℃。控制棚内湿度,花粉萌芽以 40% 的空气湿度为宜,花期要掌握浇水次数。

④利用蜜蜂辅助授粉,可使授粉充分。

⑤开花授粉期严格限制喷洒农药。否则,既影响花粉生活力,又对蜜蜂不利。草莓花期较长,在开花前要彻底防治病虫害。如果花期必须喷药,应选择药害较轻的药剂和开花较少的时期,并将蜂箱移出棚外。

⑥疏花、疏果。及时疏除高级次花和畸形小果,有利于养分对正常果实的集中供应,可明显降低草莓畸形果率,提高草莓单果重及果实品质。

第二节 草莓虫害的发生与诊断

1. 草莓红蜘蛛

红蜘蛛(附图 4-27)是为害草莓的一种重要害虫,特别是在保护地栽培条件下,由于隔离了降雨加上高温,红蜘蛛的发生率比露地重。为害草莓的红蜘蛛有多种,其中最重要的有 2 种,分别是二点红蜘蛛和仙客来红蜘蛛。另外还有朱砂红蜘蛛及陆澳红蜘蛛。

【分布与危害】二点红蜘蛛的寄主植物很广,主要寄生在果树类、蔬菜类、豆类、花卉类植物以及杂草类植物,共有 100 种以上。红蜘蛛都是在草莓叶背面吸食汁液,被害部位最初出现白色小斑点,以后变成红色,严重时叶片变成锈色,如火烧一样(附图 4-28),导致叶片光合作用能力减弱,植株生长受阻,产量降低。

47

【发生规律】各种寄主上的红蜘蛛可以相互转移为害,一年可以发生 10 代以上,世代重叠。以雌成虫在土壤中越冬,翌春产卵,孵化后开始为害。红蜘蛛成虫无翅膀,主要靠苗木带卵或幼虫传播,另外,风、雨、工具、人体等也可使红蜘蛛传播扩散,在高温干燥的条件下红蜘蛛繁殖极快,短期内可造成很大损失。仙客来红蜘蛛主要为害温室草莓,也为害露地草莓。

2. 草莓蚜虫

【分布与危害】蚜虫(附图 4-29、附图 4-30)俗称腻虫子。危害草莓的蚜虫有多种。其中最主要的有棉蚜和桃蚜,另外有草莓胫毛蚜、草莓叶胫毛蚜、草莓根蚜和马铃薯长管蚜等。蚜虫在草莓植株上全年均有发生,以初夏和初秋密度最大,多在幼叶叶柄、叶的背面活动,吸食汁液,排出黏液而使叶和果实被污染。排出的黏液有甜味,蚂蚁则以其为食,故植株附近蚂蚁出没较多时,说明有蚜虫危害。蚜虫危害使叶片生长受阻,卷缩,扭曲变形,更严重的是,蚜虫是传播草莓病毒的主要媒介,其传染病毒所造成的危害损失,远大于其本身危害所造成的损失。

【发生规律】蚜虫可以全年发生,一年发生数代,一头成虫可繁殖 20～30 头幼虫,繁殖率相当高。在 25 ℃左右温度条件下,每 7 d 左右完成一代,世代重叠现象严重。以成虫在塑料薄膜覆盖的草莓株茎和老叶下越冬,也可在风障作物近地面主根间越冬,或以卵在果树枝芽上越冬。在温室内则不断繁殖为害。棉蚜为转移寄主型,以卵在花椒、夏至草、车前草等植物上越冬。翌年春天气温回升后繁殖为害。蚜虫为害全年都可发生,但以 5—6 月为害严重。桃蚜除为害草莓外,还为害十字花科的一些植物,冬季在植物根际土壤中越冬,翌春气温回升后开始繁殖为害。

3. 草莓盲蝽

【分布与危害】盲蝽在草莓栽培地区均有危害。盲蝽为杂食性昆虫,寄主多,除为害草莓外,还在其他果树、农作物、蔬菜、杂草上活动取食。盲蝽种类较多,有牧草盲蝽、绿盲蝽(附图 4-31)、苜蓿盲蝽等。目前危害草莓最严重的是牧草盲蝽,成虫仅长 5～6 mm,是一种古铜色小虫。为害时用针状口器刺吸幼果顶部的种子汁液,破坏其内含物,形成空种子。由于果顶种子不能正常发育,使这一部分的果肉生长受到影响,而形成畸形果,严重损害了果实质量。

4. 大青叶蝉(又名大绿浮尘子)

【危害与发生规律】大青叶蝉(附图 4-32)在全国各地普遍发生。此虫除为害草莓外,还为害苹果、梨、桃、杏等果树,食性复杂。成虫和若虫均可刺吸寄主植物的枝、梢、茎、叶的汁液。在果树上以成虫产卵危害。成虫体长 8 mm 左右,头黄色,顶部有两个黑点。前胸前缘黄绿色,其余部分为深绿色,足黄色。前翅尖端透明,后翅及腹背黑色。一年发生 3 代。以卵在树干、枝条表皮下越冬。翌春 4 月孵化,若虫在多种植物上群集为害,5—6 月出现第一代成虫,7—8 月出现第二代成虫,9—11 月出现第三代成虫。成虫、若虫有较强的趋光性。在渠沟及杂草茂盛的草莓园发生较重。

5.金龟子

【危害与发生规律】金龟子(附图 4-33)是地上害虫,是蛴螬的成虫,为害多种果树和农作物。金龟子有多种,其中为害草莓的主要是铜绿金龟子。金龟子咬食叶片,也为害嫩芽,取食花蕾和果实。铜绿金龟子成虫体长 2~2.5 cm,椭圆形,身体背面为铜绿色,有金属光泽。该虫每年发生一代,以末龄幼虫在土内越冬。6 月初成虫开始出土,为害严重的时间集中在 6 月至 7 月上旬,成虫多在夜间活动,具有强趋光性,还有假死习性。

6.蛴螬

【危害与发生规律】蛴螬(附图 4-34)是金龟子幼虫的通称。食性很杂,危害多种蔬菜,也为害草莓。蛴螬通常咬食草莓的幼根或咬断新茎,造成死苗。各种金龟子的幼虫,其主要形态相似,头部为红褐色,身体为乳白色,体态弯曲呈“C”字形,有 3 对胸足,后一对最长,头尾较粗,中间较细。该虫每年发生一代,以末龄幼虫在土壤中越冬。蛴螬喜欢聚集在有机质多而不干不湿的土壤中活动为害。因成虫还喜欢在厩肥上产卵,所以施用厩肥多的地块发生严重。蛴螬是为害多种作物的地下害虫。

7.蛞蝓

【特点与危害】蛞蝓(附图 4-35)为陆生软体动物,分类上属腹足纲蛞蝓科。常在农田、菜窖、温室、草丛以及住室附近的下水道等阴暗潮湿多腐殖质的地方生活。保护地栽培草莓,由于温度湿度适宜,利于该虫生存并大量繁殖。该虫一般白天潜伏,晚上咬食植物的幼芽、嫩叶、果实等部位。蛞蝓咬食草莓果实后,常造成孔洞。蛞蝓能分泌一种黏液,干后呈银白色,因此凡被该虫爬过的果实,即使未被咬食,果面留有黏液,令人厌恶,商品价值大大降低。

第三节　草莓草害的发生与诊断

一、禾本科杂草

1.马唐

【形态特征】一年生草本,株高 40~100 cm。秆基部开始倾斜,着地后节处易生根,光滑无毛;叶片披针形条状,两面疏生软毛或无毛;叶鞘较节间短,多生具疣基的软毛;叶舌钝圆,膜质;总状花序,3～10 枚,呈指状排列,下部近轮生;小穗一般孪生,一个有柄,另一个近无柄;第一颖小,第二颖长,约为小穗的一半或稍短,边缘有纤毛;第一外稃与小穗等长,脉 5～7 条,脉间距不等且无毛,第二外稃覆盖内稃;颖果椭圆形,透明。

【生物学特性】种子繁殖。种子发芽的适宜温度为 25～35 ℃,因此多在初夏发生;适宜的发芽土层深度为 1～6 cm,以 1～3 cm 发芽率最高;在华北地区,4 月底至 5 月初出苗,5—6 月出现一次高峰,以后随降雨、灌溉水或进入雨季还出现 1～2 个高峰;在东北地区出草高峰期发生要晚,是进入雨季后田间发生的主要杂草之一;早期出苗的植株 7 月抽穗开花,8—10 月颖果陆续成熟,边成熟边脱落,并可借风力、流水和动物活动远距离传播。

2. 牛筋草

【形态特征】一年生草本,株高 15～90 cm。茎秆丛生,多铺散成盘状,斜升或仰卧,有的近直立,不易拔断;叶片条形;叶鞘扁,鞘口具柔毛;叶舌短;穗状花序,2～7 枚,呈指状排列在秆端,有时其中 1 枚或 2 枚单生于花序的下方;穗轴稍宽,小穗成双行密生在穗轴的一侧,有小花 3～6 个;颖和稃无芒,第一颖片较第二颖片短,第一外稃有 3 脉,具脊,脊上粗糙,有小纤毛,内稃短于外稃;颖果卵形,棕色至黑色,具明显的波状皱纹。

【生物学特性】种子繁殖。种子发芽的适宜温度为 20～40 ℃,适宜土壤含水量为 10%～40%,适宜出苗土层深度为 0～1 cm,而埋深 3 cm 以上则不发芽,同时要求有光照条件。在我国北部地区 5 月初出苗,并很快形成第一次高峰;然后于 9 月初出现第二次高峰;颖果于 7—10 月陆续成熟,边成熟边脱落,有部分随水、风力和动物传播,种子经冬季休眠后萌发。

3. 稗草

【形态特征】一年生草本,株高 50～130 cm。秆直立,基部倾斜或膝曲,光滑无毛;叶片条形,中脉灰白色,无毛;叶鞘光滑松弛,无叶舌、叶耳,下部者长于节间,上部者短于节间;圆锥总状花序,较展开,直立或微弯,常具斜上或贴分枝;小穗密集于穗轴的一侧,具极短柄或近无柄,小穗含 2 花,卵圆形,长约 5 mm,有硬疣毛;颖具 3～7 脉;第一外稃具 5～7 脉,先端常有 5～30 mm 长的芒;第二外稃先端有尖头,粗糙,边缘卷抱内稃;颖果卵形,米黄色。

【生物学特性】种子繁殖。种子萌发温度从 10 ℃开始,最适宜温度为 20～30 ℃,适宜的发芽土层深度为 1～5 cm,尤以 1～2 cm 的出苗率高,埋入土壤深层的未发芽种子可存活 10 年以上。稗草种子对土壤含水量要求不严,特别能耐高湿。稗草发生期早晚不一,但基本是晚春型出苗的杂草,正常出苗的植株,大致 7 月上旬前后抽穗、开花,8 月初果实即渐次成熟。

稗草的生命力极强,不仅正常生长的植株大量结籽,就是生长中的植株部分被割去之后,也可萌发新分蘖,即使长得很小也能抽穗结实。其中种子具有多种传播途径的特点:一是同一个穗上的颖果成熟时极不一致,而且边成熟边脱落,本能地协调时差,使后代得以较多的生存机会;二是借助风力、水流传播;三是可随收获作物混入粮谷带走;四是可经过食草动物吞入排出而转移。

4.狗尾草

【形态特征】一年生草本,株高 10～100 cm。秆直立或基部膝曲,基部径达 3～7 cm;叶片扁平,长三角状狭披针形或线状披针形,先端长渐尖,基部钝圆形,几成戟状或渐窄,长 4～30 cm,宽 2～18 mm,通常无毛或疏具疣毛,边缘粗糙;叶鞘松弛,边缘具较密棉毛状纤毛;叶舌极短,边缘有纤毛;圆锥花序,紧密呈圆柱状或基部稍疏离,直方或稍弯垂;刚毛长 4～12 mm,粗糙,直或稍扭曲,通常绿色、褐黄到紫红或紫色;小穗 2～5 个簇生于主轴上或更多的小穗着生在短小枝上,椭圆形,先端钝,长 2～2.5 mm,铅绿色;第一颖卵形,长约为小穗的 1/3,具 3 脉,第二颖几乎与小穗等长,椭圆形,具 5～7 脉;第一外稃与小穗等长,具 5～7 脉,先端钝,其内稃短小狭窄,第二外稃椭圆形,具细点状皱纹,边缘内卷,狭窄;鳞被楔形,先端微凹;花柱基分离;颖果灰白色,谷粒长圆形,顶端钝,具细点状皱纹。

【生物学特性】种子繁殖。种子发芽最适宜温度为 15～30 ℃。种子出苗最适宜土层深度为 2～5 cm,土壤深层未发芽的种子可存活 10 年以上。在我国北方地区 4—5 月出苗,以后随浇水或降雨还会出现出苗高峰;6—9 月为花果期。繁殖力强,一株可结数千至上万粒种子。种子借风、灌溉浇水、粪肥及收获物进行传播。种子经越冬休眠后萌发。适生性强,耐旱耐贫瘠,在酸性或碱性土壤均可生长。

5.画眉草

【形态特征】一年生草本,株高 20～80 cm;秆丛生;叶片狭条状;叶鞘光滑或鞘口生长柔毛,叶鞘有脊;叶舌有一圈短纤毛;圆锥花序,略开展,枝腋间具长柔毛;小穗长圆形,生 3～14 朵小花;颖果长圆形,黄棕色,长 7～8 mm,宽 4～5 mm。

【生物学特性】种子繁殖。河南的棉田中于 5 月上旬出苗,5 月下旬出现第一次高峰,6—10 月果实成熟后整株枯死。黑龙江 5 月上中旬出苗,7 月上中旬出现第二批幼苗,8 月上中旬开花结实。喜潮湿肥沃的土壤,种子很小但数量多,在田间靠风传播,多混生在旱地作物或棉田中。

6.千金子

【形态特征】一年生草本,株高 30～90 cm。秆丛生,上部直立,基部膝曲,具 3～6 节,光滑无毛;叶片条形皮针状,无毛,常卷折;叶鞘大多短于节间,无毛;叶舌膜质,多撕裂,具小纤毛;花序圆锥状,分枝长,由多数穗形总状花序组成;小穗含 3～7 朵花,成 2 行着生于穗轴的一侧,常带紫色;颖具 1 脉,第二颖稍短于第 1 外稃;外稃具 3 脉,无毛或下部被微毛;颖果长圆形。

幼苗淡绿色;第一叶长 2～2.5 mm,椭圆形有明显的叶脉,第二叶长 5～6 mm; 7～8 叶出现分蘖和匍匐茎及不定根。

【生物学特性】种子繁殖。种子发芽需要充足水分,但在长期淹水条件下不能发芽;需要温度较高,因此发生偏晚。千金子的分蘖能力强,而且中后期生长较快,到水稻抽穗后往往高出水稻一头。

7.狗牙根

【形态特征】多年生草本,具根状茎或匍匐茎,直立茎 10～30 cm。匍匐茎坚硬、光滑,长可达 1 m 以上;节间长短不一,并在节间上生根和分枝;叶鞘具脊,鞘口通常具柔毛;叶舌短,具小纤毛;叶片条形;花序穗状 3～6 枚,呈指状排列于秆顶;小穗含 1 朵花,成双行排列于穗轴的一侧;两颖近等长或第二颖稍长,各具 1 脉成脊;外稃与小穗等长,具 3 脉,脉脊上有毛;外稃和内稃近等长,具 2 脊;颖果长圆形。

【生物学特性】种子量少,细小而发芽率低,故以匍匐茎繁殖为主。狗牙根喜热而不耐寒,种子发芽以日平均气温 18 ℃为宜。植株生长在 24 ℃以上良好,低于 6～9 ℃时生长缓慢,低于-3～-2 ℃时茎叶易受冻害。狗牙根喜光而不耐荫;喜湿而较耐旱。对土壤质地和土壤 pH 适应范围较宽。狗牙根营养繁殖能力很强,平均每株的匍匐茎具 24～35 个节芽,节上生枝,枝再分蘖。在我国北部地区 4 月初匍匐茎或根茎上长出新芽,4—5 月迅速蔓延,交织成网而覆盖地面;6 月开始陆续抽穗、开花、结实,10 月颖果成熟、脱落,并随风或流水传播扩散。

二、阔叶类杂草

1.藜科杂草——灰菜

【形态特征】一年生草本,株高 30～120 cm;茎直,粗壮,多分枝,有条纹;叶互生,具长柄;叶片菱状卵形或披针形,长 3～6 cm,宽 2.5～5 cm,基部叶片较大,上部叶片较小,全缘或边缘有不整齐的锯齿,叶背均有粉粒;花序圆锥状,由多数花簇排成腋生或顶生,秋季开黄绿色小花,花两性;花被黄绿色或绿色,被片 5 枚;胞果,完全包于花被内或顶端稍露,果皮薄和种子紧贴;种子双凸镜形,深褐色或黑色,光亮。

幼苗下胚轴发达,子叶肉质,近条形,初生叶 2 片,长卵形,主脉明显,叶背紫色,有白粉。

【生物学特性】种子繁殖。种子发芽的最低温度为 10 ℃,最适宜温度为 20～30 ℃,最高温度为 40 ℃,适宜的出苗土层深度为 4 cm 以内。在华北与东北地区3—5月出苗,6—10月开花、结果,随后果实渐次成熟。种子落地或借助外力传播。

2. 苋科杂草

(1)反枝苋

【形态特征】一年生草本,株高 20～80 cm;茎直立,分枝较少,枝绿色,稍显钝棱,密生短绒毛;叶互生,具长叶柄,长 3～10 cm;叶片菱状广卵形或三角状广卵形,长4～12 cm,宽 3～7 cm,先端微凸或微凹,具小芒尖,边缘略显波状,叶脉突起,两面和边缘有绒毛,叶背灰绿色,基部广楔形,叶有绿色、红色、暗紫色或带紫斑等;圆锥花絮,顶生或腋生,花簇多刺毛,苞片卵形,先端芒状,长约 4 mm,膜质;花被白色,被片 5 枚,各有一条淡绿色中脉;雌雄同株;萼片 3 片,披针形,膜质,先端芒状;雄花有雄蕊 3 枚,雌花有雌蕊 1 枚,柱头 3 裂;胞果扁球形,萼片宿存,长于果实,熟时环状开裂,上半部成盖状脱落;种子黑褐色,近于扁圆形,两面凸,平滑有光泽。

【生物学特性】种子繁殖。种子发芽最适宜温度为 15～30 ℃,出苗适宜土层深度为 5 cm 以内。在我国北部地区 4—5 月出苗,7—9 月开花结果,7 月以后种子渐次成熟落地,借助外力传播。

(2)野鸡冠花

【形态特征】株高 0.3～1.0 m,全体无毛;茎直立,有分枝,绿色或红色,具明显条纹。叶片矩圆披针形、披针形或披针状条形,少数卵状矩圆形,长 5～8 cm,宽1.0～3.0 cm,绿色常带红色,顶端急尖或渐尖,具小芒尖,基部渐狭;叶柄长 2.0～15.0 mm,或无叶柄。花多数,密生,在茎端或枝端成单一、无分枝的塔状或圆柱状穗状花序,长 3.0～10.0 cm;苞片及小苞片披针形,长 3.0～4.0 mm,白色,光亮,顶端渐尖,延长成细芒,具 1 中脉,在背部隆起;花被片矩圆状披针形,长 6.0～10.0 mm,初为白色顶端带红色,或全部粉红色,后成白色,顶端渐尖,具 1 中脉,在背面凸起;花丝长 5～6 mm,分离部分长 2.5～3.0 mm,花药紫色;子房有短柄,花柱紫色,长 3.0～5.0 mm。胞果卵形,长 3.0～3.5 mm,包裹在宿存花被片内。种子凸透镜状肾形,直径约 1.5 mm。花期 5—8 月,果期 6—10 月。

3. 大戟科杂草——铁苋菜

【形态特征】一年生草本,高 30～60 cm;茎直立,多分枝;叶互生,叶柄长,叶片椭圆状披针形,长 2.5～8 cm,宽 1.5～3.5 cm,顶端渐尖,基部楔形,两面有疏毛或无毛,叶脉基部 3 出;花序腋生,单性,雌雄同株,无花瓣;雄花序在上,穗状,通常雄花序极短,着生在雌花序上部;雄花萼 4 裂,雄蕊 8 枚;雌花在下,生于叶状苞片内;有叶状肾形苞片 1～3 片,不分裂,合对如蚌;蒴果钝三棱形,淡褐色,有毛;种子倒卵圆形,黑色,常有白膜质状蜡层。

幼苗淡紫色,子叶近圆形;初生叶 2 片,卵形,边缘有疏齿,具短柄。

【生物学特性】种子繁殖。喜湿,当地温稳定在 10～16 ℃时种子萌发出土,在我国北方地区 4—5 月出苗,6—7 月也常有出苗高峰,7—8 月陆续开花结果,8—10月果实渐次成熟。种子边成熟边脱落,可借助风力、流水向外传播,也可混杂在收获物中扩散,经冬季休眠后萌发。

4. 马齿苋科杂草——马齿苋

【形态特征】一年生肉质草本。茎圆柱形,长可达 30 cm,直径 0.1～0.2 cm,表面黄褐色,有明显纵沟纹,茎下部匍匐,四散分枝,上部略能直立或斜上,肥厚多汁,绿色或淡紫色,全体光滑无毛;单叶互生或近对生,叶片肉质肥厚,易破碎,长方形或匙形,或倒卵形,先端圆,稍凹下或平截,长 1～2.5 cm,宽 0.5～1.5 cm,基部宽楔形,形似马齿,故名"马齿苋";夏日开黄色花,花小,3～5 朵生于枝端,花瓣 5 片;蒴果圆锥形,自腰部横裂为帽盖状,内有多数黑色扁圆形细小种子。

幼苗紫红色,下胚轴发达,子叶长圆形;初生叶 2 片,倒卵形,全缘。

【生物学特性】种子繁殖。喜温,种子发芽的适宜温度为 20～30 ℃,适宜的出苗土层深度在 3 cm 以内。在我国中北部地区,5 月出现第一次出苗高峰,8—9 月出现第二次出苗高峰;5—9 月陆续开花,6 月果实开始渐次成熟散落。马齿苋生命力很强,被铲掉的植株暴晒数日不死,植株断体后在一定条件下可生根成活。

5. 茄科杂草——龙葵

【形态特征】一年生草本,株高 50～100 cm;茎直立,多分枝,全株平滑或具有微毛;叶互生,叶片卵形,全缘或有不规则的波状锯齿,两面光滑或具有微毛,具长柄;花序伞状形,短蝎尾状,腋外生,有花 4～10 朵,花梗下垂;花萼杯状,5 裂;花冠白色,辐状,5 裂,裂片卵状三角形;浆果球形,成熟时紫黑色;种子近卵形,扁平。

【生物学特性】种子繁殖。种子发芽最低温度为 14 ℃,最适宜温度为 19 ℃,最高温度为 22 ℃。出苗早晚与多少,与土层深度和土壤含水量有关,通常在 3～7 cm土层中的种子出苗早、出苗多,在 0～3 cm 土层中的出苗次之,在 7～10 cm 土层中的种子出苗最晚、最少。

在我国北方地区 4—6 月出苗,7—9 月现蕾、开花、结果。当年种子一般不萌发,经越冬休眠后的种子才发芽出苗。

6.旋花科

（1）打碗花（小旋花）

【形态特征】多年生草本,具地下横走根状茎,茎长 30～100 cm,蔓状,纤细,有细棱,无毛,多自基部分枝,缠绕或匍匐;单叶互生,基部叶片长圆状心形,全缘,上部叶片三角戟形,侧裂片展开,通常 2 裂,中裂片卵状三角形或披针形,基部心形,两面无毛,具长柄;花腋生,单生,花梗较叶柄稍长;苞片 2 片,卵圆形,较大,包围花萼,宿存;花萼裂片长圆形,光滑;花冠漏斗状,长 2～4 cm,淡红白色;雄蕊 5 枚,内藏;雌蕊 1 枚,子房 1 室,花柱单 1 根,柱头 2 裂;蒴果卵圆形,稍尖,光滑,种子 4 粒;种子倒卵形,黑褐色。

【生物学特性】根芽和种子繁殖。根状茎多集中于耕层中,我国北方地区根芽 3 月开始出苗,春苗与秋苗分别于 4—5 月和 9—10 月生长繁殖最快,6 月开花、结果,出苗茎叶炎夏干枯,秋苗茎叶入冬枯死。

（2）田旋花

【形态特征】多年生草本,具有根和根状茎。直根入土较深,根状茎横走;茎蔓状,平卧或缠绕生长,上部有疏软毛,有棱;叶互生,叶片形态多变,但基本戟形或箭形,长 2.5～6 cm,宽 1～3.5 cm,全缘或 3 裂,中裂片大,卵状椭圆形、狭三角形、披针状椭圆形或线形,侧裂片展开呈耳形,叶柄长 1～2 cm;花 1～3 朵腋生;花梗细弱;苞片线形,2 枚,与萼远离;萼片倒卵状圆形,5 枚,无毛或被疏毛,缘膜质;花冠漏斗形,粉红色,长约 2 cm,外面有柔毛,褶上无毛,有不明显的 5 浅裂;雄蕊的花丝基部肿大,有小鳞毛;子房 2 室,有毛,柱头 2 裂,狭长;蒴果球形或圆锥状,无毛;种子三棱状椭圆形,无毛。

实生苗子叶近方形,主脉明显,先端微凹,有柄;初生叶 1 片,长圆形,先端钝,基部两侧稍向外突出成矩,也有柄。

【生物学特性】根芽和种子繁殖。在我国北方地区根芽 3—4 月出苗,种子 4—5 月陆续现蕾、开花,6 月以后果实渐次成熟,9—10 月地上茎叶枯死。种子多混杂在收获物中传播。

7.菊科杂草

（1）刺儿菜

【形态特征】多年生草本,株高 20～50 cm;具地下横走根状茎;茎直立,无毛或有蛛丝状毛;叶互生,无柄,基生叶较大,茎生叶较小,叶片椭圆形或长椭圆披针形,全缘或有齿裂,有刺,两面被蛛丝状毛;花序头状,单生于茎顶;花单性,雌雄异株;

雄花较小,总苞长约 18 mm,花冠长 17～20 mm;雌花花序较大,总苞长约 23 mm,花冠长约 26 mm;总苞钟形,苞片多层,先端均有刺;花冠淡红色或紫红色,全为筒状;瘦长果,椭圆形或长卵形,具污白色羽状冠毛。

【生物学特性】以根芽繁殖为主,种子繁殖为辅。在我国中北部地区于 3—4 月出苗,5—6 月开花、结籽,6—10 月果实渐次成熟。种子借助于风力飞散。实生苗当年只进行营养生长,第二年才能抽茎开花。

刺儿菜是难以防除的恶性杂草,根芽在生长季节内随时都可萌发,而且在地上部分被除掉或根茎被切断后,还能再生新株。

(2)鳢肠

【形态特征】一年生草本,株高 15～60 cm;茎直立或匍匐,自茎基部或上部分枝,绿色或红褐色,被伏毛;茎叶折断后有墨水样汁液;叶对生,无柄或基部叶有柄,被粗伏毛;叶片长披针形、椭圆状披针形或条状披针形,全缘或有细锯齿;花序头状,腋生或顶生;总苞片 2 轮,5～6 枚,有毛,宿存;托叶披针形或刚毛状;边花白色,舌状,全缘或 2 裂;心花淡黄色,筒状,4 裂;舌状花的瘦果四棱形,筒状花的瘦果三棱形,表面都有瘤状突起,无冠毛。

【生物学特性】种子繁殖。鳢肠喜湿耐旱,抗盐耐脊和耐荫。在潮湿的环境里被锄移位后,能重新生出不定根而恢复生长,故称为"还魂草",并能在含盐量达 0.45% 的中重度盐碱地上生长。鳢肠具有惊人的繁殖能力,1 株可结籽 1.2 万粒。这些种子或就近落地入土,或借助外力向远处传播。

8.桑科杂草——葎草(拉拉秧)

【形态特征】一年生草本。茎缠绕,长达 5 m,多分枝具纵棱;茎和叶柄密生倒刺;叶对生,具有叶柄;叶片掌状,5～7 深裂,边缘有粗锯齿,两面有梗毛;花单生,雌雄异株;花絮圆锥状,腋生或顶生,花黄绿色,被片 5 枚;雌花序排列成近圆形穗状,腋生,每 2 朵花外有 1 卵形的苞片,花被退化成一全缘的膜质片;瘦果扁圆形,先端具圆柱状突起,褐色。

幼苗下胚轴发达,子叶长条形,无柄,初生叶 2 片,长卵形,3 裂,边缘有钝齿,有柄。

【生物学特性】种子繁殖。种子发芽的温度 10～20 ℃,最适宜温度为 15 ℃,适宜的出苗土层深度为 2～4 cm,埋入土层深度未发芽的种子 1 年后丧失发芽能力。在我国北方地区 4 月后出苗,6—9 月开花,8—10 月果实渐次成熟。种子经越冬休眠后萌发。

9.鸭跖草科——鸭跖草

【形态特征】一年生草本,茎下部匍匐生根,上部直立或斜生,长 30～50 cm;叶互生,披针形或卵披针形,表面光滑无毛,有光泽,基部下延成鞘,有紫红色条纹;总苞片佛焰苞状,有长柄,叶对生,卵状心形,稍弯曲,边缘常有硬毛;花序聚散形,有花数朵,略伸出苞外;花瓣3枚,其中2枚较大,深蓝色;1枚较小,浅蓝色,有长爪;蒴果卵圆形,2室,有4粒种子;种子包面凹凸不平,褐色或深褐色。

【生物学特性】种子繁殖。为晚春性杂草,雨季蔓延迅速;入夏开花;8—9月果实成熟,种子随成熟随落地。抗逆性强,种子发芽的适宜温度为15~20 ℃,发芽的土层适宜深度为2~6 cm,种子在土壤中可以存活5年以上。

10.莎草科杂草

(1)扁秆藨草

【形态特征】多年生草本,株高60~100 cm;具地下横走根茎和块茎,根茎顶端膨大成块茎;秆直立而较细,三棱形,平滑;叶基生或秆生,条形,与秆近等长,基部具有长叶鞘,苞状叶片,1~3枚,长于花序;花序聚散形,短缩成头状,假侧生,有时具有少数短辐射枝,有1~6个小穗;小穗卵形或长圆状卵形,具多数小花;鳞片矩圆形,褐色或深褐色,顶端具撕裂状缺刻,中脉延伸成芒状;下位刚毛4~6条,具倒刺,短于果;小坚果,倒卵形,扁稍凹或稍凸,灰白色或褐色。

【生物学特性】块茎或种子繁殖。块茎发芽最低温度为10 ℃,最适宜温度为20~25 ℃,出苗适宜土层深度为0~20 cm,最适宜深度为5~8 cm;种子发芽最低温度为16 ℃,最适宜温度为25 ℃,出苗土层深度为0~5 cm,最适宜深度为1~3 cm。块茎和种子没有休眠期或无明显的休眠期。扁秆藨草适应性强,块茎和种子冬季在稻田土壤中经−36 ℃的低温翌年仍有生命力;块茎夏天在干燥的条件下,暴晒45 d后再置于保持浅水的土壤中,仍可恢复生机,而且只有3 mm大的小块茎遗留下来,就能发芽出苗。

在扁秆藨草发生区,块茎大致于4—6月出苗。条件适宜,幼苗生长很快,平均1 d就可长2.5 cm,而且蔓延迅速,6—9月平均3.3 d可长出一片新株;种子于5—7月萌发出苗,3.5叶后伸出地下茎,4.5~5.5叶发出再生苗;7—9月开花结果。种子成熟后随水或夹杂于稻谷中传播。

(2)水莎草

【形态特征】多年生草本,具细长地下横走茎,高30~100 cm;秆散生,直立,较粗壮,扁三棱形;叶片条形,稍粗糙,叶鞘腹面棕色;苞片叶状3~4枚,长于花序;花序长侧枝聚散型复出,具4~7条长短不等的辐射枝,每枝有1~3个穗状小花序,每个花序具4~18个小穗;小穗条状披针形,稍膨胀,具10~30朵花;穗轴有白色透明的翅;鳞片2列,宽卵形,先端钝,背部肋绿色,两侧褐红色。小坚果卵圆形,平凸状,有突起的细点。

【生物学特性】根茎和种子繁殖。繁殖体发芽最低温度为 5 ℃,适宜温度为 20～30 ℃,最高温度为 45 ℃;出苗土层深度在 15 cm 以内,最适深度不超过 6 cm。各地在 5—6 月出苗,7—8 月开花,9—10 月成熟。

(3)碎米莎草

【形态特征】一年生草本,株高 8～85 cm;秆丛生,直立,扁三棱形;叶基生,短于秆,宽 3～5 mm;叶鞘红褐色;叶状苞片 3～5 枚,下部 2～3 枚,长于花序;花序长侧枝聚伞形复出,具长短不齐的辐射枝 4～9 枚,长达 12 cm,每辐射枝具 5～10 个穗状花序;穗状花序,长 1～4 cm,具小穗 5～22 个;小穗排列疏松,长圆形至线状披针形,压扁,长 4～10 mm,具花 6～22 朵;鳞片排列疏松,膜质,宽倒卵形,先端微缺,背部有绿色龙骨突起,具短尖,具 3～5 脉,两侧黄色;雄蕊 3 枚;花柱短,柱头 3 裂;坚果小,倒卵形或椭圆形、三棱形,黑褐色,约与鳞片等长。

幼苗第一叶条状披针形,长 2 cm,横断面呈"U"形。

【生物学特性】种子繁殖。5—8 月陆续出苗,6—10 月抽穗、开花、结果。成熟后全株枯死。

(4)异型莎草

【形态特征】一年生草本,株高 20～65 cm。秆丛生,扁三棱形;叶基生,条形,短于秆;叶鞘稍长,淡褐色,有时带紫色;苞片叶状 2 或 3 枚,长于花序;花序长侧枝聚伞形,简单,少有复出,具长短不齐的辐射枝 3～9 枚;小穗多数,集成球状,具花 8～28 朵;鳞片具扁圆形,长不及 1 mm,背部有淡黄色的龙骨状突起,两侧深红色或栗色,有 3 脉;小坚果倒卵形或椭圆形,有三棱,淡黄色,与鳞片近等长。

幼苗淡绿色至黄绿色,基部略带紫色,全体光滑无毛;第 1～3 叶条形,稍呈波状变曲,长 5～20 mm;4 叶以后开始分蘖,叶鞘闭合。

【生物学特性】种子繁殖。种子发芽适宜温度为 30～40 ℃,适宜出苗土层深度为 2～3 cm。在我国北方地区于 5—6 月出苗,8—9 月种子成熟落地,随风力和流水向外传播,经越冬休眠后萌发出苗。

异型莎草的种子繁殖量大,一株可结籽 5.9 万粒,可发芽 60%,因而在集中发生的地块,数量可高达 480～1 200 株/m²。又因该种子小而轻,可随风散落,随水漂流或随动物活动、稻谷运输向外传播。

(5)香附子

【形态特征】多年生草本,株高 20～95 cm;秆散生,直立,锐三棱形,具地下横走根茎,顶端膨大成块茎,有香味;叶片窄线形,长 20～60 cm,宽 2～5 mm,先端尖,全缘,具平行脉,主脉于背面隆起,质硬,叶丛生于茎基部,短于秆,叶鞘闭合包于茎秆上,苞片叶状 3～5 枚,下部 2～3 枚,长于花序;花序复穗状,具 3～10 个长短不等的辐射枝,每枝有 3～10 个排列成伞状形的小穗;小穗条形,略扁平,长 1～3 cm,宽约 1.5 mm,具 6～26 朵花,穗轴有白色透明的翅;鳞片卵形或宽卵形,背面中间绿色,两侧紫红色。坚果小,长圆倒卵形,三棱状,暗褐色,具细点。

【生物学特性】种子或块茎繁殖。块茎发芽的最低温度为 13 ℃,最适宜温度为 30～35 ℃,最高温度为 40 ℃。香附子较耐热而不耐寒,冬天在 -5 ℃ 以下开始死亡,所以香附子不能在寒带地区生存。块茎在土壤中的分布深度因土壤条件而异,通常有一半以上集中于 10 cm 以上的土层中,个别的可深达 30～50 cm,但在 10 cm 以下,随深度的增加而发芽率和繁殖系数锐减。香附子较为喜光,遮阳能明显影响块茎的形成。

香附子的生命力比较顽强。其存活的临界含水量为 11％～16％,通常在地下挖出单个块茎暴晒 3 d,仍有 50％存活。块茎的大小和成熟度不同,其发芽率基本没有差异。块茎的繁殖力惊人,在适宜的条件下,1 个块茎 100 d 可繁殖 100 多棵植株。种子可借助风力、水流及人、畜活动传播。

59

第五章 草莓土壤障碍

第一节 土壤酸化

一、当前草莓土壤酸化状况

土壤酸碱度(pH)对农作物生长非常重要,适宜大多数农作物生长的土壤 pH 为 7 或略小于 7。根据氢离子(H^+)在土壤中存在的方式,土壤酸度分为活性酸度和潜性酸度。土壤溶液中的氢离子(H^+)浓度为活性酸度;土壤胶体吸收的氢离子(H^+)和铝离子(Al^+)被其他阳离子交换到土壤溶液中引起的氢离子(H^+)浓度增加为土壤潜性酸度。

在自然条件下土壤酸化是一个相对缓慢的过程,土壤 pH 每下降一个单位需要数百年甚至上千年,而我国自 20 世纪 80 年代初以来,几乎所有土壤类型的 pH 下降了 0.2~1.0 个单位,平均下降了约 0.6 个单位,并且在南方地区更为严重,据研究,我国草莓土壤酸化比粮食作物体系土壤酸化更为严重,局部地区的 pH 已经下降到 5.0 以下,即使是抗酸化的土壤类型如盐碱地,也显示其 pH 在下降。

二、土壤酸化的原因

土壤酸化受耕作活动影响很大,特别是不合理施肥,过量施用氮肥是一个重要原因。数据显示,中国氮肥的消费量已经从 1981 年的 1 118 万 t 增长至 2011 年的 3 420 万 t,30 年间增长了 2 倍多,据研究,千家万户小地块的分散经营生产和过度追逐高产是国内氮肥消费一直增长的主要原因。

另外,大量施用硫基、硝基等无机生理酸性氮肥也能引起土壤活性酸度增强。图 5-1 是长期(17 年)施用不同形态的氮肥,每公顷施用纯氮 80 kg,在年降雨量1 100 mm 的情况下对土壤酸碱度的影响。

还有,大量施用没有腐熟的精制有机肥如鸡粪、鸭粪等,由于生物的呼吸作用

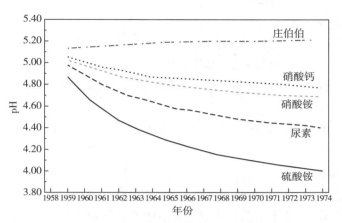

图 5-1 不同肥料对土壤酸化的影响

和有机物分解过程中释放出的二氧化碳溶于水形成碳酸,有机质厌氧分解过程中会产生少量的有机酸,以及土壤中因氧化作用而产生的少量无机酸。成为土壤酸化的诱因之一。

因此,我国最近 40 年高投入高产出的集约化农业生产模式加速了土壤酸化过程。随着未来农业集约化程度的提高和粮食、蔬菜、水果等农产品需求的进一步增加,土壤酸化程度还会加重。

第二节 土壤盐渍化

一、当前土壤盐渍化状况

盐渍土是指土壤中可溶性盐含量达到对作物生长有显著作用的土类。土壤中的可溶性盐分主要有:K^+、NH_4^+、Na^+、Ca^{2+}、Mg^{2+}、Zn^{2+}、Cu^{2+} 等阳离子和 Cl^-、SO_4^{2-}、HCO_3^-、CO_3^{2-}、NO_3^- 等阴离子。研究表明,当土壤含盐量达到土壤干重的 0.3%~1.0% 时,草莓产量就减少到正常产量的 1/30~1/10。因此,土壤盐渍化对草莓的危害很大。

二、土壤盐渍化的原因

土壤可溶性盐分增加的主要来源有如下几个方面。

1.气候条件

在干旱和半干旱条件下,没有足够的降雨,不能有效淋溶土壤中的可溶性盐分,导致可溶性盐分在土壤表层积累,而成为盐渍土。另外,强烈的自然蒸发作用,引起土壤深层盐分随土壤毛细管水上升到土壤表面,表土盐分含量增加 2~20 倍。

2.矿物风化的释放

由于生物的活动,土壤中的 CO_2 分压提高,则 H_2CO_3、HCO_3^- 和 CO_3^{2-} 的溶解量增多。

3.灌溉水

地下水是现在土壤积盐的主导因素,它是不同来源盐分的重要载体,土壤的积盐量和盐分组成,与地下水的矿化度和盐分组成有密切的关系。同时,农作物大水灌溉,降低了土壤的透气性,影响了水对土壤盐分的淋溶作用,提高了土壤表层内的水溶性盐分含量。

4.施肥

(1)化学肥料对土壤盐化的影响:农业生产中施用的许多化学肥料,包括氮素肥料(硝酸铵、硫酸铵、尿素等)、磷素肥料(如磷酸一铵、磷酸二铵、过磷酸钙等)和钾素肥料(如硫酸钾、氯化钾等)都是可溶性的盐,只要施用就会引起土壤可溶性盐分含量的增加。不同肥料因为所含离子不同,因此对土壤盐渍化的程度也不同(表5-1)。

表 5-1 不同化学肥料对土壤盐渍化影响

肥料(fertilizer)	盐分指数(salt index)
硝酸铵(ammonium nitrate)	105
石灰(ammonium nitrate-lime)	61
硫酸铵(ammoniumsulfate)	69
氰氨化钙(calcium cyanamide)	31
硝酸钙(calcium nitrate)	65
硝酸钠(sodium nitrate)	100
氮溶液(nitrogen solution 37%)	78
硝酸钾(potassium nitrate)	74
氯化钾(potassium chloride)	116
尿素(urea)	75

(2)常见的畜禽粪肥、有机肥对土壤盐化的影响:畜禽配合饲料中都加入了一

定量的食盐(NaCl)和微量元素(铜、锌和重金属砷、铬、铅和镉等),食盐不是畜禽生长的必需元素,这样NaCl和许多未被畜禽吸收的微量元素积累在畜禽粪便中排出(表5-2),以畜禽粪肥为主要原料的有机肥含盐分较重,会给土壤带来盐渍化。

表 5-2　猪摄取饲料中微量元素及其排出粪尿中含量

项目	A			B			C		
	铜	锌	砷	铜	锌	砷	铜	锌	砷
喂猪量/g	249	416	3.86	451	581	2.71	369	507	3.12
粪尿排出量/g	180	382	3.88	343	561	4.22	292	489	4.45
排出量/摄取量/%	72.2	91.7	100.5	76.1	96.6	155.7	79.2	96.5	142.7

据英国Unwin(1981)的研究显示,摄取高铜饲料的猪排出粪便样品中所含的铜量在 $600\sim900$ mg/kg 干物质,如在砂质土地上连续 3 年每公顷灌溉 $1\,800$ m³ 的猪场废水,其土中所含的铜量有积累效应,但当土壤深度深于 45 cm 后,此种差别就消失(表5-3)。

表 5-3　砂质土地上连续 3 年施猪粪,土壤中铜积累量(EDTA-Cu)　　　mg/kg

土壤层	对照组	每年每公顷施 1 800 m³猪场废水
表层	3.3	109
$0\sim5$ cm	1.9	23.3
$5\sim15$ cm	1.4	3.8
$15\sim30$ cm	1.0	1.5
$30\sim45$ cm	0.5	0.7
$45\sim60$ cm	0.5	0.5

三、土壤盐渍化对草莓生长的影响

1. 降低水分有效性

离子浓度影响着溶液的渗透势,当土壤溶液中盐分含量增加时,渗透压也随之提高,而水分的有效性,即水势却相应降低,使植物根系吸水困难,即使土壤含水量并未减少,也可能因盐分过高而造成植物缺水,出现生理干旱现象。这种影响的程度取决于盐分含量和土壤质地。在土壤含水量相同的条件下,盐分含量越高,土壤越黏重,则土壤水的有效性越低。

草莓体内盐分过多,会增加细胞汁液的渗透压,提高细胞质的黏滞性,从而影响细胞的扩张。因此,在盐渍土上生长的植株一般都比较矮小,叶面积也小,使得叶绿素相对浓缩,表现为叶色深绿。

草莓体内水分有效性降低,会影响蛋白质三级结构的稳定,降低酶的活性,从而抑制蛋白质的合成。

2.单盐毒害作用

草莓是盐敏感植物,通常含盐土壤中,盐的成分包括钙、钠、镁、氯化物、硫酸盐和碳酸氢盐等。在离子浓度相同的情况下,不同种类的盐分对植物生长的危害程度不同。盐分种类之间的这种差异与各种离子特性有关,属于离子单盐毒害作用。在盐渍土中,若某一种盐分浓度过高,其危害程度比多种盐分同时存在时要大。

3.破坏膜结构

高浓度盐分尤其是钠盐会破坏根细胞原生质膜的结构,引起细胞内养分的大量外溢,造成植物养分缺乏。受盐害的植物体电解质外渗液的主要成分是钾离子(K^+),因此会导致植物严重缺钾(K)。植物体内钠含量过高,会抑制膜上排钠泵的功能,导致钠不能及时排出膜外。草莓生长几乎完全由盐溶液的渗透压决定,当钠或氯在叶片中累积到有害的水平时还会出现叶焦病,而叶片损伤将进一步阻碍草莓生长,从而降低产量。

4.破坏土壤结构,阻碍根系生长

草莓属浅根性作物,对土壤表层营养元素吸收较多。高钠的盐土,其土粒的分散度高,易堵塞土壤孔隙,导致气体交换不畅,根系呼吸微弱,代谢作用受阻,养分吸收能力下降,造成草莓根际周围营养失衡,影响根系生长,营养缺乏。在干旱地区,因土壤团粒结构遭破坏,土壤易板结,根系生长的机械阻力增强,造成草莓扎根困难,幼苗很难发根且缺少须根,受盐害的根会增粗,匍匐茎苗常无法在土壤表面生根。

第三节 土壤板结

一、概念

土壤板结是指土壤表层因缺乏有机质或土壤酸化等引起土壤结构不良,在灌水或降雨等外因作用下土壤结构破坏、土粒分散,而干燥后受内聚力作用,使土面变硬的现象。

二、土壤板结的原因

1. 农田土壤质地黏重，耕作层浅

黏土中的黏粒含量较多，加之耕作层平均不到 20 cm，土壤中毛细管孔隙较少，通气、透水、增温性较差。

2. 有机物料投入少

有机肥施用量少或秸秆不能还田，使土壤中有机物质补充不足，土壤有机质含量偏低，理化性状变差，影响微生物的活性，从而影响土壤团粒结构的形成，造成土壤的酸碱性过大或过小，导致土壤板结。

3. 塑料废弃物污染

地膜和塑料袋等没有彻底被清理，在土壤中无法完全被分解，形成有害的块状物，造成土壤板结。

4. 长期单一地偏施化肥，农家肥严重不足

重氮磷肥，轻钾肥和钙肥，使土壤有机质下降，腐殖质不能及时地得到补充，引起土壤板结和龟裂。长期施用硫酸铵也容易造成土壤板结。

5. 镇压、翻耕等农耕措施导致上层土壤结构被破坏

由于机械耕作的影响，破坏了土壤团粒结构，而每年施入土壤中的肥料只有部分被当季作物吸收利用，其余被土壤固定，形成大量酸盐沉积，造成土壤板结。另外，耕作时机不当，如土壤过湿时耕翻镇压也容易造成板结。

6. 有害物质的积累

部分地区地下水和工业废水中有毒物质含量高，经过长期利用灌溉，有毒物质积累过量引起表层土壤板结。

7. 暴雨造成水土流失

暴雨后表土层细小的土壤颗粒被带走，使土壤结构遭到破坏。而黏粒、小微粒在积水处或流速缓处沉淀干涸后，易形成板结。

三、土壤板结对草莓的危害

1. 影响草莓根系发育

土壤板结容易造成土壤通透能力下降，土壤微生物种群减少，微生物的活动降低，土壤团粒结构差，土壤对氧及营养物质的吸附能力降低，草莓根系生长的环境恶化，使草莓根系发育不良，影响草莓的生长发育。

2. 影响土壤的供肥力

土壤板结引起土壤孔隙度减少，通透性差，地温降低，致使土壤中好氧性微生物的活动受到抑制，水、气、热状况不能很好地协调，其供肥、保肥、保水能力弱。土壤板结还延缓了有机质的分解，土壤理化性质逐渐恶化，地力逐渐衰退，土壤肥力随之下降。不能满足草莓优质高产对肥水的需求。

3. 影响草莓对矿物质养分的吸收

土壤板结时，草莓根系呼吸受阻，根部细胞呼吸减弱，引起草莓根系活力下降，土壤中的矿物质养分多以离子态存在，吸收时多以主动运输方式，需要消耗细胞代谢产生的能量，故能量供应不足，影响养分吸收。

第四节　土壤矿物质养分严重失衡

一、土壤养分

土壤中的有机质和氮（N）、磷（P）、钾（K）、钙（Ca）、镁（Mg）、硫（S）、铜（Cu）、铁（Fe）、锌（Zn）、硼（B）、锰（Mn）、钼（Mo）和氯（Cl）等元素是作物养分的基本来源。

二、土壤养分含量

我国土地辽阔，成土条件及耕作措施复杂多样，土壤养分含量有较大差异。通常认为土壤有机质含量达 2.5% 以上时为高肥力地，1.0%～2.5% 为中等肥力地，1.0% 以下为低肥力地。土壤含磷（P_2O_5）量在 0.08%～0.10%，似乎是一个缺磷界限。就土壤中钾（K_2O）含量来说，凡是大于 2.2% 的为高含量，1.4%～2.2% 的为中等含量，小于 1.4% 的为低含量。

我国土壤养分含量的总体趋势是：有机质和氮素含量以东北的黑土最高，其次是华南和长江流域的水稻土，而以华北平原、黄土高原土壤为最低；土壤磷素含量有较大变动幅度，总体上说是从南到北，从东到西有逐渐增加的趋势，淹水土壤有效磷有所提高；土壤钾（K）的含量比较高，且由南到北，由东到西逐渐增加。

目前，由于我国农业生产长期实行责任制，农业生产中的施肥决策权主要掌握在农民和农资经销商手中，施用什么肥料和施用多少肥料由生产者和肥料经营者决定，因此我国的施肥不合理现象比较突出，过量施用氮肥和磷肥比较普遍。因此，土壤氮、磷、钾三种养分互相比而言，大部分土壤高氮、富磷、相对缺钾。

我国土壤分级标准见表 5-4 和表 5-5。

表 5-4 土壤酸碱度与常见养分分级标准

编码	pH	有机质/%	全氮/%	全磷/%	速效磷/(mg/kg)	全钾/%	速效钾/(mg/kg)
1	≤4.5	<4.00	<0.200	<0.100	<20	<2.50	<200
2	4.6~5.5	3.01~4.00	0.151~0.200	0.081~0.100	16~20	2.01~2.00	151~200
3	5.6~6.5	2.01~3.00	0.101~0.150	0.061~0.080	11~15	1.51~2.00	101~150
4	6.6~7.5	1.01~2.00	0.076~0.100	0.041~0.060	6~10	1.01~1.50	51~100
5	7.6~8.5	0.61~1.00	0.051~0.075	0.021~0.040	4~5	0.51~1.00	31~50
6	8.6~9.0	≤0.60	≤0.050	≤0.020	≤3	≤0.5	≤30

表 5-5 常见养分分级标准

编码	有效铜/(mg/kg)	有效锌/(mg/kg)	有效铁/(mg/kg)	有效锰/(mg/kg)	有效钼/(mg/kg)	有效硼/(mg/kg)
1	>1.80	>3.00	>20	>30	>0.30	>2.00
2	1.01~1.80	1.01~3.00	10.1~20	15.1~30	0.21~0.30	1.01~2.00
3	0.21~1.00	0.51~1.00	4.6~10	5.1~15.0	0.16~0.20	0.51~1.00
4	0.11~1.20	0.31~0.50	2.6~4.5	1.1~5.0	0.11~0.15	0.21~0.50
5	/	≤0.30	/	/	≤0.10	≤0.20

三、矿物质养分失衡及化感自毒作用的影响

草莓连作会使土壤理化性状发生改变,养分失衡,破坏微生物群落结构。不同区域气候条件、土壤状况差异较大,栽培品种及相应的栽培措施、施肥方式等不尽相同,导致不同地区的土壤理化性质差异很大。由于矿物质元素之间相互具有协同和拮抗效应,偏施某一元素肥料对草莓生长发育会造成草莓缺素、矿物质养分失衡等生理性病害。如多施氮肥不利于磷和钾肥的吸收,施用过量的磷和钾影响对氮的吸收,铁对磷的吸收有拮抗作用,增施石灰可使磷成为不可给态,钾影响钙的吸收并能降低钙营养的水平,镁影响钙的运输,镁和硼与钙有拮抗作用,铵盐能降低对钙的吸收同时减少钙向果实的转移,施入钠、硫也可减少对钙的吸收,等等。

草莓在连作过程中,随着连作年限的增加,根系会分泌一些酚酸类化感物质,对草莓苗的根、茎、叶的生长均有一定程度的抑制作用,而对于根系和茎叶的鲜重影响更为显著。这种化感物质的自毒作用能抑制草莓根系生长的活力,降低叶片

的叶绿素含量及超氧化物歧化酶(SOD)活性,从而使草莓抗病能力下降。

第五节　土壤重金属污染

一、我国土壤重金属污染现状

我国受重金属污染的土壤面积达 2 000 万 hm²,约占总耕地面积的 1/5,因工业"三废"和农业面源污染而引起的重度污染农田近 350 万 hm²。有资料显示,华南地区有的城市郊区有 50% 的耕地遭受镉、砷和汞等有毒重金属和石油类的污染。长江三角洲地区有的城市郊区连片农田受镉、铅、砷、铜和锌等多种重金属污染,致使 10% 的土壤基本丧失生产力。

二、引起土壤重金属污染的主要原因

1. 工业"三废"

工业"三废"是指工业生产排放的"废气、废水和废渣"。工业"三废"中含有多种有毒和有害物质,若不经妥善处理,未达到规定的排放标准而排放到环境(大气、水域、土壤)中,超过环境自净能力的容许量,就会对环境产生污染,破坏生态平衡。污染物对农作物产生严重的危害,轻者影响作物产量,重者导致作物绝产,更重要的是危害人们的身体健康。

2. 生活污染

生活污染是指人类生活产生的污染物,主要包括生活用煤、生活废水和生活垃圾等。具有位置、途径、数量不确定,随机性大,分布范围广,防治难度大等特点。主要是由城市规模扩大,人口越来越密集造成的。

3. 农业污染

农业污染主要是农作物生产废物,包括农业生产过程中不合理使用而流失的农药、化肥、残留在农田中的农用薄膜和处置不当的养殖业畜禽粪便、恶臭气体以及不科学的水产养殖等产生的水体污染物。

我国是农药生产和使用大国。近年来我国农药总施用量达 130 余万 t(成药),平均每亩施用接近 1 kg,比发达国家高出 1 倍。并且在土壤中的残留农药量一般高达 50%～60%,同时大多随地表径流来污染地下水和地表水。农药进入土壤的途径主要是农药直接进入土壤(如使用除草剂、拌种剂和防治地下害虫的杀虫剂)

和间接进入土壤(如防治病虫草害喷洒于农田的各类农药),有相当部分落入土壤表面。农药随大气沉降、灌溉水和动植物残体而进入土壤,影响作物的正常生长。

从历史来看,农药对农业生态环境污染的原因,主要是我国以前使用的农药都是广谱、杀灭性强和持效期长的品种,尚未重视其对生态环境的影响。在管理方面侧重对农药质量及药效的监督,缺少农药安全性评价,缺少对农药毒性的监测系统。由于对农药毒性了解和监督不够,造成高毒、高残留的农药使用量长期占我国农药总量的60%以上,严重污染土壤农业生态环境。另外由于有些农民环保意识差,使用农药不科学,在使用技术上单纯追求杀虫、杀菌、杀草效果,擅自提高农药使用浓度,甚至提高到规定浓度的两三倍,大量过剩的农药导致直接接纳农药和间接接纳植物残体的耕种表面土层中农药大量蓄积,形成一种隐形危害。同时在土壤中残留期长的农药残留物质对后茬作物也造成污染。如20世纪70年代使用的"六六六"现在仍可在土壤中测定出来。这些农药将直接污染土壤和作物,还会通过食物链进入人体,导致人体生理过程的致命恶变。

土壤化肥污染是指长期大量施用化肥或偏施某一种化肥,甚至化肥施用方法不当,导致土壤结构破坏、容重增加、孔隙度减少,营养平衡失调,造成土壤物理化学性质恶化,耕地质量退化的现象。长期大量施用化肥的土地,有机质的损耗没有得到很好的补偿,致使土壤中的氮、磷、钾等营养成分比例失调,土壤微生物活性降低,土壤酸化的趋势增强,重金属逐年积累,作物中 NO_3^- 含量明显增高,对土壤环境造成严重危害,对人体健康造成潜在的危险。

废弃塑料和农膜是难分解的农业塑料制品,农田中存在的废弃塑料和残留地膜若得不到及时清理,将会造成严重的环境污染。残膜阻碍土壤毛管水和自然水的渗透,影响土壤的透气性、透水性,从而破坏土壤的理化结构,降低土壤肥力,甚至引起地下水难以下渗和土壤次生盐碱化。残膜在自然环境中往往需要上百年才能完全分解,在分解过程中会释放出含有对人体有害的氯乙烯、二噁英等成分的有毒物质,不仅会抑制土壤微生物的生长,还导致作物生长缓慢或黄化死亡。更严重的是,残膜长期留存土壤中将直接造成耕地减产甚至绝收。

我国现阶段为了养活日益增长的人口,不得不在短期内最大限度地提高农业产量,结果是过度利用了土壤耕层土这种"可更新"的资源。由于长期忽视了保护土壤的必要性,我国农业土壤的生态环境总体趋于恶化,农业生产受到严重影响。

4. 养殖业污染

常见的养殖业污染是指畜禽配合饲料中加入了一定量的食盐(NaCl)和微量元素(铜、锌和重金属砷、铬、铅和镉等)。食盐中的钠不是畜禽生长的必需元素,这样 NaCl 和许多未被畜禽吸收的微量元素积累在畜禽粪便中排出(表5-2)。另外,在禽畜养殖过程中,为防治禽畜疾病大量使用抗生素和其他药物,随着动物尿液和粪便排泄进入环境后,转化为环境抗生素或环境抗生素的前体物,从而直接破坏生态平衡并威胁人类的身体健康。而以畜禽粪便为主要原料的有机肥含氯化钠、微量元素和重金属较多,会给土壤带来较多的污染。

三、土壤重金属污染的影响

1.重金属污染对土壤微生物产生重要影响

在重金属污染或土壤酸化的土壤中,有益细菌和放线菌减少,有害菌增加,同时也影响土壤中的微生物活动,土壤生态系统内的微生物间相互影响构成平衡的生态系统被打乱。

据研究表明,土壤中的有机物质以及施用的厩肥、人粪尿和绿肥中的很多营养成分,在未分解前,作物是不能吸收利用的,只有变成可溶性物质,才能被作物吸收利用。完成这种功能的就是生活在土壤中的细菌、放线菌等各式各样的微生物。例如,磷细菌微生物能分解一些含磷有机物,为植物提供可利用的可溶性磷肥。硅酸盐细菌能把钾从含钾丰富的土壤中分解出来溶解于水中,供植物吸收利用。动植物遗体等有机物的一大半,都是被这些土壤微生物分解成为无机物,再被植物循环利用。所以,如果土壤微生物失去机能,这个循环中断,整个生态系统自我调节功能就会遭到严重破坏。

2.土壤重金属污染对土壤酶活性的影响

土壤重金属一般不易随水移动和被微生物分解,常在土壤中积累,含量较高时能降低土壤酶活性,使之失活,破坏参与蛋白质和核酸代谢的蛋白酶、肽酶和其他有关酶的功能。甚至有的通过食物链在人体内蓄积,达到有害浓度时会严重危害人体健康。

3.土壤重金属污染对农作物生长发育的影响

(1)镉(Cd)对植物生长发育的影响:镉是危害植物生长发育的有害元素,土壤中过量镉会对植物生长发育产生明显的危害。有研究表明,镉胁迫时会破坏叶片的叶绿素结构,降低叶绿素含量,使叶片发黄,严重时几乎所有叶片都出现褪绿现象,叶脉组织成酱紫色,变脆,萎缩,叶绿素严重缺乏,表现为缺铁症状。有研究指出:叶片受到伤害时植物生长缓慢,植株矮小,根系受到抑制,造成生长障碍,产量降低,镉浓度过高时植株死亡。土壤中镉胁迫对植物代谢的影响更加显著,胁迫引起植物体内活性氧自由基剧增,超出了活性氧清除酶的歧化-清除能力时,使根系代谢酶活性降低,严重影响根系活力。随胁迫时间的延长,SOD 活性受到影响而急剧下降,从而使其他代谢酶活性也受到影响,最终使植株死亡。

(2)铅(Pb)对植物生长发育的影响:铅并不是植物生长发育的必需元素,当铅被动进入植物根、茎或叶片后,积累在根、茎和叶片中,影响植物的生长发育,使植物受害,主要表现在铅显著影响植物根系的生长,能减少根细胞的有丝分裂速度,如铅毒害草坪植物主要的中毒症状为根量减少,根冠膨大变黑、腐烂,植物地上部分生物量随后下降,叶片失绿明显,严重时逐渐枯萎,植株死亡。铅的积累还直接影响细胞的代谢作用,其效应也是引起活性氧代谢酶系统的破坏作用。高浓度铅还使种子萌发率和胚根长度、上胚轴长度降低,甚至导致胚根组织坏死。

(3)汞(Hg)对植物生长发育的影响:重金属汞是植物生长和发育的非必需元素,是对植物具有显著毒性的污染物质。Hg^{2+}不仅能与酶活性中心或蛋白质中的巯基结合,而且能取代金属蛋白中的必需元素(Ca^{2+}、Mg^{2+}、Zn^{2+}、Fe^{2+}),导致生物大分子构象改变,酶活性丧失,必需元素缺乏,干扰细胞的正常代谢过程。Hg^{2+}能干扰物质在细胞中的运输过程。Hg^{2+}胁迫还与其他形式的氧化胁迫相似,能导致大量的活性氧自由基产生,自由基能损伤主要的生物大分子(如蛋白质、DNA等),引起膜脂过氧化。Hg^{2+}达到一定浓度时会抑制植物种子萌发。

(4)铬(Cr)对植物生长发育的影响:微量元素铬是有些植物生长发育所必需的,缺乏铬元素会影响植物的正常发育,但体内积累过量又会引起毒害作用。研究表明,当土壤中的Cr^{3+}质量分数为$(20\sim40)\times10^{-6}$ g/kg 时,对玉米苗生长有明显的刺激作用。但达到320×10^{-6} g/kg 时,则对玉米生长有抑制作用。Cr^{6+}质量分数为20×10^{-6} g/kg 时,对玉米苗生长具有刺激作用,质量分数为80×10^{-6} g/kg 时则有明显的抑制作用。铬(Cr)还可引起永久性的质壁分离并使植物组织失水。有研究发现,高浓度的Cr^{3+}处理可使水稻幼苗叶片可溶性糖和淀粉含量降低,低浓度则对它们稍起促进作用。

(5)砷(As)对植物生长发育的影响:过量的砷会造成植物中毒,阻碍植株中的水分从根部向地上部运输,从而阻碍矿物质养分的吸收,同时,植物叶绿素也遭到破坏。砷中毒的植物矮化,叶片变细变硬,抽穗和成熟期推迟,可能出现穗和籽粒畸形以及花穗不育;中度受害时茎叶扭曲,无效分蘖增多;受害严重时植株停止生长,地上部发黄,根系发黑、稀疏。

(6)铜(Cu)对植物生长发育的影响:铜是植物必需的一种营养元素,它是几种涉及电子传递及氧化反应的酶的结构成分和催化活性成分,如多酚氧化酶、Zn/Cu超氧化物歧化酶、抗坏血酸氧化酶、铜胺氧化酶、半乳糖氧化酶和质体蓝素等。铜的缺乏会减少质体蓝素和细胞色素氧化酶的合成,导致对作物生长的抑制和光合作用、呼吸作用的降低。然而过量的铜则对植物有明显的毒害作用,主要是妨碍植

71

物对二价铁的吸收和在体内的运转,造成缺铁病。在生理代谢方面,过量的铜抑制脱羧酶的活性,间接阻碍 NH_4^+ 向谷氨酸转化,造成 NH_4^+ 的积累,使植物根部受到严重损伤,主根不能伸长,常在 $2\sim4\ cm$ 就停止生长,根尖硬化,生长点细胞分裂受到抑制,根毛少甚至枯死。

(7)锌(Zn)对植物生长发育的影响:锌元素是植物生长发育不可缺少的元素,硫酸锌是一种微量元素肥料。锌是部分酶的组分,与叶绿素和生长素的合成有关。缺锌时叶片失绿,光合作用减弱。但过量的锌也会伤害植物根系,使植物根系生长受到阻碍。此外,还使植物地上部分有褐色斑点并坏死。

第六节　土壤肥料的利用率严重降低

肥料利用率是作物所能吸收肥料养分的比率,用来反映肥料的利用程度。一般而言,肥料利用率越高,技术经济效果就越大,其经济效益也就越大,对经济发展的贡献率就越大。肥料利用率不是固定不变的。随着肥料的种类、性质和土壤类型、作物种类、气候条件、田间管理等因素的影响而有差别。据朱兆良等(1992,1998)、张福锁等(2007)的研究,我国肥料(氮、磷、钾)平均利用率在 1998 年时为 30% 左右,到 2007 年下降到 27.5%(表 5-6),远远低于发达国家的 50%～60%。

表 5-6　我国不同时期肥料利用率状况

项目	20 世纪		21 世纪	比 1998 年降低百分点
	1992 年	1998 年		
氮肥利用率/%	28～41	30～35	27.5	2.5～7.5
磷肥利用率/%	—	5～20	11.6	3.4～8.4
钾肥利用率%	—	35～50	31.5	3.5～18.5

数据来源:朱兆良等(1992,1998),张福锁等(2007)

第六章　现代草莓栽培品种介绍

第一节　草莓的分类

按照植物学分类,草莓属于蔷薇科(Rosaceae)草莓属(*Fragaria*),宿根性多年生草本常绿浆果植物。全世界草莓属植物有 50 余种,有 20 多个常见种,根据近年来我国野生草莓种质资源的调查研究和分类鉴定,我国各地分布有 11 个野生草莓种,即五叶草莓、森林草莓、纤细草莓、黄毛草莓、绿色草莓、东北草莓、西南草莓、西藏草莓、伞房草莓、裂萼草莓、东方草莓。有的分类中还有锈毛草莓和细弱草莓两类,应该分别是黄毛草莓和纤细草莓的别名。我国野生草莓约占世界草莓属植物种的一半。世界各地栽培的草莓主要是 18 世纪育出的大果草莓,即凤梨草莓,其余为野生种。草莓的主要品种介绍如下。

一、野草莓(*Fragaria vesca* L.)

野草莓于欧洲、北美洲和亚洲北部分布最广。二倍体种($2n=14$)。植株全株被有茸毛。有匍匐茎。小叶 3 枚或 5 枚,叶较薄,淡绿色,着生于细长叶柄上。两性花生与叶柄等长的聚伞花序下。聚合果小,卵形,淡红或白色,通常有芳香。本种类型多,变异很大。公元前已有栽培,19 世纪曾选择出欧洲的一些品种。现在法国还有少量栽培。有四季结果的变种(*F. vesca* var. *alpina*)等。有的类型可用为病毒病害的指示植物。我国东北、西北和西南各地都有分布。

二、荷兰大草莓(*F. viridis* Duch)

原产欧洲和中亚、东亚地区。二倍体种,一般为雌雄同株。植株纤细。有少数匍匐茎,短而无节,仅在先端形成幼株。叶浓绿色。花序小,两性花大于野生草莓。聚合果圆形,较小而坚实,粉红色至红色,有芳香。在欧洲早有驯化,现仍有少量栽培。是草莓中耐石灰质土壤和抗褪绿病的稀有种质资源。

三、黄毛草莓(*F. nilgerrensis* Schlecht)

原产我国四川、云南、贵州、陕西、湖南、湖北、台湾等地。尼泊尔、印度和越南等也有分布。二倍体种。植株旺盛,被黄棕色柔毛。匍匐茎多。小叶 3 枚,暗绿色,被绒毛,花序小而着有较大的两性花。聚合果较小,圆球形,果实白色、淡粉红色,瘦果多,品质较次。抗叶斑病,但抗寒性差,适宜于亚热带湿润地区栽培。

四、裂萼草莓(*F. daltoniana* J. Gay)

原产我国西藏海拔 3 000～4 500 m 的地区,多生长于山顶草甸及灌丛下。二倍体种。植株健壮,有细匍匐茎。叶有柄,叶缘有疏锯齿。花单生。聚合果椭圆形或纺锤形,长 2～2.5 cm,鲜红色,果肉海绵质,近乎无香味。

五、西藏草莓(*F. nubicola* Lindl.)

原产我国西藏。巴基斯坦、阿富汗和克什米尔等地区也有分布。二倍体种。植株似野生草莓,但雌雄异株,有细丝状匍匐茎,植株健壮,被白色紧贴柔毛。小叶 3 枚,叶缘有粗锯齿。花茎一个或几个,直立,着花 1～2 朵。聚合果卵形,长 1.5 cm,瘦果陷生。

六、西南草莓(*F. moupinensis* Card)

原产我国陕西、甘肃、四川、云南、青海和西藏东部等地。四倍体种(2n＝28)。植株似黄毛草莓,被银白色柔毛,有短匍匐茎。小叶 5 枚或 3 枚,有叶柄。花序较叶柄长,每花序着花 2～4 朵。果实橙红色至浅红色,卵球形、球形或椭圆形,宿存萼片紧贴于果实。种子深红色,种子在果实阴面凹陷,阳面则不凹陷。

七、东方草莓(*F. orientalis* Losinsk.)

原产我国黑龙江、吉林、辽宁、内蒙古、河北、山西、陕西、甘肃、青海、湖北和山东等地,朝鲜、蒙古国和俄罗斯远东地区也有分布。四倍体种。植株较小,有细长匍匐茎,小叶 3 枚,近乎无叶柄,卵形,淡绿色,具深锯齿。一般为两性花,花序上生有较大花几朵。聚合果紫红色,果肉白色,圆锥形或卵球形,有芳香。种子凸。东方草莓是草莓中最抗寒的一种。黑龙江省野生类型中有果实风味好的类型。是抗寒育种的稀有种质资源。

八、麝香草莓(*F. moschata* **Duch.**)

原产欧洲北部和中部,东延至俄罗斯西伯利亚地区。六倍体种($2n = 6x = 42$)。不完全的雌雄异株。植株健壮,株高约 30 cm,较野生草莓高。几乎无匍匐茎产生。叶片较大,多脉。花较大。聚合果暗红色,柔软,呈不规则球形,有强芳香,较野生草莓大,直径达 2~2.5 cm。栽培类型常为完全花。一度曾在欧洲广泛栽培,现已很少,有耐霜害特点。

九、弗州草莓(*F. virgniana* **Duch.**)

原产北美洲东部,自然种植区在美国(包括阿拉斯加)及加拿大。八倍体种($2n = 8x = 56$)。雌雄异株。植株纤细,有大量匍匐茎,与花同时发生。叶暗绿色,有深锯齿。雄花较雌花大。聚合果柔软,瘦果深陷,球形或长椭圆形,直径 1~1.5 cm,淡红色至深红色,味酸,有芳香。植株和果实变异很大。17 世纪引入欧洲后,对欧洲草莓果实的大小和颜色改良有影响。

75

十、智利草莓(*F. chiloensis* **Duch.**)

原产地从南美洲的智利起到北美洲的太平洋沿岸地区。在欧洲人到达美洲前智利草莓已被当地印第安人驯化栽培。八倍体种。种的性状变异很大。通常为雌雄异株,植株健壮,低矮而开张,密被柔毛。多匍匐茎,较长,在果实成熟后抽生。叶较厚,革质,暗绿色,表面有光泽。除一些南美类型外,花序着花数变异很大。雄花较雌花大,雌雄同株的完全花较大。聚合果红褐色,有大萼片包围,坚实,香味佳,圆形至扁圆形,直径 1.5~2 cm,有些南美无性系果实为大型。

十一、宽圆草莓[*F. ovalis*(**Lehn.**)**Rydb.**]

原产墨西哥北部山地,北延至美国阿拉斯加,西迄美国西部沿海各州。八倍体种。是具有高度变异的种。雌雄异株。植株纤弱,叶如弗州草莓,但有蓝绿色光泽,多匍匐茎。花序常较短,着花数朵。聚合果近球形,直径约 1 cm,粉红色,具芳香。瘦果深陷。具抗寒和耐低温的特性,被用于美国草莓的品种改良。

十二、凤梨草莓[*F. ananassa* **Duch.**(*F. Grandf-lora* **Ehrh.**)]

原产南美洲、北美洲。八倍体杂种。植株密被黄色柔毛。小叶 3 枚。聚伞花序有花 5~15 朵,聚合果直径 1.5~3.0 cm,鲜红色。在栽培种凤梨草莓的进化中至少牵涉到智利草莓、弗州草莓和宽圆草莓。栽培品种很多,果形、果色和果实大小均有很大差异,果实大者直径在 3 cm 以上。

此外还有原产我国陕西、甘肃、四川等地的五叶草莓(*F. pentaphylla* Losinsk)和纤细草莓(*F. gracilis* Losinsk)等。

第二节 草莓品种的类型

世界草莓品种有 2 000 多个,新品种还在不断涌现。我国栽培的品种多引自国外,根据品种的生态条件、休眠期需低温量及栽培目的,草莓品种可分为 4 个品种群。

一、暖地型品种

暖地型品种休眠性浅,或不经休眠就能正常开花结果。通过休眠需要的低温量为 0～150 h,适合温室栽培,如春香、丽红、丰香等品种。

二、寒地型品种

寒地型品种休眠性强,需低温量 1 000 h 以上,适于寒冷地区露地栽培,如因都卡、戈雷拉等品种。

三、中间型品种

中间型品种休眠性中等,需低温量 200～750 h,适于大棚、中棚等保护地栽培,如宝交早生、达娜等品种。

四、四季结果型品种

这些品种在长日照高温条件下也能形成花芽,适应寒冷地区栽培。所有四季草莓均属此类。在露地条件下,按结果习性不同,基本上可分为两类品种:一类是春秋季不断陆续结果;另一类是一年间结两次果,即 5 月或 6 月结完一次果后,停一阶段,到秋季 8 月或 9 月又开始结果。四季草莓春季开始结果较早,属于早熟品种。

另外,根据成熟期不同,草莓品种可分为早熟品种、中熟品种和晚熟品种。根据其用途还可分为鲜食品种、加工品种和鲜食与加工兼用品种。

第三节 现代草莓栽培品种介绍

一、鲜食品种

1.千禧妹

由日本隋珠草莓优选而来,浅休眠红色品种,植株高大健壮,生长势强。成花容易,花量大,连续结果能力强,早熟丰产,一般促成栽培8月底9月初定植,11月中下旬即可见果,不同地区每亩产3 000~5 000 kg。果实圆锥形,果个大,果皮橙红至深红色,果肉米白色或黄白色,肉质脆嫩多汁,果实饱满,香味浓郁,带蜂蜜甜味。可溶性固形物含量高,一般在14%左右,高者可达16%以上,口感极佳。果实硬度大,耐贮运。适合立体观光采摘和普通地栽。抗病性强,对炭疽病、白粉病的抗性明显强于红颜,应注意灰霉病和螨类的防控。耐低温,对光照较敏感,栽培管理过程中可适当降低光照强度。定植初期和年后注意植株控旺。出苗率中等,喜肥水,育苗期间应加大氮肥的供应。

2.千颗星

由日本四星草莓优选而来。浅休眠红色早熟品种,植株长势中庸健壮,成花容易,花量大,第一茬花序抽生2~3条,高者可达5条,连续坐果能力强,12月上旬成熟,平均每亩产3 000 kg左右,高者可达4 000 kg。果实圆锥形,果皮及果肉红色,有特殊芳香气味,果个均匀,汁水饱满,酸甜可口,可溶性固形物含量12%~14%,硬度大,较耐运输,抗病性强。育苗率中等。具有四季特性。

3.千里目

由红颜草莓优选而来,浅休眠红色品种,花芽分化时间适中,较隋珠晚。植株直立,生长势强,叶片大而厚。连续坐果能力强,产量高,不同地区每亩产2 000~6 000 kg。果形周正呈圆锥形,果个大,果皮鲜红至深红色,光泽度高,果肉红色,肉质细腻,香气浓郁,甜酸适口,汁水饱满,可溶性固形物含量12%左右。果皮薄,硬度较高,运输过程中应注意保护。抗病性中等,生产及育苗过程中应注意白粉病及炭疽病的预防。耐低温,不耐高温,不耐盐碱。育苗率极高。

4.千堆雪

由日本天使八号优选而来,浅休眠白色早熟品种,植株生长紧凑健壮,成花容易,连续坐果能力强,产量中等,每亩产2 500~3 500 kg。果形周正短圆锥形,果个中等,果面及果肉白色,成熟后种子红色。硬度高,口感香甜,香味浓郁,可溶性固形物恒定在 12%～13%。光照强时见光部分为粉色,可作为四季草莓栽植,地栽育苗率高,抗病性极强,抗寒抗旱。栽培过程中应注意防止植株早衰,加强肥水管理。

5. 美味 C

日本浅休眠红色品种,植株中庸健壮,大果,产量每亩产 3 000～4 000 kg。果实圆锥形,果皮亮红色,果肉橙红色,质地紧实硬度大,肉纯红,果实酸甜可口,口感绵密紧致,风味浓郁,含糖量高。维生素 C 含量在所有品种中最高,享有"草莓中的钻石"美誉。对白粉病具有中等抗性。栽培过程中注意炭疽病的预防。

6. 章姬(甜宝)

日本品种,1985 年由原章弘先生以久能早生与女峰品种杂交育成。章姬果实整齐呈长圆锥形,果实健壮,色泽鲜艳光亮,香气怡人。果肉淡红色、细嫩多汁、浓甜美味、回味无穷,在日本被誉为草莓中的极品。章姬草莓的缺点是果实太软,不耐运输,适合在城市郊区发展体验型采摘模式。

章姬草莓苗生长势强,株型开张,繁殖力中等,抗炭疽病和白粉病中等,丰产性好。现蕾期至始果期株态直立,始果期开始株态开张。现蕾期功能叶 6～8 片,株高 12 cm,叶梗顶部弯曲,小叶呈筒状,根状茎粗 2.5 cm,花序 2 个。盛果期功能叶 14～16 片,株高 28 cm,根状茎粗 5 cm,花序 4 个。章姬为暖地型大棚促成栽培的新型优良品种,在大棚促成栽培时,果实可在 11 月中旬采果上市。章姬草莓果实长圆锥形,果形整齐,果实红色,果面有光泽,果心白色,肉质细腻,味浓甜、芳香,果色艳丽美观,柔软多汁。第一级序果平均单果重 40 g,最大单果重 130 g。每亩产量可达 4 000 kg 以上。

7. 红颜

又称红颊,2007 年引自日本,是日本静冈县用章姬与幸香杂交育成的早熟栽培品种。该品种植株长势强,株态较直立,株高 10～15 cm,冠幅 25 cm×30 cm。叶片大、绿色,叶面较平。叶柄中长,托叶短而宽,边缘浅红。两性花,花冠中等大,花托中等大,花序梗较粗、长,直立生长,高于或平于叶面。每株着生花序 4～6 个,每序着花 3～10 朵,自然坐果能力较强。一、二级序果平均单果重 26 g,最大单果重 50 g 以上。果实圆锥形。果面深红色、富有光泽,果面平整,种子分布均匀,稍凹于果面、黄色、红色兼有。萼片中等大,较平贴于果实,萼片茸毛长而密。果肉红色,髓心小或无髓心。可溶性固形物含量 11.8%,果肉较细,甜酸适口,香气浓郁,品质优。对炭疽病、灰霉病较敏感。8 月下旬至 9 月上旬定植幼苗,10 月中下旬始花,11月下旬果实开始成熟。每亩种植6 500株,每亩产量达1 500～2 000 kg。

8.黑珍珠

中晚熟品种,果皮和果肉如车厘子般紫黑色,汁水葡萄酒色,果形圆锥形,产量高,连续坐果能力强,酸甜可口,果香浓郁,可溶性固形物含量14％左右,抗病性强。

9.香莓

该品种引自日本,为杂交品种,因具有珍稀的甜瓜浓郁香味得名。该品种植株长势旺,植株较直立,分蘖多。叶形上翘,浓绿色,叶柄很长。匍匐茎较多。花梗长而粗,花较大。每花序果多,丰产。果实圆锥形,单果重50 g左右,鲜红色,比宝交早生颜色浅,光泽好。果肉果心均为淡红色,果心空洞小,甜味重,酸味小,含糖量高于宝交早生,芳香味浓,风味好,硬度比宝交早生稍大,较耐贮运。果实成熟期较早。抗寒性强,休眠期短,适于促成栽培、半促成栽培和露地栽培。

10.丰香

日本农林水产省园艺试验场久留米支场1973年用绯美子和春香杂交育成,1983年进行品种登记。我国从1985年开始从日本引入。该品种植株生长势强,开张,下部叶片稍贴于地面。匍匐茎抽生能力中等。叶片圆形,较大,厚度中等,深绿色,光泽强。单株叶片8～9片。花序梗中等粗,较直立,低于叶面。花芽分化早。平均单株花序2～3个。每花序9～10朵花,单株产量130.5 g。温室中能连续发生花序。果实短圆锥形,平均单果重15.5～16.5 g,最大果重35 g,鲜红色,富有光泽。种子分布均匀,微凹入果面。果皮韧性强。果肉和果心都为白色,髓心中等大,果肉细密,汁多,酸甜适中,香味浓,硬度中等,含可溶性固形物9.3％～10％。属早熟品种,北京地区果实成熟期在5月上旬,果实耐贮运性强。果实适于鲜食,不适合加工。丰香草莓耐热、耐寒性较强。抗黄萎病,对白粉病抗性较差,应注意防治。休眠性比春香稍深,比宝交早生浅,低温需求量为50～100 h。适于保护地栽培,尤其是促成栽培,也可露地栽培。特别适于暖地栽培。

11.赛娃

该品种原产美国,山东农业大学罗新书教授1997年引自美国。该品种植株生长健壮,株姿直立而紧凑,平均株高20 cm,株径35 cm。早春抽生的新茎直径0.5～1.7 cm,高1 cm,每株抽生新茎2～5个。夏秋可连续抽生新茎,分枝力较强。叶片大,椭圆形,三出复叶,叶色浓绿,厚而有光泽,中脉、侧脉凹陷。叶缘单锯齿,钝圆,锯齿边缘有茸毛。叶表面有稀疏茸毛,叶背面茸毛多,叶缘外卷。叶柄直立,粗壮,密生茸毛,平均长13.1 cm,直径0.3 cm。托叶小,浅绿色,有或无。每株可抽生

5~7条匍匐茎,匍匐茎直径0.31 cm,具纤细而稀疏的茸毛,有多次抽生能力。每个新茎上具1~3个花序,多低于叶面,花序梗粗壮,每个花序上有1~3朵花。两性花,白色,花冠直径2~3.5 cm,花托直径1.8 cm,花瓣5~9枚,雄蕊22~32枚,雌蕊多数。花梗长5.8 cm,茸毛多。一年多次开花,四季结果。单株(丛)年累计产量910 g,最高达1 250 g,折合每亩产量7 000~8 000 kg,最高每亩产量10 000 kg以上。

果实前期呈阔圆锥形,单果重31.2 g,最大果重138 g。红色,光滑,具明亮的光泽。种子黄色,分布均匀,稍凹陷,萼片较少,窄而尖,向下翻卷。果柄基部稍凹陷。果肉橘红色,肉质细,硬度大,多汁,味香,酸甜适口,髓心部分稍有中空,含可溶性固形物平均13.5%,最高16.2%。秋季果实味优于冬、春季,且秋季(国庆节和中秋节前后)为市场空缺期。果实耐贮运。

在山东泰安露地栽培,3月中旬萌芽,3月下旬至4月初开花,随后陆续开花结果,直到11月初。10月下旬随气温下降扣棚,结合保护地栽培,实现一年四季开花结果。据连续4年观察,一年四季无明显的休眠期。对叶部病害有极强的抗性,连续4年种植未见白粉病等病害。属中日照品种,温室、露地栽培均适宜。

12. 小白

小白草莓为北京密云高级农民工程师李健自育品种,为辽丹一号(红颜复壮品种)脱毒组培芽变品种。2012年获世界草莓大会银奖。2014年8月通过北京市种子管理站鉴定,是我国首例自主培育的白草莓品种。该品种表现生长旺盛,果大品优,丰产性好,是一个理想的鲜食型的优良品种。每亩产量可达2 000 kg。果实前期12月至翌年3月为白色或淡粉色,4月以后随着温度升高和光线增强会转为粉色,果肉为纯白色或淡黄色。口感香甜,入口即化,果皮较薄,充分成熟的果肉为淡黄色,吃起来有黄桃的味道,可溶性固形物含量14%以上,该品种在温度高、光照足的时候外皮红,果肉白。想要外皮不那么红,就要低温、弱光。

13. 妙香7

山东农业大学用红颜×甜查理杂交选育的中晚熟暖地红色草莓品种,植株高大直立,每亩产量3 000 kg以上。果实圆锥形,大果,果面鲜红色,富光泽;果肉鲜红,细腻,香味浓郁,可溶性固形物含量9.9%,髓心小,有空心,硬度大,产量高。抗白粉病、灰霉病、黄萎病。

二、加工品种

1. 森嘎拉

该品种是德国注册的一个适于加工的优良品种。为目前我国现有的加工品种的优良换代品种。

该品种植株生长势强,株姿较直立。匍匐茎较粗且节间短,子苗健壮,但抽生数量相对较少。叶片大,近圆形,深绿色,叶柄粗。植株新茎粗壮,分茎能力强。每株可抽生花序3～7个,花序低于叶面,两性花,萼片大。在沈阳露地栽培株产可达200 g以上,最高株产300 g,每亩产量1 500～2 500 kg,比"哈尼"品种平均株高高20%～30%,且稳产。果实短圆锥形或短截形,深红色,果面平整,具光泽。第一级序果平均重25 g,最大果重40 g。种子黄绿色,平于果面。萼片大,包住果实且易脱落。果肉深红色,质细,髓心稍中空,汁多,深红色,稍有香气,酸甜适口,含可溶性固形物7.7%,酸1.03%,维生素C 64.8 mg/100 g鲜重。可用来做果酱、果冻、果汁等。在沈阳地区,萌芽期在3月下旬,初花期在4月20日左右,盛花期在4月末至5月初,果实成熟期在6月上旬,匍匐茎大量抽生期在7月中旬。适应性广。

2. 全明星

美国农业部马里兰州农业试验站用MDUS4419和MDUS3185杂交,于1981年育成全明星。1981年由沈阳农业大学从美国引入我国。植株生长势强,高大直立,茎叶粗壮,分枝能力中等。叶片椭圆形,肥大,深绿色,中等厚度,单株叶片9～10片。单株花序3～5个。花序梗中等粗,斜生,低于叶面。每花序着生11～12朵花。丰产性能好,单株产量350～500 g,一般每亩产量1 500～2 000 kg。果实长圆锥形,果顶稍扁,平均单果重16.3～28.2 g,最大果重35～40 g,鲜红色,有光泽。种子较少,黄绿色,凹入果面。果皮韧性强。果肉髓心均红色,髓心中等大,空洞小,肉质细密,硬度大,甜酸适度,香味浓,汁多,含可溶性固形物8.7%。为中晚熟品种。在北京、河北,果实成熟期在5月中下旬。果实耐贮运,采后自然存放5 d仍可食用。果实适于鲜食,也可以加工制酱,冷冻后仍能保持良好的颜色和品质。该品种抗病性强,对枯萎病、白粉病及红中柱根腐病的部分生理小种抗性强,对黄萎病也有一定抗性。耐高温高湿。休眠深,需5 ℃以下低温600 h以上才能解除休眠。为露地栽培优良品种,也适宜保护地栽培。

3. 甜查理

甜查理(sweet charlie),美国草莓早熟品种。该品种休眠期浅、丰产、抗逆性强、大果形,植株生长势强。株形半开张,叶色深绿,椭圆形,叶片大而厚,光泽度强,最大果重60 g以上,平均果重25～28 g,每亩产量高达2 800～3 000 kg,年前每亩产量可达1 200～1 300 kg,果实商品率达90%～95%,鲜果含可溶性固形物8.5%～9.5%,品质稳定。该品种抗灰霉病、炭疽病和白粉病,对根腐病敏感。

4. 美13号

又名美国霍耐,1986年从美国引进。1991年又引入湖北省钟祥市柴湖镇新联草莓园艺场。属于早熟品种,较全明星、宝交早生成熟期提前 10 d。植株生长势强,冠径、株高皆在 30 cm 左右。叶片浓绿中大,花梗直立高于叶片,果实不易感病和被泥沙污染,采摘方便,繁殖系数高。单株产量高,一年生壮苗(移栽壮苗)单株产量可达 500 g,春栽壮苗(二年生)次年单株产量高达 800 g,比全明星高 40%,比宝交早生高 60%,单果平均重 30 g,最大果可达 120 g。品质好,果形圆锥形,色泽浓红艳丽有光泽,成熟后可溶性固形物可达 11% 左右,香味浓郁,口感酸甜,果肉橘红色,果实硬度大,成熟后不易软化。较耐长途运输,常温下可贮存 5 d。

第七章　草莓育苗技术

第一节　草莓优质壮苗标准

草莓的产量是由花序数、开花数、等级果率、果实大小和总株数等因素构成的,而这些因素与植株的营养状态和生长发育状态有着密切的关系,繁殖培育高质量、健壮的草莓苗供生产中利用,是草莓高产优质的基础。

一、露地栽培草莓优质壮苗标准

露地栽培要求培育苗龄适中的优质壮苗,其标准是:株型矮壮,根茎粗 1.0～1.5 cm,须根多,粗而白。具有 5～6 片正常叶,呈鲜绿色,叶色不淡也不浓,叶柄粗壮而不徒长。单株苗重 30 g 以上。在不设专门育苗圃的情况下,很难达到这样的标准。简便易行的标准是以叶片数代表草莓苗龄。从定植后的成活率、生长速度,以及单株花序数、结果数看,均以 4 叶和 5 叶苗为好。宝交早生以 4 叶苗表现良好,而全明星以 5 叶苗产量最高。

二、促成栽培草莓优质壮苗标准

促成栽培对草莓苗的质量要求较高。要求花芽分化早,定植后成活高,每一花序都能连续现蕾开花,特别是第二花序以后的花序也能获得一定产量的健壮苗。要求根茎粗 1.3～1.5 cm,5～6 片展开叶,叶柄短而粗壮,须根多,粗而白,单株苗重 30 g。定植时带土坨,伤根系少。

三、半促成栽培草莓优质壮苗标准

半促成栽培要求草莓苗根茎粗 1.0～1.5 cm,有 5～6 片展开叶,叶柄短,叶色鲜绿而叶大,花芽分化好,粗根多而新鲜,单株重 20～30 g,定植后缓苗快、发根早。

第二节 草莓苗繁育的方法

一、匍匐茎分株法

利用草莓匍匐茎上产生的匍匐茎苗,与母株分离后成为一个完整的植株,进行栽植的方法称匍匐茎分株法。用此法繁育苗,技术简便易行,产苗量大,繁育系数较高,一般每亩一年能产 2 万株以上,有的甚至达到 4 万～5 万株。

匍匐茎苗属于营养苗,能保持原品种的特性,不发生变异,结果早,秋季定植第二年就能结果。用此方法繁育的苗没有大伤口,不易感染土壤病害,且取苗容易,苗的质量好,是生产中普遍采用的繁育方法。

1. 匍匐茎育苗圃露地育苗

建立草莓专用育苗田,是国内外近几年草莓产区重点推广的育苗方式。建立育苗田,便于培育高质量的适龄壮苗,便于集中管理,省工、省肥、省水,减少病虫传播机会,节省土地,优质成苗率高,便于实现专业化生产。理想的育苗田应该进行"三圃"配套,每圃内使用相应的配套技术。

(1)母本圃:母本圃的任务是按时向育苗圃提供品种纯正的优质母株苗。建母本圃要严格选用母株苗,母株要求一是品种纯正,以保证生产田的品种纯度;二是质量优良、植株健壮,新茎粗度在 1 cm 以上,有 4～5 片叶,根系发达,无病虫害。母株可以从育苗田的假植圃中选取,也可从生产田中选取,即在生产田中开花结果时通过外观鉴定,从符合要求、做好标记的植株所产生的匍匐茎苗中选取。母株定植时间在 8 月。定植行距 40 cm,株距 30 cm,每亩栽 5 000 株左右。选地、整地、施肥、作畦、栽植及栽后管理,可参照生产田和育苗圃进行。

(2)育苗圃:育苗圃露地繁育的任务是向生产田提供数量充足的优质壮苗。育苗圃的选择一是土地平整、土壤肥沃疏松、排灌条件好、背风向阳的地块;二是距离生产田较近,便于运输;三是不能选择有红中柱根腐病和线虫病等土壤病虫害的地块育苗。如果使用连作地,事先要进行土壤消毒。

栽植时间为 3 月下旬至 5 月上旬。选取母本圃中的优质壮苗定植。不设母本圃的可从假植园或生产田育苗地选择纯正优质壮苗定植。株行距 0.5 m×(1.2～1.5) m,每亩栽 800～1 000 株,宽畦栽 2 行,窄畦在中间栽 1 行。这样既为母株提供了足够的营养面积,同时又为大量匍匐茎苗提供适宜的生产条件。至秋季每亩可生产草莓苗 4 万～5 万株。栽植时要使根系舒展不深不浅,把根茎植入土中,深不埋心,浅不露根。利用蔬菜、水果生长周期的时间差,在春季栽植草莓母株的行间空地处,可以间作早甘蓝、花椰菜等,待蔬菜收获后,匍匐茎才大量抽生,有利于杂草的控制和提高土地的综合利用率。

母株现蕾后要及早分次除去全部花蕾,避免其开花结果,以减少养分消耗,促进根系生长,及早抽生大量匍匐茎。母株定植过早的,匍匐茎发生早且生长旺盛,从而形成过早的匍匐茎苗,根系容易老化,造成假植时生育缓慢。所以要摘除6月以前的匍匐茎,使其在6月以后发生较多的粗壮整齐的匍匐茎,这样能在7月生成一批健壮的匍匐茎苗,达到9月初假植的目的。

育苗地底肥一次性施足,苗期可不再追肥,以防苗徒长。如果底肥不足,可在小苗大量生出后,酌情补施肥一次。在匍匐茎大量抽生后,为使匍匐茎苗顺利扎根,应始终保持土壤湿润,天旱时每5～7 d浇水一次,要浇小水,切不可大水漫灌。雨季及时排水。浇水后中耕,及时清除杂草,育苗期正值高温多雨季节,杂草滋生很快,应在大量抽生匍匐茎之前彻底清除,可采用人工或化学除草的方法进行。匍匐茎大量发生后,要将各条茎在母株周围摆布均匀,以免重叠、交叉,影响幼苗均匀生长,并在产生匍匐茎苗的节位上培土压蔓,促进及时生根。匍匐茎太密时,可疏除部分细弱者,每个母株可保留5～10个匍匐茎,匍匐茎长出2～3株苗时摘心,促使苗健壮。匍匐茎苗移出前10～20 d,应切断匍匐茎,以减少母株养分的消耗。因不同品种匍匐茎抽生能力不同,每个母株繁殖的苗数一般30～50株,多的可达50～100株及以上。

根据需要,将长成的匍匐茎苗移出,进入假植圃或生产田,匍匐茎苗移出后,应加强母株的管理,保证其正常生长。翌年春天将母株发出的花序随时摘除,并补充肥料。育苗园一般在3年后进行轮换,以免长势严重衰弱,感染病害,影响苗的质量。

(3)假植圃:定植之前将苗先集中栽在一起培育一段时间,称为假植。假植圃是将育苗圃中繁育的幼苗,在栽到生产田之前,把苗进行分级假植,便于集中定向管理,提高苗的整齐度和质量(表7-1)。

表7-1 假植对宝交早生草莓苗生长发育的影响

处理	叶片数量/片	叶柄粗度/cm	叶柄长度/cm	根系(一级)		株重/g	花芽/mm		
				粗度/cm	数量/条		花序高度	花序直径	花蕾直径
假植	6.8	0.33×0.29	14.5	1.3	26.5	29.3	4.7	2.3	1.6
未假植	4.7	0.25×0.22	15.9	1.2	23.0	13.9	3.1	1.5	1.0

假植育苗时间，北方地区在 7 月上旬，南方地区在 8 月下旬至 9 月上旬，培育促成栽培苗可适当提前。土壤肥料准备参照育苗圃，畦宽 1～1.5 m 为宜。幼苗以育苗圃中有 3～4 片叶，已大量扎根的匍匐茎苗为好，假植后容易成活。匍匐茎苗带 2 cm 蔓剪下，去掉病叶老叶。挖苗尽量少伤根，随挖随栽，大小苗分植。栽植株行距 12 cm×15 cm。栽植时从一头开始，横向开沟，将苗按株距摆放沟内，埋土栽植，深度与栽育苗圃中母株相同。栽完一畦后，浇透水，3～4 d 内每天浇水一次，成活后，见土干时再浇水，保持土壤湿润。栽后白天遮阳降温保湿 5～7 d，可支设小拱棚覆盖遮阳网遮阳，成活后撤除。假植期追肥 1～2 次，第一次在成活后，20 d 后第二次追肥，每亩施氮磷钾复合肥或尿素 8～10 kg，追肥后立即浇水。假植期保持温度适宜，幼苗生长时，要及时摘除幼苗抽出的匍匐茎，除去老叶、黄叶，保持 4～5 片展开叶，这样可促进根系和根茎的增多增粗，有利于保持强盛的吸肥能力，使花芽分化良好。同时，及时除草和防治病虫害。如此培育的幼苗可在 9 月上旬至 10 月定植于生产田。

2. 匍匐茎营养钵（槽）压茎育苗

匍匐茎营养钵（槽）压茎育苗是把匍匐茎压在钵（槽）容器中，使其生根发育，成苗后带土定植的方法。此法培养的苗根系发达，根茎粗，花芽分化早，定植后成活率高，既能提早成熟，又能提高产量。

（1）营养钵（槽）准备：营养钵（槽）可用塑料钵或槽。营养钵（槽）口径 10～15 cm，高 10 cm，营养槽长度以 1 m 长为宜，每隔 20 cm 钻一个小孔。营养钵（槽）内装营养土。营养土用无病虫害的园土或大田土加 40% 的腐熟的有机肥和少量蛭石等混合而成。也可用专用育苗基质。

（2）母苗的栽植方法：同育苗圃露地繁育栽植方法。

（3）压茎：4 月下旬，当母苗返青后，将营养钵埋在母株周围或将营养槽摆放在母苗周围，在不切断匍匐茎的情况下，把匍匐茎苗定植在营养钵（槽）中，每个营养钵中定植一棵匍匐茎苗，每个 1 m 长的营养槽中定植 5 棵匍匐茎苗。匍匐茎苗以具有 2～3 片展开叶和 2～3 条白根为好。当要出苗前，切断匍匐茎，将匍匐茎苗带土（基质）挖出，移栽于大田中。

（4）管理：生长前期追肥不宜过早，从 7 月上中旬开始，隔 7～10 d 喷施一次 500 倍液氮素肥料，连续 4～5 次。花芽分化较早的品种，8 月中旬要停止追施氮肥；花芽分化晚的品种，可在 8 月下旬停止追施氮肥。确认花芽分化后，要及时施用稀释的速效氮磷钾复合肥的水溶液，花芽分化后缺肥会影响花芽的发育，延迟采收期，降低产量。

匍匐茎苗生长期内不能缺水，也不能积水，雨天应搭设防雨棚或遮阳棚，防止积水,雨后及时去除遮盖物。除雨季外,基本上要天天浇水,否则营养钵(槽)过分干燥,导致茎苗生育停止,大大延迟花芽分化期。

采取营养槽压茎育苗的也可采用水肥一体化技术,可以大大减轻劳动强度,提高劳动效率和肥水效果。

3. 匍匐茎育苗圃防雨育苗

防雨棚是在多雨的地区(主要包括山东的南部、江苏北部、长江流域等)的夏、秋季节,利用塑料薄膜等覆盖材料,扣在大棚或小棚的顶部,四周不封闭塑料农膜或封闭防虫网,使草莓苗免受雨水的直接淋洗。

(1)建设防雨棚:建造技术同塑料中拱棚,只是四周不封闭农膜。

(2)繁育方法同育苗圃露地繁育或匍匐茎营养钵(槽)压茎育苗。

4. 匍匐茎育苗圃大拱棚育苗

匍匐茎育苗圃大拱棚育苗是在露地育苗不能安全越冬的情况下,为了延长育苗时间,提高育苗数量和质量的一种越冬保护措施育苗方法。主要适宜于京津冀等地区。

(1)建设大拱棚:建造技术同塑料中拱棚,四周要封闭农膜。

(2)繁育方法同育苗圃露地繁育或匍匐茎营养钵(槽)压茎育苗。

(3)秋季母苗栽植后,越冬期间要覆盖地膜和密闭大拱棚。

5. 匍匐茎生产田育苗

利用生产田培育草莓匍匐茎苗,就是将果实采收后的生产田植株,经过一定处理及一系列管理措施来培育草莓苗的方法。在尚未建立育苗田的地方,在用苗量大而劳力缺乏的农户,可以采用该方法。每亩可生产3万~4万株合格的生产用苗。

(1)选择地块:用作育苗的地块,草莓品种要纯正,植株生长要正常、健壮、均匀,病虫害少,尤其是土传病虫害较轻。要方便管理,便于供苗。保护地促成栽培的植株,由于经过低温时间短,抽生匍匐茎少,不宜育苗用。

(2)选留母株:采果结束后的植株即育苗的母株,采果后要进行全园疏行、疏株。一般每隔一行去掉一行,在留用行内,每隔一株去掉1~2株,使行株间留有余地,为匍匐茎的抽生和幼苗的生长创造良好的条件。母株应选留生长健壮、性状典型、无病虫害的植株。

(3)管理:先清理掉选留母株基部的老叶、病叶和枯叶,然后在行间追施有机肥和少量化肥,接着进行中耕松土,整平地面,使肥土混合均匀,最后浇水。育苗期间酌情追施化学肥料和植物源生物刺激素等。育苗期正是夏季,降雨天气较多,雨后应及时排水,防止沤根。当遇到降雨少的年份,应及时浇水。当母株抽生大量匍匐茎后,应及时向四周拉开或沿一个方向摆布均匀,每株留 5～10 个匍匐茎。在匍匐茎抽生匍匐茎苗的偶数节位上,用土压茎,以利于幼苗扎根生长。早期和中期抽生的匍匐茎,每条上可选留靠近母株的 2～3 株幼苗后摘心。晚抽生的匍匐茎上的苗和不易培养成壮苗的,要及早疏除。一般 7 月中下旬、8 月上旬匍匐茎苗达到 3～4 片以上复叶,具有一定数量的须根,单株重 30 g 以上,即可从母株上剪离,作为出圃定植苗。育苗期间要注意防治病虫害。出圃前适当控水蹲苗,以促进根系生长,利于定植后成活。

生产田育苗有许多弊病,结过果后植株易衰老,生命力较弱,发根能力降低。土壤中留有大量枯茎、落叶和烂果,病原菌多,一般病害较重。如遇夏季高温干旱或多雨年份,出苗率会大大降低,甚至黄苗死苗现象常有发生。有的地区用提高留苗密度、扩大留苗面积来保证育苗数量,这样既浪费土地、劳动力,又不能育出优质壮苗。所以,在现有条件下必须用生产田育苗的,要严格按操作规程进行,切忌对生产田不加任何处理,任其自然生长。

二、母株分株法

母株分株法又称分墩法或根状茎分株法,即将带有新根的新茎、新茎分枝和带有米黄色不定根的二年生根状茎与母株分离,成为单独植株,进行栽植的方法。采用母株分株法繁殖,出苗率较低,每棵三年生的母株,可分出 8～14 株营养苗。根状茎上部有 7～8 片健壮的叶片,下部有生长旺盛的不定根,栽后缓苗快。分株繁育不需要建立母本圃,也不需选苗、压土或选留匍匐茎等工作,生产管理上能节省人力物力。一般当草莓园需换地重栽或缺乏合适的秧苗时,可采用此法,对于匍匐茎萌发较少的一些品种可采用此法繁育。

利用母株分株法繁育草莓苗,多在生产田进行,其实育苗圃等处的母株不继续留作繁育匍匐茎苗用时,也可分株,作为苗用。在浆果采收后,应加强植株的管理,7—8 月,当老株地上部有一定新叶抽出,地下部有新根生长时,将老株挖出,剪除下部黑色的不定根和衰老的根状茎,将 1～2 年生的根状茎、新茎、新茎分枝逐个分离,成为单株。不管从哪一级分开,要求各株有 5～8 片健壮展开叶,下部有 4～5 条 4 cm 以上米黄色生长旺盛的不定根。分株后除去病虫叶、衰老叶,进行定植,加强管理,第二年能正常结果,产量较高。

还有一种利用母株繁育新茎苗的方法,在植株采果后,带土挖出,重新栽植。畦栽或垄栽,畦宽 70 cm,可栽 2 行,相距 30 cm,行内每隔 50 cm 挖一个穴,每穴栽植两棵。缓苗一个月后,母株上发出匍匐茎,当每株长出 2～3 条匍匐茎时,掐去茎尖,促使母株上的新茎加粗。去匍匐茎要反复进行。这样栽植的二年生苗,在每穴两棵母株根状茎上的新茎苗,至少可分生 4～6 个。新茎上着生的花序,加上新茎苗周围匍匐茎苗上的花序,比单纯栽匍匐茎的花序要多 1/3 以上,产量也有显著增加,而且还节省苗、土地和劳动力。果实采收后,把三年生植株去掉,结一年果的二年株又可利用。

三、组织培养法

1. 病毒与草莓病毒病

(1)病毒:病毒是一种非细胞形态的专性寄生物,是最小的生命实体,仅含有一种核酸和蛋白质,必须在活细胞中才能增殖。因此,借助于电子显微镜放大 10 万倍,才能观察到病毒的形态。病毒是极小的生命体,是不能单独存在的,也不能靠自身的力量主动侵入植物细胞,只有借助外力,通过植物细胞的微伤或刺吸式口器昆虫的口针,把病毒送入植物细胞内。进入细胞内的病毒,繁殖方式也非常特殊,是以复制自己的方式不断增殖,不断蔓延,最后侵染全株。

(2)草莓病毒:在园艺作物中,特别是无性繁殖作物,都很容易受到一种或一种以上病毒的侵染。已知草莓能感染 62 种病毒和类菌质体。病毒的侵染不一定都会造成植株死亡,很多植物感染病毒后甚至可能不表现任何症状,然而在植物中病毒的存在都会影响草莓产量和品质,病毒给草莓种植带来的危害十分严重,可以引起品种特性退化,使植株长势衰弱,果实变小,产量降低,品质风味变淡。

草莓植株非常容易受病毒的感染,栽培草莓中存在广泛的病毒,据王国平等调查,目前我国各草莓种植区均有草莓病毒存在,带毒株率达 80% 以上,多数品种,特别是一些老品种,其大部分病株同时感染多种病毒,危害面广,容易造成产量大幅度下降甚至绝产,经济损失十分严重。草莓植株感染病毒后,尚无有效的治愈办法,只能采取预防措施控制病害的蔓延。栽培无病毒苗是防止病毒病的主要途径。无病毒苗同常规苗相比,植株生长旺盛,粗壮高大,产量高,一般增产 20%～30%。因此,生产上应大力推广脱毒技术,培养利用无病毒苗。

(3)草莓病毒病:草莓病毒病是由多种草莓病毒借助蚜虫等刺吸式口器的昆虫为传播媒介,侵染栽培植株的重要病害。迄今为止,我国已确认有 6 种草莓病毒及类菌质体。根据它们在指示植物上的表现症状,分别命名为斑驳病毒、轻型黄边病毒、皱缩病毒、镶脉病毒、伪轻型黄边病毒和丛叶病毒。其中皱缩病毒、斑驳病毒、轻型黄边病毒和镶脉病毒是我国草莓病毒病的主要侵染源。

以上草莓病毒都属于潜隐性病毒,只有在特别的植物上才表现出症状,这些特别的植物就是指示植物。如果栽培品种只被一种病毒侵染,难以明显地看出症状。但被多种病毒复合侵染时,则会表现出病毒危害的症状。草莓植株如果受了 3 种以上病毒的复合侵染,造成的危害和损失大大高于只带一种病毒侵染的植株。草莓病毒由蚜虫传播,也可通过嫁接传染,有的菟丝子也能侵染。

草莓病毒的侵染感病随品种的栽培年限延长而增加。这是因为蚜虫的普遍存在,而使病毒极易传播,草莓后代随营养繁殖而带毒,使植株的感病率随之增加。草莓病毒侵染感病率随地理纬度的升高而增加。这是因为草莓病毒在高温下失去活性。例如带毒植株在 35 ℃温度下放置 12 d,可使斑驳病毒全部失活。利用这个特性,可以将带毒植株脱毒,培养无病毒苗木。

草莓新品种多为杂交育成,以杂交种子育苗。种子不带病毒,所以新育成的品种,其病毒侵染感病率低于栽培多年的老品种。

2.组织培养

(1)基本概念:所谓组织培养,就是在实验室无菌条件下,将植物某一器官或组织接种到试管里的人工培养基上,使之分化,最后长成完整植株的技术。组织培养也称离体繁殖。草莓通常采用匍匐茎顶端分生组织(茎尖)和花药进行离体培养。

(2)组织培养的优点

①繁殖速度快。一个分生组织一年可获得上千株,甚至上万株苗木。这样可以在短期内获得大量苗木,满足生产要求。能快速地推广新品种,降低育苗成本。

②培养无病毒苗。病毒侵入植株体后,随着营养物质的输导,分布于大部分的器官中。由于病毒在感染植株上分布不一致,生长点 0.1～1.0 mm 范围则几乎不含病毒或病毒非常少,这是因为病毒增殖运输速度与茎尖细胞分裂生长速度不同,病毒向上运输速度慢,而分生组织细胞繁殖快,这样就使茎尖区域部分的细胞没有病毒,切下后进行培养,即可获得无病毒植株。

③占地少,节省土地。

④生产灵活。组织培养不受季节限制,能够全年进行,根据生产要求,随时可以获得苗木。但是组织培养需要一定的设施、设备,技术要求比较高,投资比较大。

(3)组织培养常用设施:组织培养要建造专用的实验室。实验室是组织培养最主要的设施。实验室按其功能可分为不同的部分,一般分为准备室、接种室和培养室三部分。

①准备室。准备室是为接种和进行培养做准备的地方。准备室还可根据功能和要求分为洗涤室、培养基制备室、灭菌室和药品室等部分。准备室中主要进行培养材料的洗涤等处理,器具的洗涤、干燥、存放,蒸馏水的制备,培养基的配制、分装、包扎、高压灭菌、试管苗的出瓶、清洗和整理工作。药品室用于药品的存放、天平的摆放及其各种药品的配制。准备室的设备多而杂,工作内容多,处理项目数量大,面积应适当大些,安排要合理、方便、实用。

②接种室。也称无菌操作室,主要用于在无菌条件下工作,如外植体的表面灭菌、接种、继代转苗等。设备有超净工作台和无菌的接种工具,要安装紫外线灯以便杀菌,还要有照明装置及插座。室内有一个小的操作台,放置各种接种工具。还有离心机、酒精灯、广口瓶(存放70%酒精棉球)、试管架、三角烧瓶等。无菌室要求干爽安静、清洁明亮、保持无菌或低密度有菌状态。接种室要单独设立,室内封闭,安装移动门,使空气不流动。墙壁应光滑平整,地面平坦无缝。

③培养室。培养室是培养试管苗的场所。培养室周围墙壁要求绝热,防火性好。要安装自动调节温度设备,使温度保持在20~30℃,并且全室内温度均衡一致。培养室要有培养装置,固体培养需要培养架,液体培养需用摇床或转床。培养装置的安装要充分利用空间。光源设备以普通白色荧光灯为好。放在培养物的上方。还应有杀菌设备。

另外还需要有培养材料的来源,如相应的种质资源圃,以及组培苗的炼苗移栽(驯化)场所,如温室、塑料大棚和苗圃。

(4)组织培养常用的实验仪器设备和器械用具

①大件设备。包括普通医用高压蒸汽灭菌锅、电炉、煤气炉、分析天平、冰箱、超净工作台、培养架、蒸馏水装置、pH计、烘箱、显微镜、解剖镜和离心机等。

②常用玻璃器皿与器械用具。主要有试管、三角烧瓶、移液管、量筒、容量瓶、烧杯、玻璃漏斗、试剂瓶、培养皿、镊子、剪刀、解剖刀、钻孔器和接种针等。

③试剂及药品。还应有培养基常用的培养母液、试剂及各种化学药品。

(5)组织培养的培养基配制

①配制前的准备。培养工作中,所用的一切玻璃器皿必须洁净。用清水冲洗后,浸入热肥皂水或洗衣粉水中刷洗,再用清水内外冲洗,使器皿光洁透亮,然后用蒸馏水冲1~2次,最后烘干备用。封盖玻璃试管、三角烧瓶的棉塞用包有纱布的棉花团做成,长椭圆形,顶端膨大能盖住管口或瓶口,松紧要适中。用前放入140℃烘箱中烘2 h灭菌,取出后置干净处备用。另外,准备好高压灭菌锅等。

②培养基组成。草莓组织培养的基本培养基为MS培养基(表7-2),它既含有草莓生长所需要的大量元素氮、磷、钾,也有微量元素锌、铜、铁、钼等,还含有对生长发育起促进作用和调节作用的有机物质和激素等。在这些营养成分中加入琼脂,使其凝固。

草莓茎尖培养诱导植株分化的培养基成分为MS+6-苄氨基腺嘌呤(6-BA)1 mL/L＋吲哚丁酸(IBA)0.1 mL/L＋赤霉素(GA3)0.1 mL/L、蔗糖30 g/L、琼脂6 g/L,pH 6.0左右。

花药培养诱导愈伤组织和植株分化的培养基成分为MS+6-苄氨基腺嘌呤(6-

BA)1 mg/L＋萘乙酸(NAA)0.2 mg/L＋吲哚丁酸(IBA)0.2 mg/L、蔗糖 30 g/L、琼脂 6 g/L,pH 6.0 左右。

小植株增殖培养基其成分为 MS 培养基＋6-苄氨基腺(6-BA)1.0 mg/L＋吲哚丁酸(IBA)0.5 mg/L。

诱导生根培养基,其成分为 1/2MS＋IBA 0.5 mg/L。

表 7-2　MS 培养基配方

化合物	用量/(mL/L)	化合物	用量/(mL/L)
硝酸钾(KNO$_3$)	1 900	碘化钾(KI)	0.83
硝酸铵(NH$_4$NO$_3$)	1 650	钼酸钠(Na$_2$MoO$_4$・2H$_2$O)	0.25
磷酸二氢钾(K$_2$H$_2$PO$_4$)	170	硫酸铜(CuSO$_4$・5H$_2$O)	0.025
氯化钙(CaCl$_2$・2H$_2$O)	440	氯化钴(CoCl$_2$・6H$_2$O)	0.025
硫酸镁(MgSO$_4$)	370	硼酸(H$_3$BO$_4$)	6.2
		甘氨酸	2.0
铁盐:7.45 g 乙二胺四乙酸二钠(EDTA-2Na)和 5.57 g 硫酸亚铁(FeSO$_4$・7H$_2$O)溶于 1 L 水,每升培养基取液 5 mL。		盐酸硫胺素	0.4
		盐酸吡哆素	0.5
		烟酸	0.5
		肌-肌醇	100.0
		蔗糖	30 000
硫酸锌(ZnSO$_4$・7H$_2$O)	8.6	琼脂	100 000
硫酸锰(MnSO$_4$・4H$_2$O)	22.3	pH	5.8

③培养基配制。

A. 制备母液。为了减少每次称取大量药品的麻烦,可把各种药品一次先配成所需浓度的 10 倍或 100 倍的母液,用时按比例稀释。如配制硝酸钾溶液,可一次扩大称取量 100 倍,即称 1 900 mg×100＝19 g,溶解于 1 升蒸馏水中,用时如配制 1 L 培养基,或吸收母液的 1/100,即 10 mL。可把各种混合物单独配制成一定倍数的母液,母液配好后,放在低温下可保存几个月,发生混浊或出现霉菌则不宜再用。

B. 溶化琼脂。用少于所做培养基体积的蒸馏水,加热溶化琼脂,加热时需不断搅拌,直到琼脂全部溶化为止。

C. 混合药剂。用量筒或移液管取出所需量的母液,放入烧杯中,记下液面体积数,和蔗糖一起加入溶化的琼脂中,不断搅拌使其混合均匀,现加蒸馏水定容至所需的体积。

D.调整酸碱度。用 pH 计或 pH 试纸测定所配制溶液的 pH,草莓培养基的 pH 为 5.8。溶液偏酸时,pH 过小,滴入 0.1 mol/L 的氢氧化钾或氢氧化钠调整。溶液偏碱时,pH 过大,需滴入 0.1 mol/L 的盐酸调整。

E.分装。将调配好的培养基趁热用漏斗或分装器,分装到培养用的试管或 100 mL 三角烧瓶中,装入量为容器的 1/5～1/4,随即塞上棉塞。

④培养基灭菌。装好的培养基待稍微冷却后,用酸性纸或牛皮纸把试管口包扎好,再将几支试管捆在一起。所需用的无菌水及其他接种用具也包好,一起放入灭菌锅中灭菌。用高压蒸汽灭菌锅灭菌,使用的水应符合灭菌用水的质量要求,电热的大型高压蒸汽灭菌锅水应加到水位线标志部位。加好水后,盖好锅盖,按相对方向拧紧螺栓,然后检查放气阀是否有故障。接通电源,开始加热。加热后,当气压指针上升到 5 时,放气一次,或一起打开放气阀,加热至冒出大量热气,以排出锅内的冷气,然后关上放气阀,继续加热。当高压灭菌锅标记盘上显示(120±1)℃、1.05 kg/cm²(0.1 MPa)压力时,保持此压力 15～20 min。此时注意不能使蒸气压上升过高,以免引起灭菌锅爆炸或培养基中有机物质的破坏。之后切断电源,使锅内压力慢慢减下来,或缓慢打开放气阀,使锅内压力接近于零,这时完全打开放气阀,排出剩余热气,打开锅盖取出培养基等物,冷凝后,培养基表面水分稍干即可接种。

⑤培养基保存。已灭菌的培养基通常置于冷凉清洁避光的地方保存,最好置于 4～5 ℃低温保存,1～2 周内用完,保存期最多不能超过 1 个月,否则一些生长调节物质等的效力会降低。

(6)组织培养的接种和培养

①接种前的准备。接种和培养是在灭菌条件下进行的。接种所用的接种杯、接种针、尖头镊子、酒精灯、棉球、烧杯、剪子等,必须彻底灭菌,接种前连同培养基、茎尖和花药等接种材料一块放入灭菌室或接种箱内。初次用灭菌室或接种箱,应先用甲醛蒸气熏 5 h 以上,再用紫外线灯照射 40～60 min。以后每次接种前,均用 5％来苏儿喷雾消毒,再用紫外线灯照射 20～40 min。

②茎尖材料的准备。

A.材料来源。取材料时间以每年 6～8 月匍匐茎生长充实、尖端生长良好时为宜,温室草莓则一年四季均可取材料。取匍匐茎 4～5 cm 长先端,植株取新茎。茎尖分生组织在小于 0.3 mm 的情况下可以得到脱毒的苗。

B.材料处理。材料取回后,先用手剥去新茎的外叶,然后和匍匐茎尖在自来水下冲洗 2～4 h 或更长时间,在超净工作台或无菌室的无菌条件下,将已冲洗后的材料再截取先端 2～3 cm 进行表面消毒。消毒有两种方法：一是用 70％酒精漂洗一下，再用 0.1％～0.2％汞水（氯化汞）或 6％～8％次氯酸钠浸泡 2～10 min，时间长短以材料老嫩而定，最后把材料移到超净工作台上操作。二是用 70％酒精漂洗一下，再用 0.1％新洁尔灭浸泡 15～20 min，接着用 1％过氧乙酸浸泡 2～5 min，最后移到超净工作台上操作。

③花药材料准备。大量实验证明，花药不带病毒，草莓花药培养所得的植株有 95％以上的是能开花结果的多倍体，且生长发育优于母株，脱毒率高，可以省去病毒鉴定工作。草莓开花前，摘取发育不同程度的花蕾，用醋酸洋红染色，压片镜检，当花粉发育到单核期时，即可采集花蕾。根据外部形态判断可采集大小为 4～6 mm 花冠尚未松动，花药直径 1 mm 左右的花蕾，此时正处于单核期。采集的花蕾先用自来水冲洗数次，再在无菌条件下消毒，放入无菌三角瓶中用 70％酒精浸泡 1 min 或用酒精棉擦洗蕾面以灭菌，然后用 0.1％汞水消毒 10 min。再用无菌水冲洗 3～5 次。

④接种。接种在接种箱或无菌室中进行。接种时将接种纱布铺在接种操作台上，把器具放在纱布上。用酒精对双手严格消毒，特别是指头和指甲处更要严格消毒。接种用的尖头镊子要在酒精灯上消毒，用完放入酒精瓶内，整个过程如此反复进行，以保证无菌效果。接种材料表面消毒后，在超净工作台上用无菌水冲洗 3 次。茎尖用尖头镊子夹到已高压灭菌、盛有滤纸的培养皿中，置于放大 10～20 倍的双筒解剖镜下，用细解剖针一层层剥去幼叶，直到露出圆滑的生长点，将生长点先端切下 0.2～0.3 mm，可带 1～2 个叶原基。经过热处理的材料，可带 2～4 个叶原基，切生长点长约 0.5 mm。切下的生长点用细长的解剖针挑出，放入盛有培养基的试管或烧瓶中。每瓶放 5～6 个茎尖。通常脱毒效果与茎尖的大小呈负相关，切取茎尖越小，脱毒效果越好。而培养成活率与茎尖大小呈正相关，切取茎尖越大，成活率越高。接种花药时，取出花蕾，剥离萼片，取出花药接种到培养基上，每个培养瓶可接种 30～50 个花药。接种材料置于培养基上的方法有 2 种：一是取下材料直接放在培养基上。二是在瓶口轻击镊子先端，使材料掉下，然后用接种针将其分离摆平摆匀。无论哪种方法，切忌将琼脂培养面弄破，或将培养材料在培养基上翻滚，粘连过多培养基。一般将培养材料均匀分散开即可。操作完毕，瓶口和棉球用酒精灯消毒灭菌、塞口，接种瓶上写上日期、编号，然后在适当温度下进行培养。

⑤培养。接种后在培养室内培养，室温 20～25 ℃，相对湿度 50％～70％，用日光灯照射。前期微光，长苗后光照强度 1 000～2 000 lx，每日光照 10～12 h。茎尖接种在诱导分化培养基上，培养 30 d 左右，即开始分化新芽，新芽不断生长和增

殖,便形成一堆幼嫩的小芽丛。

花药接种在诱导愈伤组织和分化培养基上,培养 20 d 后即可诱导出小米粒状乳白色大小不等的愈伤组织。愈伤组织产生的多少,因品种而异。有些品种的愈伤组织不经转移,在接种后 50～60 d 可有一部分直接分化出绿色小苗。这样可以省略一种分化培养基,减少一次分化植株的培养程序。一般愈伤组织诱导率越高,植株分化率也高。

(7)草莓组培苗的培养和转移驯化

①基本概念。组织培养的苗称组培苗。草莓通常采用匍匐茎和新茎顶端的分生组织、花药等培养组培苗。其操作过程主要包括配制培养基、消毒、接种、继代培养、植株的转移和驯化等程序。草莓的组织培养,可利用其繁殖快和产生无病毒苗的两个特点,进行无病毒苗工厂化生产。组培苗要进行无病苗鉴定与检验,确认无毒后,进行保存、利用、繁殖,提供大量无病毒苗用于草莓生产。

②断代培养。由茎尖、花药或叶片培养得出的再生植株,都可根据需要移到新的培养基上继续培养,这种转移称为断代培养。

接种的茎尖在培养基中培养 30～75 d,即分化出 1.5～2 cm 高的无根苗 20～30 株。将这些无根苗再转移到增殖培养基上,进一步扩大繁殖。分别放入 5～10 瓶培养基中,经过 15～20 d,又可长满无根苗,继续扩繁,一直可连续几十代。一般平均每月可以 1∶10 的增殖倍数进行繁殖。继代繁殖的次数根据生产用苗时间和数量来决定。根据需要可以一部分进行生根培养,一部分仍继代培养,陆续供用。

花药培养愈伤组织分化植株以后,就及时将植株切取下来,转移到增殖培养基上,多数品种可在 20～30 d 以 4～5 倍的增殖系数进行增殖,如宝交早生、春香、女峰等品种。但也有少数品种,如索非亚增殖效果较差,还需要进一步筛选适宜的培养基。

将组织培养的无根苗在生根培养基中促进生根,长成完整的植株称为生根培养。草莓茎尖试管苗很容易生根,一般在继代培养基上即可生根。或者将未生根的试管苗长到 3～4 cm 长切下来,直接栽到蛭石为基质的容器中进行瓶外生根,效果也非常好,省时省力,降低成本,移栽成活率可达 90％ 以上。也可在生根培养基上培养生根。

花药组织培养的小植株上比较易生根,有时可在增殖培养基上边增殖边生根,但这些根系基部往往带有愈伤组织,影响植株移栽成活和正常生长。因此,应将增殖的植株切取下来,转移到生根培养基中,进行诱导生根,2～3 周以后,几乎 100％ 植株均可诱导生根,而且根的质量好,很容易移栽成活。

③组织培养苗的转移驯化。发根的组织苗或称试管苗,从试管或烧瓶中移出,

在温室中栽培,至苗长大发生5～6片叶的植株为止的过程为转移驯化阶段。这是草莓组培苗从异养到自养的阶段。组培苗移出前,要加强培养室的光照强度和加长光照时间,进行光照锻炼。一般7～10 d后再打开瓶盖,让试管苗暴露在空气中锻炼1～2 d,以适应外界环境条件。移栽基质最好用透气性强的蛭石或珍珠岩,如果栽植在土壤中,土壤应为疏松的砂壤土、砂土掺入少量有机质或林地的腐殖质土。用营养钵育苗,可用直径6 cm的塑料营养钵等。移栽时选择株高2～4 cm、3～4片叶的健壮试管苗,将根部培养基冲洗干净,把过长的老根剪断栽入基质中。如果是瓶外生根,将植株基部愈伤组织去掉,用水冲洗一下,直接插入基质中。试管苗出现复叶是适合移栽的形态指标。移栽后浇透水,加塑料罩或塑料薄膜保湿,营养钵可放在温室或塑料大棚中,适当遮阴避免曝晒。保持环境温度15～25 ℃,空气相对湿度80%～100%,后期可降低。半月后去罩,掀膜,初期不浇水不施肥,此时无毒苗已扎根成活,2～3个月后成苗,移植成活率可达90%以上。若整畦育苗,组培苗移栽后,浇透水,并支小拱棚覆盖塑料薄膜保湿。从第3周开始,每天短时间放风一次,锻炼小苗,放风强度逐渐加大,至移栽后第4周,去掉覆盖物。根据室温,每天或隔天喷水一次,保持土壤湿润而不积水为宜。

组培苗在温室中驯化一般需2～3个月,长到4～5片较大叶片,株高可达4～5 cm,有长度10～12 cm的根系6～7条,即可移出,盆栽移植成活率达100%,这就是无病毒原种苗的母株。至此,组织培养育苗完成。母株栽植到防虫网室中,以进行病毒鉴定和无病毒原种保存。移至育苗田,进一步用作繁殖苗。也可栽至生产田,直接用作结果株。

(8)草莓无病毒苗的鉴定和检验:采用各种脱毒技术获得无病毒苗后,其植株是否真正脱毒,还需进行病毒病的鉴定和检测,确认为无病毒后,方可作为无病毒苗进行扩大繁殖,推广应用到生产中。由于草莓病毒在栽培品种上不表现明显症状,而且又不能通过机械传染,缺乏鉴别寄主,因此,草莓病毒的鉴定和检测只有借助指示植物和蚜传试验。

①小叶嫁接法。把被检验的草莓植株上的叶片嫁接到指示植物上,观察其表现,判断是否带有病毒。

A.指示植物及其应用。目前国际上通用的草莓的指示植物,主要有林丛草莓中的UC_4、UC_5、UC_6和深红草莓中的UC_{10}、UC_1、UC_{12}共六个单系,其中以UC_4和UC_5应用范围最广。不同的指示植物,鉴定病毒的种类各不相同,但在实际上,植株多为几种病毒的复合侵染,而各种指示植物一般对几种病毒都有反应。所以,症状变化比较大。因此,在鉴定明确病毒种类时,需用成套指示植物,至少要用UC_4、UC_5、UC_6、UC_{10}四种单系同时进行,并比较分析。

B.指示植物的保存。指示植物应在防虫网室中隔离栽培,采用匍匐茎繁殖,定植时可适当加大植株行距。8月中下旬挖取匍匐茎苗,栽于盆中,注意防虫,精细管理。如果全年进行病毒鉴定,9月上中旬将盆栽苗移于温室中,防止休眠,使其全年生长。若2月中下旬以后进行病毒鉴定,可将苗假植于室外,11月中下旬结冰前移至0℃以上低温环境中渡过休眠期,1月上旬在温室内盆栽,生长30 d左右,即可嫁接接种。

C.嫁接。从被检验的草莓植株上采集完整成熟的复叶,装入小塑料袋中或放入盛有清水的烧杯中,以免萎蔫,并注意挂好标签。当天进行嫁接。先剪去左右2片小叶,将中央小叶带1～1.5 cm长的叶柄,用锐利刀片,把叶柄削成楔形,作为接穗。选取生长健壮的指示植物叶片,剪去中央小叶,在左右两小叶叶柄中间向下纵切一条长1.5～2 cm的切口,然后把接穗插入切口内,用蜡质薄膜或塑料带包扎。每一株指示植物至少嫁接2个接穗。为了促进接穗成活,嫁接后把整个花盆罩上塑料袋,进行保温保湿。在25℃背阴处,放置2～3 d,然后再移到有阳光处,放置7～10 d,去掉塑料袋。一般秋季经过14～20 d,春、冬季经过25～30 d,嫁接小叶不萎蔫、不枯死,即表明嫁接成活。成活后剪去指示植物未嫁接的老叶。

D.症状观察。嫁接成活后,定期观察新长出叶上的症状表现。发症调查连续进行1.5～2个月。如接穗带有病毒,则在接种后1～2个月,先在指示植物新展开的叶片和匍匐茎上出现前述病症,然后在老叶上出现。不同病毒病在指示植物上症状出现早晚不同,最早为草莓斑驳病毒,一般在嫁接成活后7～14 d表现症状,其次是草莓镶脉病毒和草莓轻型黄边病毒,分别于嫁接成活后15～30 d和24～37 d后表现症状。草莓皱缩病毒通常在嫁接成活后39～57 d才能表现出来。

②蚜虫传毒鉴定法。蚜虫不但直接为害草莓,而且还是传染草莓病毒的主要媒介。蚜虫传毒鉴定主要用于鉴定和分离复合侵染的多种草莓病毒。因为草莓病毒有些可借蚜虫传染,有的则不能传染。病毒种类不同,蚜虫得毒时间和保毒时间也各不相同。因蚜虫种类不同,对不同种类病毒传染的难易程度也不一样。因此,可用蚜虫接种分离复合侵染中的病毒。传染草莓病毒种类最多的是毛管属蚜虫。

③电子显微镜检测法。利用电子显微镜检测病毒比小叶嫁接法更直观,而且速度快。其方法是利用负染色法及超薄切片法处理待测叶片,然后在电子显微镜下观察,如果被测叶片中含有较多病毒粒子,可直接观察到。

(9)草莓无病毒苗的保存和繁殖

①无病毒原种苗的保存。草莓无病毒原种苗培育非常不容易。要经过脱毒培养、鉴定检测等烦琐的过程,所以一旦培养得到无病毒苗,就应很好地隔离保存。无病毒原种苗保存得好,可以利用5～10年,在生产中就可以经济有效地发挥

作用。

保存的关键是防止病毒重新感染。为此,无病毒原种苗通常种植在温室或防虫网室中,防虫网以40目尼龙纱网为好,可以防止蚜虫侵入。栽培床的土壤种植前应进行消毒,周围环境也要清洁,及时打药,保证材料在与病毒严密隔离的条件下栽培。有条件的地方可以找合适的海岛或高岭山地,气候凉爽,虫害少,有利于无病毒原种苗的保存和繁殖。

②无病毒苗的繁殖。选择无病毒原种苗作为母株,在隔离条件下利用匍匐茎繁殖法培养无病毒草莓生产用苗。原种苗从保存的无病毒原种苗上获得。隔离网室可以是利用大棚钢架覆盖隔离网纱。土壤要经过严格消毒,前茬不能栽过草莓,定期喷洒杀蚜虫药,管理上参照匍匐茎育苗圃的方法,主要措施有母株基部培土,厚度以埋上新茎而露出苗心为准,以保证新根生长。育苗期间及时疏除花序。匍匐茎发生前期,灌水后土壤容易板结,采取浅中耕除草,便于新生小苗扎根;大量发生期人工拔除杂草,同时要摘除草莓黄叶、枯叶,减少养分消耗和水分蒸发,促进通风透光;匍匐茎发生后期,控制匍匐茎苗生长,保证茎苗健壮充实。从8月开始,叶面喷施抑制剂清鲜素1 000 mg/L或0.6%～0.12%矮壮素,抑制匍匐茎的发生和营养生长,促进生殖生长。无病毒原种苗可供繁殖3年,以后再繁殖,则需重新鉴定检测,确认仍无病毒后,方可继续用作繁殖母株。

(10)预防无病毒草莓植株再侵染:草莓无病毒苗在生产中的利用,重要的是要防止病毒的再侵染。为保证我国草莓产区不再受病毒的侵染,需要做好以下工作。

①推广无病毒苗。草莓病毒与其他果树病毒一样,都可借嫁接途径传染,并随着无性繁殖材料和接穗、自根苗、匍匐茎苗等的传播而扩散。因此,培育无病毒母株,栽培无病毒苗是防止草莓病毒病发生、控制病毒扩展和蔓延的根本措施。发达国家过去3～4年更换一次无毒苗,而现在几乎每年更新一次,使病毒再侵染率大大下降。因此,我们要在全国范围内建立无病毒育苗基地,推广无病毒苗,用无病毒苗代替普通苗,更换已被病毒感染的植株。

②做好病毒检疫。进行植物检疫,是防止病毒病害传播扩散的重要措施。首先,要加强无病毒原种苗和繁殖母株的保存和管理,定期进行病毒检测,制定一套培育无病毒苗的规程,保证无病毒苗的质量。其次,要制定病毒检疫对象,重视口岸检疫,从国外引种以及去外地买苗,都要了解当地的发病情况,加强检疫,严防将病毒带入。

③加强栽培管理。草莓无病毒苗要实行无病毒化栽培,防止病毒感染,失去脱毒苗的作用。防止病毒再侵染的措施主要有:栽植无病毒苗的生产园,至少应与老草莓园间隔1 500 m;前茬不能种植茄科作物,不能重茬;进行土壤消毒,防治病虫

害;彻底根除传播草莓病毒的蚜虫,蚜虫刺吸草莓汁液,短时间内即可传毒。蚜虫的发生消长因种类而异,但为害草莓的主要传毒蚜虫,多在 5—6 月发生,匍匐茎旺盛生长期也是病毒侵染的时期,应特别注意防治。地面也可用银色反光膜覆盖以驱虫。一般在新种植区周围无老草莓园,4~5 年可换种一次,否则 2~3 年就应该换种。

四、实生繁殖法

实生繁殖法也称种子繁殖法,指经过播种种子育成草莓苗的方法,这样的苗叫实生苗。草莓一般为自花授粉,所以实生苗后代,基本上能保持母株的特性,但也会使原有的优良性状发生性状分离,致使品种群体混杂退化,株苗不整齐,导致产量、品质下降。实生苗生长快,根系发达,适应性强,不容易衰老,一般经过 10~16 个月的生长开始结果。实生繁殖成苗率低,生产中不宜采用种子繁殖。此法多用于杂交育种或选育新品种,远距离引种或有些优良品种不易得到营养苗的情况下也可采用。具体操作技术如下。

1. 选果取种

5—6 月果实采收后,从优良单株上选取发育良好、充分成熟的浆果,供采种用。手工取种时,用切片将果皮连同种子削下,然后平铺在纸上,晾干后将种子刮下,保存备用。或削下后放入水中,洗去浆液,滤出种子,晾干,放阴凉通风处保存。也可把浆果包在纱布内揉搓,挤出果汁,用水清洗,摊开晾干,除去杂质。手工取种比较费工,且种子容易发霉。机械取种是把浆果去果梗后,在清水中冲洗干净,然后按果实与水 1∶1 的质量比例混合,倒入高速组织捣碎机中,用慢速搅拌 20 s,静置 3~5 min 后,可使种子捣碎液分离。为了加速捣碎液的澄清,在搅拌前可加入 2% 的食盐。此法脱粒,不损坏种子,对发芽无影响。每千克鲜果可获得 10.2~11.2 g 种子。脱净率在 95% 左右,工效比手工取种提高 8~10 倍。种子处理好后,装入纸袋或布袋,贴上标签,写上采收日期、品种、数量等信息,放阴凉干燥处保存。草莓种子的发芽力在室温条件下可保持 2~3 年。

2. 处理种子

草莓种子无明显的休眠期,可随时播种或隔一定时间播种都能萌发,以采后立即播种的萌芽率最高。存放后的种子,在播种前进行种子处理能提高发芽率和整齐度。可在播种前对种子层积处理 1~2 个月;也可把种子放在纱布袋内浸种 24 h,再放在冰箱 0~3 ℃ 的低温下处理 15~20 d。山东省诸城市老梧村的做法是:先将种子倒入 60~70 ℃ 温水中浸洗,并不停搅动,直到水温降到 25 ℃ 左右时停止。然

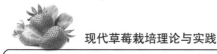

后继续浸泡2～3 h,捞出用手揉搓,至种皮干净呈现光泽为止,再用清水漂洗干净,用几层湿纱布盖好,放在25～30 ℃条件下进行催芽,每天早、午、晚三次用温水浸湿纱布,以保持种子的湿润环境。待60％～70％的种子露白后即可播种。

3.播种

因草莓种子小,播种时必须精细。一般用能渗水的花盆或播种盘在室内播种,内装营养土,营养土为筛过的细砂壤土混合一部分较细的腐殖质土,或用草灰土和腐殖质土2份、粗砂1份混合过筛配成。花盆底部垫一片瓦片,为便于排水,瓦片周围放一层玉米粒大小的石块。营养土装到容器沿以下1.5～2 cm处。如在苗床播种,土壤要平整细碎,畦宽1 m,长8～10 m,多施腐熟厩肥,施肥量3～5 kg/m²,加入少量复合肥。播种前先浇透水,用容器育苗可将其置于浅水池中,待水慢慢渗入盆内土壤后取出。然后在土面上均匀撒播草莓种子,数量为2.5～4.5 g/m²,便于分苗为宜,播后覆以0.2～0.3 cm厚的细土,最后用塑料薄膜盖严,以保持湿度。

4.苗期管理

发芽过程中应始终保持土壤湿润。干燥时,每天用细口喷壶洒水一次,也可将容器放在水槽中,让水从底部小洞渗入。在温度25 ℃的条件下,播种后2周即可出苗。幼苗生长2～3个月,长出1～2片真叶时进行分苗,把苗带土移入营养钵或穴盘中,每钵或穴1株,放于苗床。钵苗期要精心管理,特别注意水分供应,不使土壤干燥,同时浇一些稀薄液肥。苗长到4～5片叶时,即可去钵带土移栽到大田或育苗圃中,进一步培养。苗床育苗,注意适时适量浇水、及时去除杂草。小苗长到3～5片真叶时,可进行间苗移栽,疏密补稀。小苗长到6片真叶时,进行第一次追肥,以尿素为好,随水撒施或用0.3％～0.5％的浓度叶面喷施。第一次追肥,用量宜少,以后每20～30 d追一次肥。随着苗的长大,用肥量可适当增加。一般春季播种,秋季可定植大田或育苗圃,第二年春天结果。秋季播种的要在翌年春季才能定植。

五、草莓扦插育苗

草莓扦插育苗是把尚未生根或发根少的匍匐茎苗以及未成苗的叶丛植于水中或土中,促其生根,培养成苗的方法。

扦插时间一般在秋季,在茎节上有两片以上正常叶片时即可扦插。将叶丛剪下,插在水中,使叶丛基部接触水面,隔天换水一次,待基部长出5～6条根后,即可栽植于土中或营养钵中。

在安装喷雾设备的温室或塑料棚内,保持一定的空气湿度,形成适宜的湿度环境,可把叶丛扦插在雾室内的沙箱或沙床上。雾室内温度不宜过高,因草莓根系在20 ℃以下发根快。无降温条件时,只宜在春秋进行。10 d 左右,叶丛发根后,移入营养钵或育苗圃中。如果是扦插在土中,也可以直到育成合格苗。

生产中还有的把叶丛和小苗直接植于营养条件较好的土壤中进行育苗,但应保持一定的温度和湿度,一般半月以后可长出新根,成苗后进行栽植。还可将小苗移入冷床或温床中,使其冬季继续生长。

只要有匍匐茎苗,扦插随时都可以进行,依目的、条件而定。现多在秋季进行,未生根的匍匐茎上的叶丛和生根很少的匍匐茎苗,在露地结束生长之前,难以成苗,扦插可以充分利用这部分资源苗。早长成的苗可以秋季移栽至生产田,小苗采取保温措施,可冬季继续生长,供春季移栽。

第八章　现代草莓栽培的关键技术

第一节　草莓地膜覆盖栽培技术

一、地膜种类

地膜通常是指厚度在 0.005~0.03 mm,专门用来覆盖地面以提高土壤温度和水分,维持土壤结构,促进和保护作物生长的一类农用薄膜的总称。地膜的种类很多,按树脂原料可分为高压低密度聚乙烯地膜、低压高密度聚乙烯地膜等。按其性质和功能可分为无色透明地膜、有色地膜、特殊地膜等。

1. 普通地膜

(1)无色透明地膜:这种地膜透光性好,覆盖后增温快,地温高,但杀草效果差。主要适合于低温期,以增温早熟为主要目的的栽培。

(2)高压低密度聚乙烯(LDPE)地膜:简称高压膜,是用高压低密度聚乙烯树脂经过挤出吹塑成型制得。厚度为(0.014±0.003) mm,幅度有 40~200 cm 多种规格。每亩用量 8~10 kg。该膜透光性好,地温高,容易与土壤黏着。是生产中应用的主要地膜种类。

(3)低压高密度聚乙烯(HDPE)地膜:简称高密度膜,由低压高密度聚乙烯经挤出吹塑成型制得。强度大,厚度 0.006~0.008 mm,每亩用量 4~5 kg。此种地膜强度高,光滑,但透光性及耐老化性不如高压膜,与土壤密贴性差,在砂质土壤上不易覆盖严实,增温、保水、增产效果与高压膜基本相同。但用膜量减少,因而成本低。

(4)线性低密度聚乙烯(LLDPE)地膜:简称线性膜,由 LLDPE 树脂制成。厚度 0.005~0.009 mm。除具有高压低密度聚乙烯地膜的性能外,拉伸强度、断裂伸长率、抗穿刺性等均优于高压低密度聚乙烯地膜。在达到高压膜相同覆盖效果的情况下,地膜厚度可减少 30%~50%。LLDPE 树脂除可制成纯线性聚乙烯地膜外，也可按一定比例与高压低密度聚乙烯混合，制成共混地膜。共混地膜的机械性能要远远优于 LDPE 地膜，且用量减少 1/3，成本降低，而效果相同。

2. 有色地膜

在聚乙烯树脂中加入带色母料，可制得各种不同颜色的有色地膜。有色地膜增温效果不如无色地膜，但依其对光谱的吸收和反射规律不同，对杂草、病虫害、作物生长和地温变化等均可产生特殊的影响，目前在一些特殊栽培中应用的比较多。有色地膜也有多种。

（1）黑色膜：是在聚乙烯树脂中加入 2%～3% 的黑色母料，经挤出吹塑制成。厚度 0.01～0.03 mm，每亩用量 7～12 kg。黑色地膜的透光率在 10% 以下，在阳光照射下，本身增温快，温度高，发生软化，但热量不易传给土壤，因而土壤增温效果差，但保湿与灭草效果稳定可靠。主要用于防杂草覆盖栽培。

（2）绿色膜：是在聚乙烯树脂中加入一定量的绿色母料，经挤出吹塑制成。绿色膜主要能使植物进行旺盛光合作用的可见光（即光波长为 0.4～0.72 μm 光谱）透过量减少，而绿色光增加，因而降低了地膜下植物的光合作用，使杂草的生长受到抑制，起到抑草和灭草的作用。绿色膜对土壤的增温作用不如透明膜，但强于黑色膜，对有些作物地上部生长有利。但此类膜造价较高，使用寿命较短，可用于草莓和生姜等经济价值较高的作物。

（3）银灰色膜（防蚜膜）：是在聚乙烯树脂中加入一定量的铝粉或在聚乙烯地膜的两面喷涂一层薄薄的铝粉后制成。银灰色地膜对光反射能力强，透光率为 25.5%，故土壤增温效果不明显，防草和增加近地面光照的效果比较好。对紫外线的反射能力极强，能够驱避蚜虫、黄条跳甲、象甲等害虫，减轻虫害和病毒危害。多用于以防草、防虫和防病毒等为主要目的的覆盖栽培，也适合于高温季节降温覆盖栽培。

（4）黑白双面膜：是由黑色和乳白色两种地膜经复合而成。厚度 0.02 mm，每亩用量 10 kg 左右。覆盖时，乳白色面朝上，黑色面朝下。能增强反射光，降低地温，保持土壤湿度，消灭杂草，驱避害虫。主要用于夏秋季降温、保湿和防虫覆盖栽培。

随着科技进步和农用地膜的广泛利用，各种有色地膜种类越来越多，还有红色地膜、黄色地膜、紫色地膜、蓝色地膜和银黑双面膜等，各类有色地膜作用不同，具有不同的光学特性，对太阳光谱具有不同的透射、反射与吸收性能，从而对作物生长环境、杂草、病虫害产生不同的影响。通过转光技术将农膜透红蓝比调整到作物最佳需求比例，能够有效提升农作物的品质。生产中要根据作物种类、使用目的和效益的高低，进行科学合理选择。

3. 特殊地膜

特殊地膜指一些有特殊功能和用途的地膜，主要包括以下几种。

（1）耐老化长寿地膜：是在聚乙烯树脂中加入 2%～3% 的耐老化母料，经挤出吹塑而成。厚度为 0.015 mm，用量在 8～10 kg，有强度高、耐老化等特点，使用期可较一般地膜延长 45 d 以上。不仅适用于"一膜多用"覆盖栽培，旧地膜还能保持较完整，容易清除，不致残留土壤中，耽误耕作。

（2）除草地膜：是在聚乙烯树脂内加入一定量的除草剂母料或直接添加除草剂和其他助剂，经挤出吹塑制成。覆盖地面后，地膜内聚集的水滴溶解析出的除草剂，滴落于土壤表面形成药层，能杀死出生的小草，主要用于杂草较多或不便于人工除草地块的防草覆盖栽培。

（3）有孔地膜：在地膜制造过程中，按不同作物所要求的株行距，在地膜上先打上一定大小的孔，再收卷的称为有孔膜。这种膜使用方便，节省打孔用工，植株行距整齐，提高了播种及定植效率。多为某种作物的专用膜，工厂也可根据用户的特殊要求进行打孔。

（4）无滴地膜：是在聚乙烯树脂中加入无滴剂后吹塑而成。这种地膜透光性比较好，土壤增温快。适于低温期及保护地覆盖栽培。

（5）光解地膜：也称自然崩溃膜，是在聚乙烯树脂中加入光降解剂（或在聚合物中引入光敏基因），经挤出吹塑而成。此种地膜覆盖后，经过一定时间（如 60 d、80 d 等），由于自然光线的照射，会使地膜高分子结构陡然降解，很快变成小碎片到粉末状，最后可被微生物吸收利用，即达到所谓"生物降解"，对土壤、植物均无不良影响。主要优点在于节省回收废旧地膜的用工，防止地膜残留污染，保持农田清洁环境，属于"环保地膜"。

另外，还有水枕地膜、红外地膜、保温地膜、微孔地膜、切口地膜等功能性特殊地膜。截至目前，我国农用棚膜与地膜使用量分别占全球总使用量的 80% 与 90% 以上，稳居世界第一。我国功能性地膜产量已达国内地膜总产能的 60% 以上。当前我国针对农膜的新工艺、新技术、新产品、新材料的创新研发，已经居国际领先水平。中国塑料加工工业协会理事长朱文玮提出：农膜产品不仅满足保温、保墒、保湿等要求，还要向充分利用光能、发挥光肥、光药作用，向更高效、更长寿命和定制专用化发展。中国农用塑料应用技术学会会长张真和针对高端功能地膜的发展，提出六大应用方向：第一，除草地膜，如黑色、黑白双面地膜等。第二，反光防病虫地膜，如反射红、蓝、紫外线地膜。第三，防霜地膜，如短期流滴消雾保温型近地面覆盖地膜。第四，高效增温地膜，如高透明、高保温地膜。第五，降温地膜，如高反光、高阻隔近红外地膜。第六，省工地膜，如打孔地膜、切口地膜、为空地膜。在品质农业和绿色农业的推动下，高端功能农膜市场存在巨大的发展前景。必须坚持创新驱动战略，不断完善农用地膜行业创新体系建设，进一步推动行业科技进步。

二、地膜覆盖效应

1. 对土壤环境的影响

(1)提高土壤温度:由于透明地膜容易透过短波辐射,而不易透过长波辐射,同时地膜减少了水分蒸发的潜能放热。因此,白天太阳光透过地膜,使地温升高,并不断向下传导而使下层土壤增温。夜间土壤内热量的长波辐射不易透过地膜,而使土壤中热量流失较少,所以,地温高于露地。据观测,春季地膜覆盖后一般可使 0~10 cm 土层的温度升高 2~6 ℃,有时可达 10 ℃以上。全国大量示范数据显示,农膜透光率提高 1%,农作物产量将同比提高 1%。

(2)保持土壤水分:地膜不透水,可以防止土壤水分的蒸发,较长时间保持土壤水分的稳定,避免土壤忽干忽湿影响草莓的正常生长,因而可以减少灌溉次数,节约用水。同时,地膜覆盖使渗水困难,地表流量加大,浇水时可防止上层土壤中的水分过多,使土壤含水量比较稳定。雨季可减轻涝害。

(3)改善土壤结构:地膜覆盖后能避免或减轻土壤表面风吹雨淋的冲击,减少因中耕、除草、施肥、浇水等作业的践踏而造成的土壤板结和沉实,使土壤保持疏松透气状态,增加土壤团粒结构。

(4)提高土壤肥力:地膜覆盖改善了土壤的温度和湿度条件,使微生物活动旺盛,加速了土壤有机质的分解,以及其他养分的转化,土壤中速效养分的含量明显增加。

(5)防止地表盐分积聚:地膜覆盖减少土壤水分蒸发,从而也减少了随水分带到土壤表面的盐分,防止土壤返碱,减轻盐渍危害。

(6)抑制杂草生长:地膜覆盖后的高温、避光、缺氧等环境,能抑制杂草生长。尤其是在透明地膜覆盖得非常密闭和采用黑色地膜、绿色地膜的情况下,灭杀杂草的效果更为突出。

2. 对地面环境的影响

(1)增加光照:地膜具有反光作用,使近地面光照增强。有利于草莓植株的光合作用,增加干物质积累。据测定,无论露地还是保护地,地膜覆盖均可使地面以上 1.5 m 的空间光照增强,而以 0~40 cm 范围内的增光最为明显。

(2)降低相对湿度:地膜覆盖减少了地面蒸发,使近地面空间的空气湿度降低,进而可抑制或减轻病虫害的发生。

3. 对草莓生育的影响

由于地膜覆盖影响环境条件,为草莓创造了良好的生长条件,促进了草莓根系的发育,草莓生长健壮,自身抗性增强,各生育期相应提高,因而可以提早成熟,提高草莓的产量和品质。

三、地膜覆盖栽培方式

地膜覆盖是塑料薄膜地面覆盖的简称,它是用很薄的塑料薄膜紧贴在地面上进行覆盖的一种栽培方式,是现代农业中既简便又有效的增产措施之一。

地膜覆盖栽培技术于1978年正式从日本引进我国,经过几年的适应性与可行性试验研究,确认是一项适合我国栽培水平和技术经济条件的有效的栽培技术措施,增产幅度达20%~60%。因此,迅速在我国得到推广应用。

地膜覆盖栽培的方式有很多,主要是根据各地的土质、气候条件、作物种类与栽培习惯,以及不同的栽培目的来确定。

1. 平畦覆盖

在原栽培畦的表面覆盖一层地膜,为防止风揭膜,四周及畦埂处应压土封严。平畦覆盖可以是临时性的覆盖,在出苗后,将薄膜揭去,也可以是全生育期的覆盖,直到栽培结束。平畦规格与普通露地生产用畦相同,宽1~1.6 m,一般为单畦覆盖,也可以联畦覆盖。平畦覆盖便于灌水,初期增温效果好,但后期由于随灌水带入的泥土盖在薄膜上面,而影响阳光射入畦面,降低增温效果。雨后要及时排水。

2. 高畦覆盖

畦面整平整细后,将地膜紧贴畦面覆盖,两边压入畦肩下部,两头封严。此种方法地温高,水分分布均匀,土壤疏松。为方便灌溉,常规栽培大多采用窄高畦覆盖栽培,一般畦面宽60~80 cm,高10~20 cm,灌水沟宽30~50 cm。滴灌栽培则主要采取宽高畦覆盖形式。

3. 高垄覆盖

整地施肥后,一般按45~60 cm宽,10~15 cm高起垄,成龟背状,每一垄或两垄盖一幅地膜,分别称为单垄覆盖和双垄覆盖。为减少灌水量,提高灌水质量,双垄覆盖的膜下垄沟要浅。高垄覆盖比平畦覆盖地温高1~2℃。

4. 沟畦覆盖

沟畦覆盖又称改良式高畦地膜覆盖,即把栽培畦做成沟,在沟内栽植,沟上覆盖地膜。当植株长到接触地膜时,将地膜开口,植株长出地膜。这种方式既能提高地温,也能增高沟内空间的气温,使植株沟内避霜、避风,故兼具地膜和小拱棚的双重作用。但此方式草莓栽培用得不多。

在地膜覆盖的基础上,再加盖塑料小拱棚为双层覆盖,俗称"二膜"。地膜覆盖也可用在大棚和日光温室中。

四、地膜覆盖栽培技术

草莓地膜覆盖栽培实际是露地栽培的另一种形式,在品种选择、栽植方法、田间管理和病虫害防治等方面都与露地栽培相同。另外需掌握以下栽培技术要点。

1. 覆膜时期

草莓秋季定植后,一般在越冬前和早春萌芽前两个时期覆盖地膜。在寒冷地区以越冬前覆盖更有利,在日平均气温降到 3～5 ℃时进行。覆膜过早易出现捂叶现象,叶片变黄脱落,过晚易受冻。覆膜时间,辽宁在 11 月中旬前后,河北、山东在 11 月下旬前后,江苏在 12 月初前后,春季覆膜在土壤开始化冻时,除去防寒物后进行。

2. 覆膜方法

覆膜前施肥,把磷钾肥的全部、氮肥的 1/2 开沟或挖穴施入,然后整平地面,打碎土块,除去残茬,浇灌水。覆膜选择无风天气进行,顺行把地膜平铺覆盖在草莓植株上,使膜面绷紧伸展不卷,把周围压土盖严,防止穿风漏气,把膜刮起。如果畦面过长,可间隔一定距离横向压土,使膜不致被风刮起撕破。寒冷地区膜面上可覆盖作物秸秆,以保温并起护膜作用,温暖地区可不用再加防寒物。

3. 破膜与撤膜

春季土壤化冻时,先除去膜上的防寒物,将膜面清扫干净,以使地温回升。随外界气温升高,地膜下开始增温,越冬的绿色叶片开始进行光合作用,草莓芽开始萌动,3～5 d 后,就有新叶展开。破膜时间在草莓展叶到露蕾期,膜下温度不高于 30 ℃。破膜过晚,膜下温度过高,发出的新叶易被灼伤,老叶也会干枯。破膜方法是在植株的正上方把地膜划一小孔,把植株提出膜外,植株基部用土盖严,以防止空气进入膜内形成鼓包,揭走地膜。到果实采收后,全部除去地膜。这样使地膜既能在冬春季起到防寒保温作用,又能保持果实清洁,减少腐烂,促使果实提早成熟。黑色地膜或春季覆膜,覆盖后要接着破膜提苗,以免影响植株生长。

4. 肥水管理

草莓现蕾后,要进行土壤追肥,每亩施尿素 10 kg 或氮磷钾复合肥 20 kg。方法是在膜上打孔,孔径 2～3 cm,深 5 cm,把肥料施入孔内,也可用施肥枪打入膜内。从展叶到初花期叶面喷 0.2%磷酸二氢钾 2 次,盛花期喷 0.3%硼砂 1 次。在土壤追肥后浇水 1～2 次,高畦贮水量少,应浇 2 次方可浇透,切不可大水漫灌,以免污染地膜,初花期、盛花期末及果实成熟前各浇水 1 次。结果期浇水只能浇小水,防止烂果。连阴雨天应及时排水防涝。

5.清除残膜

草莓果实采收后,要及时清除残膜,防止白色污染。把土壤中的破损膜块、地膜絮片全部清扫干净,以免污染土壤,以及影响下茬作物的播种。

第二节　土壤消毒剂处理技术

一、氰氨化钙土壤消毒处理技术

1.氰氨化钙的基本性质

氰氨化钙英文名称为 calcium cyanamide,分子式 $CaCN_2$,CAS 号 156-62-7,分子量 80.11,相对密度 2.29,表观密度 $1.0 \sim 1.2$ g/cm³。熔点 1 300 ℃,在大于 1 150℃时开始升华。氰氨化钙($CaCN_2$)纯品为无色六方晶体,工业品外观深灰色或黑灰色,粉末或微型颗粒状,有电石或氨气味,质地较轻,微溶于水,不溶于酒精,易吸潮起水解作用。氰氨化钙($CaCN_2$)有毒,对人体皮肤、口腔、消化系统有刺激性。

氰氨化钙($CaCN_2$)含氮(N)$19.8\% \sim 21.0\%$,含钙(Ca)35.0%左右,pH 12.5左右。

2.氰氨化钙在土壤中的反应原理

氰氨化钙施入土壤后在一定温度条件下遇水反应生成氢氧化钙$[Ca(OH)_2]$和酸性氰氨化钙$[Ca(HCN_2)_2]$,酸性氰氨化钙再与土壤胶体上的氢离子(H^+)发生阳离子代换,生成单氰胺(H_2CN_2)和双氰胺($H_4C_2N_4$),单氰胺、双氰胺和水继续反应生成尿素$[CO(NH_2)_2]$,尿素逐渐水解成铵态氮(NH_4^+),铵态氮再转化成硝态氮(NO_3^-)被作物吸收利用。具体的化学反应方程式如下。

$$2CaCN_2 + 2H_2O \longrightarrow Ca(OH)_2 + Ca(HCN_2)_2 \text{(酸性氰氨化钙)}$$

$$Ca(HCN_2)_2 + 2\text{【土壤胶体】}H^+ \longrightarrow 2H_2CN_2 \text{(单氰胺)} + \text{【土壤胶体】}Ca^{2+}$$

$$2H_2CN_2 \longrightarrow H_4C_2N_4 \text{(双氰胺)}$$

$$H_2CN_2 + H_2O \longrightarrow CO(NH_2)_2 \text{(尿素)}$$

$$H_4C_2N_4 + 2H_2O \longrightarrow 2CO(NH_2)_2$$

$$CO(NH_2)_2 + H_2O \longrightarrow (NH_4)_2CO_4$$

$$2NH_4^+ + 3O_2 + 2OH^- \longrightarrow 2HNO_2 + 4H_2O$$

$$2HNO_2 + O_2 \longrightarrow 2HNO_3$$

氰氨化钙在土壤中的分解如图 8-1 所示。

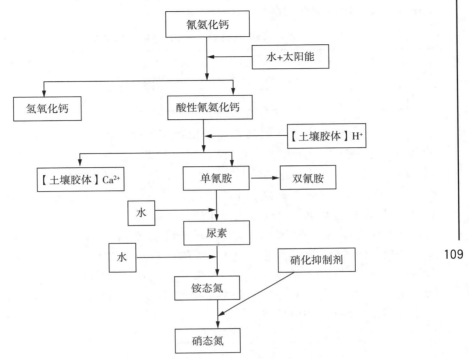

图 8-1　氰氨化钙在土壤中的分解示意

3. 氰氨化钙在土壤中的反应特点

范永强的研究显示,氰氨化钙在土壤中的反应速度与土壤含水量、土壤温度和施用量有关,在土壤相对持水量不低于 70%、土壤 5 cm 日平均地温不低于 15 ℃的情况下才开始分解。当土壤相对持水量低于 70%或者土壤 5 cm 平均地温低于 15 ℃时就停止分解或分解很缓慢。氰氨化钙在土壤中的分解速度随着地温的升高而加快,随着施用量的增加而减慢。试验研究表明,在土壤 5 cm 平均温度为 15 ℃以上,土壤田间相对持水量保持 70%以上的条件下,在土壤中的反应速度为 3 d/10 kg。

4. 氰氨化钙对土壤生态环境的优化作用

(1)对土壤酸碱度(pH)的影响

①防治土壤酸化。氰氨化钙和土壤中的水反应生成氢氧化钙[$Ca(OH)_2$]和酸性氰氨化钙[$Ca(HCN_2)_2$]。氢氧化钙能中和土壤溶液的酸(H^+),即活性酸(表酸),酸性氰氨化钙与土壤胶体上的氢离子(H^+)发生交换,能降低土壤胶体上的氢离子(H^+)浓度,即降低土壤的交换性酸(潜酸)。因此,施用氰氨化钙能够改善

土壤的酸性功能,防治土壤酸化。表 8-1 是在桃树上连续 4 年环状施用氰氨化钙施肥区土壤 pH 的变化情况。

表 8-1　氰氨化钙对土壤 pH 的影响(4 年定位)

处理	对照(0 g/棵)		硝酸钙	氰氨化钙 1	氰氨化钙 2	氰氨化钙 3
	1980 年	2010 年	(50 g/棵)	(150 g/棵)	(250 g/棵)	(350 g/棵)
pH	6.50	5.80	5.71	6.29	6.40	6.49

研究显示,在山东省莒南县石莲子镇西高家埠村的土壤酸碱度(pH)为 4.62 的酸性土壤上连续 4 年种植花生,结合整地起垄每亩撒施氰氨化钙 5 kg,其土壤 pH 为 4.66,不施用氰氨化钙的处理 pH 为 4.27,施用氰氨化钙的处理较原来提高 0.04,较不施用氰氨化钙的处理 pH 提高了 0.39。因此,在农业生产中连续施用氰氨化钙,能够起到抑制土壤酸化的作用。

②长期合理施用氰氨化钙不会对土壤造成碱化。氰氨化钙的 pH 为 12.5 左右,是一种强碱性肥料。德国阿兹肯公司提供的研究资料表明:在年降雨 1 100 mm 的气候条件下,连续 17 年施用 80 kg/hm² (5.33 kg N/hm²,折合氰氨化钙 27 kg/亩)不同形态的氮肥,氰氨化钙不会对土壤造成碱化,相反单独施用其他的氮肥如硝酸铵、尿素等对土壤的酸度影响很大(图 8-2)。

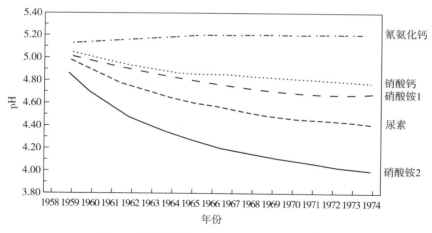

图 8-2　长期施用不同氮肥对土壤酸性的影响

(2)对土壤结构的影响:氰氨化钙施入土壤后,遇水反应生成酸性氰氨化钙 [Ca(HCN₂)₂],其与土壤胶体上的氢离子(H⁺)发生阳离子代换生成的土壤胶体钙,能促成土壤团粒结构的形成,特别是增加土壤水稳性团粒结构,增加土壤孔隙度,提高土壤透气性、吸收性和保水保肥性能。

试验结果表明(表 8-2):结合桃树秋季管理,单独施用有机肥的土壤容重为 1.63 g/cm³,孔隙度为 38.49%。在施用有机肥的同时增施硝酸钙肥 500 g/棵,土壤容重为 1.59 g/cm³,孔隙度为 40.00%,较对照容重降低 0.04 g/cm³,孔隙度增加 1.51%。连续 3 年增施氰氨化钙 250 g/棵,土壤容重降低到 1.34 g/cm³,土壤孔隙度显著提高到 50.57%,较对照土壤容重降低 0.29 g/cm³,土壤孔隙度提高了 12.08 个百分点。较增施硝酸钙土壤容重降低 0.25 g/cm³,土壤孔隙度提高了 10.57 个百分点。因此施用氰氨化钙比单独施用有机肥或增施硝酸钙肥能明显改善土壤的物理性状。

表 8-2　氰氨化钙对土壤孔隙度影响

处理	对照(0 g/棵)		硝酸钙 (500 g/棵)	氰氨化钙 1 (150 g/棵)	氰氨化钙 2 (250 g/棵)	氰氨化钙 3 (350 g/棵)
	1980 年	2010 年				
容重/(g/cm³)	1.63	1.49	1.59	1.36	1.34	1.30
孔隙度/%	38.49	43.40	40.00	48.68	50.57	50.94

注:连续 3 年施用,2010 年 9 月取样效果。

(3)对土壤有机质含量的影响:范永强的研究显示,9 月结合桃树秋季管理,在连续 3 年施用有机肥的情况下增施硝酸钙 500 g/棵,对土壤有机质增长影响不大(表 8-3)。而在施用有机肥的同时连续 3 年增施氰氨化钙 150 g/棵、250 g/棵和 350 g/棵,能够显著提高土壤有机质含量,分别达到 18.81 g/kg、19.27 g/kg 和 19.73 g/kg。较单独施用有机肥(对照),土壤有机质含量分别提高 31.2%、34.4% 和 37.6%。这说明在施用有机肥的同时增施氰氨化钙具有提高土壤有机质的作用。

表 8-3　施用氰氨化钙对土壤有机质的影响　　　　　　　　　　　g/kg

处理	对照 (0 g/棵)	硝酸钙 (500 g/棵)	氰氨化钙 1 (150 g/棵)	氰氨化钙 2 (250 g/棵)	氰氨化钙 3 (350 g/棵)
有机质	14.34	14.81	18.81	19.27	19.73

注:连续 3 年施用,2010 年 9 月取样效果。

范永强的研究显示,在连续 3 年种植花生的条件下,结合整地起垄每年增施氰氨化钙 5 kg/亩,施用氰氨化钙的土壤有机质含量为 7.9 g/kg,较不施用氰氨化钙的土壤有机质含量 7.3 g/kg,提高了 8.2%。

(4)对土壤微生物的影响:研究显示,在黄瓜/芹菜栽培模式连作 20 年的日光温室塑料大棚内,8 月 12 日撒施氰氨化钙 40 kg/亩,羊粪 3 m³/亩,对照处理只施用羊粪 3 m³/亩,但不施用氰氨化钙,然后翻耕,起垄,盖地膜,在膜下浇大水。8 月

31 日移栽芹菜。收获时随机取 4 株样本,取根际土壤、非根际土壤进行分析。结果表明(表 8-4),用氰氨化钙处理日光温室大棚,根际土壤真菌数量较对照差异性达到显著水平($P<0.05$),非根际土壤真菌数量较对照减少 9.78%,差异不显著。但是,用氰氨化钙处理的日光温室塑料大棚根际土壤细菌、放线菌和微生物总量均较对照分别增加 75.6%、70.2%、101.6%,差异达到显著水平。非根际土壤细菌和放线菌较对照均有所增加,但差异不显著。非根际土壤微生物总量较对照有减少的趋势,差异也不显著。

表 8-4　施用氰氨化钙对大棚芹菜土壤微生物的影响

处理 (土壤)	真菌 /(10^3 CFU/g)	细菌 /(10^3 CFU/g)	放线菌 /(10^5 CFU/g)	微生物总量 /(10^6 CFU/g)
处理根际	15.3±0.3	23.0±4.3	17.7±2.8	25.4±5.7
处理非根际	16.6±0.6	5.9±2.7	7.9±1.7	6.3±2.4
对照根际	21.1±1.4	13.1±3.6	10.4±0.3	12.6±2.9
对照非根际	18.4±0.92	5.8±2.3	6.1±1.5	7.3+0.9

(5)对土壤酶活性的影响:国外 53 年连续施用氰氨化钙的资料显示(根据德国德固赛公司提供的资料),长期施用氰氨化钙能够提高土壤中脱氢酶、过氧化氢酶、磷酸酯酶、蛋白酶、淀粉酶、硝化酶和生物活性物质的活性,从而提高土壤酶的总活性指数(图 8-3)。

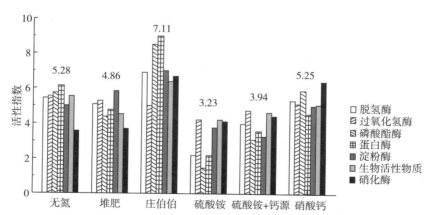

图 8-3　氰氨化钙对土壤酶活性的影响

研究显示,在黄瓜/芹菜栽培模式连作 20 年的日光温室塑料大棚内,8 月 12 日撒施氰氨化钙 40 kg/亩,羊粪 3 m³/亩,对照处理不施用氰氨化钙,然后翻耕,起垄,盖地膜,在膜下浇大水。8月31日移栽芹菜。收获时随机取4株样本,取根际土壤、非根际土壤进行分析。结果表明:采用氰氨化钙处理的根际土壤脲酶活性较非氰氨化钙处理的根际土壤的脲酶活性提高42.7%,较采用氰氨化钙处理和非氰氨化钙处理的非根际土壤的脲酶活性分别提高14.7%和23.1%,差异达到极显著水平,而其他处理之间的差异不显著。

（6）对土壤矿物营养的影响

①氰氨化钙对土壤速效氮的影响。试验结果表明,氰氨化钙在土壤中遇水反应一方面生成双氰胺,双氰胺再进一步与水反应生成尿素,尿素再进一步转化成铵态氮和硝态氮肥被作物吸收;另一方面双氰胺在土壤中具有硝化细菌抑制剂的作用,延缓铵态氮向硝态氮转化,因此氰氨化钙是一种缓释性氮肥,增加氰氨化钙的施用能明显增加土壤中的碱解氮含量（表8-5）。

表8-5　施用氰氨化钙对土壤碱解氮的影响　　　　　　　　　　mg/kg

处理	对照 （0 g/棵）	硝酸钙 （500 g/棵）	氰氨化钙1 （150 g/棵）	氰氨化钙2 （250 g/棵）	氰氨化钙3 （350 g/棵）
碱解氮	184.94	190.31	237.23	257.73	270.93

②氰氨化钙对土壤速效磷的影响。试验结果表明,结合施用氮磷钾化学肥料增施氰氨化钙,明显提高土壤中的速效磷的含量。在桃树上连续4年环状增施氰氨化钙,施肥区土壤中的有效磷较对照提高31.4%（表8-6）。

表8-6　施用氰氨化钙对土壤速效磷的影响　　　　　　　　　　mg/kg

处理	对照 （0 g/棵）	硝酸钙 （500 g/棵）	氰氨化钙1 （150 g/棵）	氰氨化钙2 （250 g/棵）	氰氨化钙3 （350 g/棵）
速效磷	86.33	80.82	130.73	144.72	148.36

③氰氨化钙对土壤速效钾的影响。试验结果表明,结合施用氮磷钾化学肥料增施氰氨化钙,明显提高土壤中的速效钾的含量。在桃树上连续4年环状增施氰氨化钙,施肥区土壤中的速效钾较对照提高22.4%（表8-7）。

表8-7　施用氰氨化钙对土壤速效钾的影响　　　　　　　　　　mg/kg

处理	对照 （0 g/棵）	硝酸钙 （500 g/棵）	氰氨化钙1 （150 g/棵）	氰氨化钙2 （250 g/棵）	氰氨化钙3 （350 g/棵）
速效钾	130.2	135.7	153.1	159.4	165.7

④氰氨化钙对土壤钙的有效性的影响。氰氨化钙是含钙量和钙的有效性均较

高的钙肥,在目前所有钙肥中,氰氨化钙的含钙(Ca)量仅次于石灰石和生石灰,达到35%,氯化钙和硝酸钙仅为18%～19%(表8-8)。但石灰石和生石灰钙肥的有效性非常低,而且易溶于水的硝酸钙和氯化钙有效性也较低。结合施用氮磷钾化学肥料增施氰氨化钙,氰氨化钙在土壤中遇土壤水反应生成的酸性氰氨化钙与土壤胶体上的氢离子发生阳离子代换,形成土壤胶体钙,能够有效防止钙的固定和流失,明显提高土壤中的有效钙的含量,显著提高了钙肥利用率。在桃树上连续4年环状增施氰氨化钙,施肥区土壤中的交换性钙较对照提高11.6%(表8-9)。

表8-8　不同肥料的含钙量及供钙强度

钙肥	主要	有效成分/%			供钙
种类	成分	CaO	N	P_2O_5	强度
生石灰	CaO	80～90			极低
熟石灰	$Ca(OH)_2$	≥60			极低
石膏	$CaSO_4$	33			极低
硝酸钙	$Ca(NO_3)_2$	27	15		低
氰氨化钙	$CaCN_2$	50	19.8		高
磷矿粉	$CaF(PO_4)_3$	30～45		19～30	极低
普通过磷酸钙	$Ca(H_2PO_4)_2 \cdot H_2O + CaSO_4$	18～30		12～20	极低
重过磷酸钙	$Ca(H_2PO_4)_2 \cdot H_2O$	19		46	极低
钙镁磷		≥32		12～18	极低
氯化钙	$CaCl_2$	>26			低
炉渣钙肥	CaO	>20			极低

表8-9　氰氨化钙对土壤交换性钙的影响　　　　　　　　　mg/kg

处理	对照 (0 g/棵)	硝酸钙 (500 g/棵)	氰氨化钙1 (150 g/棵)	氰氨化钙2 (250 g/棵)	氰氨化钙3 (350 g/棵)
交换性钙	4 726	4 779	4 916	4 995	5 273

⑤氰氨化钙对土壤中微量元素的影响。试验结果表明,在施用氮磷钾肥料的同时增施氰氨化钙,土壤中的锌、硼有效性有降低的趋势,镁的有效性有提高的趋势,但增加或降低都不是很显著。而对铁的有效性显著提高,对铜的有效性显著降低(表8-10)。

表 8-10　施用氰氨化钙对土壤中微量元素的影响　　　　　　　mg/kg

处理	对照 （0 g/棵）	硝酸钙 （500 g/棵）	氰氨化钙 1 （150 g/棵）	氰氨化钙 2 （250 g/棵）	氰氨化钙 3 （350 g/棵）
锌	3.82	3.61	3.49	3.1	3.04
硼	0.65	0.69	0.61	0.6	0.53
铜	1.36	1.31	0.61	0.56	0.48
铁	59.4	57.32	97.27	110.21	117.34
镁	275	273.63	278.13	288.63	292.51

（7）降低土壤盐渍化作用：土壤盐渍化是指易溶性盐分在土壤表层积累的现象或过程。产生土壤盐渍化的原因主要表现在以下几方面。

第一，气候条件。自然降雨少，土壤蒸发量大，土壤底层或地下水的盐分随毛管水上升到地表，形成土壤盐渍化。

第二，与灌溉水有关。灌溉水浇灌量大或者灌溉水含盐量高都能加快土壤盐渍化进程。

第三，施肥条件。不同的化学肥料的盐分指数不同（表 8-11）。所谓肥料的盐分指数是指一定量的肥料施入土壤中增加土壤溶液渗透压程度的指数。施用盐分指数高的化学肥料会提高土壤溶液的盐浓度，从而提高土壤的盐渍化程度。相反，施用盐分指数低的化学肥料，土壤溶液的盐浓度就低，土壤的盐渍化程度相应就低。另外，超量施用化学肥料，也会提高土壤溶液的盐浓度，即施肥量越大，土壤溶液的盐浓度越高，土壤盐渍化程度就越高。相反，施肥量小，土壤溶液的盐浓度就低，土壤盐渍化程度也低。

表 8-11　常见肥料盐分指数比较

肥料名称	盐分指数/%	肥料名称	盐分指数/%
硫酸铵	104.7	硝酸铵	69.1
硝酸钠	100	石灰	61.1
37%硝铵溶液	77.8	硝酸钙	52.5
尿素	75.4	氰氨化钙	31.0
硝酸钾	73.0		

范永强的研究显示，氰氨化钙能加快土壤中的有机物如动植物残体、施用的有机肥料等的腐熟与分解，快速转化成含氮化合物（如氨基酸态和氨基糖态等）、糖类物质（如六碳糖、五碳糖、甲基糖、糖醛酸、纤维素和果胶物质等）和有机磷、有机硫

化合物,形成的含氮化合物、糖类物质等与土壤溶液中的矿物质养分(如钾、钙、镁、铜、锌、铁、锰等)形成络合物,从而降低土壤溶液中的盐浓度,有效预防土壤盐渍化的发生,特别是对保护地栽培或长期连作的土壤效果更加明显。

5.氰氨化钙日光高温闷棚消毒技术防控草莓土传病害及连作障碍

(1)氰氨化钙日光高温闷棚消毒技术原理及作用:氰氨化钙是一种高效的土壤消毒剂,其消毒原理是指氰氨化钙遇水分解后生成气体的单氰胺和液体的双氰胺对土壤中的真菌、细菌等有害生物具有广谱性的杀灭作用,可防治多种土传病害及地下害虫,并且对一直困扰设施农业生产的根结线虫也有一定的防治效果。氰氨化钙日光高温闷棚消毒技术是一项全面解决设施草莓土传病害及土壤连作障碍问题的技术。主要适用于种植年限较长、连作障碍严重、根结线虫病等土传性病害日趋严重的草莓大棚或日光温室。氰氨化钙消毒技术的突出作用是能促进有机物腐熟,改良土壤结构,调节土壤酸性,消除土壤板结,增加土壤透气性,减轻病虫草的危害,降低蔬菜水果中亚硝酸盐的含量等。贾海燕等的研究表明,氰氨化钙日光土壤消毒过程中,其分解产物可使土壤 pH 上升 1.5~2.0,铵态氮含量上升 2.0 mg/kg,分解产生的热量可使地温升高 1~3 ℃。田间试验结果表明,氰氨化钙可有效地抑制 0~20 cm 土层的黄瓜枯萎病菌,抑菌效果随消毒时间增加逐渐增强,消毒处理 5 d,黄瓜枯萎病菌致死率为 23.6%~31.1%,消毒处理 15 d,致死率可达 76.5%~84.7%;氰氨化钙田间用药量 800~1 200 kg/hm² 对根结线虫病表现出很好的防治效果,可使蔬菜根结指数降低 60%~90%。

广西壮族自治区农业科学院叶云峰和洪日新的研究表明,氰氨化钙在整个使用过程中未产生对环境有害的物质,虽然在土壤中分解产生的氰胺类物质可以持续数月,保持长效消毒作用,但最终分解为可被作物吸收的养分,没有残留,属于无公害农用制剂。其分解产生的碱性物质如氢氧化钙和其本身的碱性都能提高土壤的 pH,可用于酸性土壤改良;其本身含有的钙元素在分解后释放到土壤中,与带有负电荷的土壤胶体反应,有利于土壤团聚体的形成,改善土壤结构,改良土壤的透气保水性能。因此,氰氨化钙的作用机理就表现为杀菌剂、杀虫剂、缓效氮肥和土壤改良剂的多重功效。

(2)氰氨化钙日光高温闷棚消毒前的准备

①处理时间。7—8月,选择连续晴天天气。

②清理大棚。清理大棚内的作物残枝落叶等。

③撒施碎秸秆(小麦、水稻、玉米等作物秸秆,长度<10 cm)800~1 000 kg,或羊粪、兔粪 5~10 m³。

④撒施氰氨化钙 30~40 kg。

116

⑤旋耕 20～30 cm。

⑥做宽度 50～100 cm、高度 30～40 cm 畦。

⑦覆盖地膜或旧的大棚膜等。

⑧在膜下浇自然水或羟基氧化液（臭氧水，见羟基氧化液部分），浇水量 30～50 m³。

注意事项：高温闷棚的时间长短与氰氨化钙施用量大小、大棚内温度高低和大棚土壤含水量多少有关系。氰氨化钙施用量越大，闷棚时间就越长；大棚内温度越高，闷棚时间越短。大棚土壤田间持水量低于相对持水量的 70% 才能具有闷棚的作用。因此，闷棚期间特别是闷棚的前几天，要检查大棚土壤含水量，如果发现因土壤渗水快而引起土壤含水不足时，要及时补充水分。

（3）氰氨化钙日光高温闷棚消毒的操作技术

①密闭大棚（闷棚），快速升温。要关好日光温室大棚风口，盖好棚膜，防止雨水进入，确保棚室迅速升温，使地表 10 cm 温度达到 70 ℃ 以上，20 cm 地温达到 45 ℃ 以上。

②闷棚时间宜长不宜短。闷棚时间可根据作物歇茬期长短确定，一般至少闷棚 20～30 d，越长越好，以达到杀死深根性土传病原菌和地下害虫卵蛹的目的。

③做好闷棚的善后工作，提高闷棚效果。闷棚结束后，要及时翻耕土壤，翻耕后一般要晾晒 2～5 d 才可种植作物。

注意事项：在施用氰氨化钙前、中、后 24 h 内，严禁饮酒或饮用含酒精的饮料。施用方法与施用量要严格按照产品说明书进行操作。

二、氯化苦

氯化苦（chlorpicrin）又名氯苦、硝基氯仿，化学名称为三氯硝基甲烷，分子式为 CCl_3NO_2，是一种对真菌、细菌、昆虫、螨类和鼠类均有杀灭作用的熏蒸剂，尤其对重茬病害有很好的防治效果。连续使用对土壤及农作物无残留，也无不良的影响。对地下水无污染。

1. 基本性质

（1）理化性质：氯化苦纯品为无色或黄色油状液体，有极强的催泪性。熔点为 −69.2 ℃，沸点为 112 ℃，相对密度为 1.656，蒸气压为 2.44 kPa/20 ℃、3.17 kPa/25 ℃、10.8 kPa/30 ℃。几乎不溶于水，但易溶于苯、乙醇、煤油及脂肪等多种溶剂。在空气中能挥发成气体，其气体质量比空气质量大 4.67 倍，但挥发速度较慢，扩散深度为 0.75～1 m。易被多孔物质和活性炭吸附，特别是在潮湿物上，可以保持很久。

氯化苦化学性质比较稳定，除遇发烟硫酸和亚硝基硫酸可分解成光气

(COCl$_2$)外,不易与其他酸、碱发生作用,无爆炸和燃烧性。遇亚硫酸钠可分解,可以用该方法消除氯化苦的毒性。

(2)剂型:99.5%氯化苦原液。

(3)注册信息

①CAS号(美国化学文摘社登记号)为76-06-2。

②RTECSK号(化学物质毒性作用登记号)为PB6300000。

③UN编号(联合国危险货物运输专家委员会对危险物质制定的编号)为1580。

④危险物编号为61051。

(4)应用范围及作用特点:氯化苦具有杀虫、杀菌、杀线虫和灭鼠等作用,但毒杀作用比较缓慢。药效与温度呈正相关,温度高时,药效显著。

2.施药技术

氯化苦属于危险化学品,是我国公安部、应急管理等部门专项管理的产品之一。该产品用于农业土壤消毒,防治草莓重茬病害。经试验,效果良好,且无残留、无公害。发达国家将该产品主要用于土壤消毒,是联合国甲基溴技术选择委员会(MBTOC)推荐的重要替代产品之一。但该产品在施药技术、安全运输保管、专用施药机械、工具养护等方面有严格要求。

(1)施药量:试验表明,在防治草莓重茬病害时,使用30~50 g/m²。重茬年限越长,使用量越高。通常草莓品种全明星和丰香抗病性较差,用药量高,而日本3号、日本19、达赛莱克特较抗病,用药量可稍低(表8-12)。

表8-12　氯化苦登记施药量

登记作物	防治对象	用药量	施用方法
草莓	黄萎病	240~360 kg/hm²	土壤熏蒸
姜	姜瘟病	621~869 kg/hm²	土壤消毒
花生	根瘤线虫	500 kg/hm²	开沟施药
茄子	黄萎病	292.5~447.75 kg/hm²	注射法土壤熏蒸,施药后盖地膜
甜瓜	黄萎病	275~382.5 kg/hm²	土壤熏蒸
东方百合	根腐病	375~525 kg/hm²	土壤消毒
烟草	黑胫病	373.125~522.375 kg/hm²	土壤熏蒸
农田	田鼠	5~10 g/鼠穴	细沙与药混合投入

(2)土壤条件:首先,旋耕20 cm深,充分碎土,捡净杂物,特别是作物的残根。由于氯化苦不能穿透病残体的内部,不能杀灭残体内部的病原菌,这些病原菌很容易成为新的传染源。土壤湿度对氯化苦的使用效果有很大的影响,湿度过大、过小

都不宜施药。参考施药前的准备部分。

（3）施药时间：每天 4：00 至 10：00，16：00 至 20：00，以避开中午天气暴热时间。

（4）施药方法

①人工注射法。用手动注射器将氯化苦注入土壤中，注入深度为 15～20 cm，注入点的距离为 30 cm，每孔注入量为 2～3 mL。注入后，用脚踩实穴孔，并覆盖塑料布。需逆风向作业。施药时，土温至少在 5 ℃以上。

②动力机械施药法。必须使用专用的施药机械进行施药。

③覆膜熏蒸。在施药前，首先让用药农户准备好农膜，施药后应立即采取用塑料膜覆盖，边注药边盖膜，防止药液挥发。用土压严四周，不能跑气漏气。施药时需随时观察，发现漏气，及时补救，否则影响药效。严重者应重新施药进行熏蒸。覆盖农膜的时间因地温不同而不同。低温（5～15 ℃），覆盖 20～30 d；中温（15～25 ℃），覆盖 10～15 d；高温（25～30 ℃），覆盖 7～10 d。

（5）注意事项

①向注射器内注药时避开人群，将注射器插入地下。人在上风向站立注药，注完后迅速拧紧注射器盖子，然后再向地里打药。

②施药地块周边有其他作物时，特别是下风向、低洼地块，周边有草莓秧、葡萄树、叶菜类植物等其他作物，需用塑料布将其他作物盖住或用塑料布架一道墙遮挡，或边注药边盖膜，防止农药扩散，影响其他作物生长。

③施药地为小面积低洼地且旁边还有其他作物时，无明显风力不宜施药。

④施药操作人员在施药时，必须穿长袖衫、长裤，戴手套，严禁光脚和皮肤裸露。

⑤向工具里注药和向土壤里施药时，必须戴好专业的防毒口罩和防护眼镜。

⑥施药时，杜绝人群围观。施药地块下风向有其他劳动人群时，应另选时间施药。施药现场禁止儿童玩耍。

⑦施药人员在带药下地和取药过程中，要轻拿轻放，需把药和运输工具捆绑牢固，防止破碎和丢失。一旦掉地摔破，药液溢出，应立即用干土掩埋。如在室内出现上述情况，人员应远离，打开门窗，充分通风，然后用干土掩埋，待药液被干土吸收后，用塑料袋将土装出，封好口，拿到室外，埋入地下。

⑧每天根据用药量取药。如当天没有用完，应妥善保管，不准失盗，一旦失盗应立即报告情况，以便追查。

⑨施药人员下地，应自带清水（用 20 kg 容积的塑料桶装），一旦药液进入眼睛，接触皮肤，应立即用清水冲洗，然后用肥皂水洗净，严重者应送到医院诊治。不

准在河流、养殖池塘、水源上游、浇地水沟内清洗工具和包装物品。

3.安全措施

(1)施药前的准备:施药的地块应清理干净前茬作物的残渣,土地应旋耕好,施药地点不要让儿童或家禽进入。地块上不能有绿色植物,施药必须使用专用土壤注射器或动力土壤消毒机,并检查设备完好性。绝对不准沟施或洒施,以防中毒或污染。备好施药用的防护用具,如胶皮手套、防毒面具等。施药时,操作者应站在上风向(详见设备使用说明书)。施药作业人员应经过安全技术培训,培训合格后方能操作。滤毒罐超重 20 g,要更换新罐。

(2)施药时的安全:施药时,存放氯化苦的地点应设立安全警示牌,要有特殊情况下的安全通道。施药过程中,手动注射器应保持基本垂直状态,注射器与地面夹角不得小于 $60°$。一组施药人员操作手动注射器,应平行顶风操作前行。已施药地块应迅速覆膜,以免氯化苦从土壤中挥发出的浓度过大。不准用注射器向地面或空中注射,注射到土壤中的深度应大于 15 cm,注射针拔出地面,应迅速踩实注射点。棚内作业时,需留有排风口。

(3)施药结束后的安全防护措施

①施药结束后,施药人员应迅速离开现场,剩余药液应倒回药桶或药瓶中。

②手动注射器和机动土壤消毒机应用煤油清洗干净,避免污染,以备再用。所用防毒面具,应用酒精棉擦洗干净,以备再用。

③包装物保管处理。施药人员每天施药完工后,把用过的塑料瓶包装、铁桶包装收集在一起,分类放置,统一进行处理。

④施药动力机具不许带动其他动力,并注意保养。加足机油,以保证正常使用。每天用完施药机械后,应用清水或煤油冲刷,防止腐蚀,影响使用效果。

⑤手动注射工具使用半天后,要用清水或煤油冲刷。

(4)应急措施:氯化苦进入眼中时,马上用大量清水冲洗即可。接触到皮肤时,马上用肥皂水清洗即可。吸入时,立即将吸入者移到新鲜空气的场所,或立即送往医院。一旦遇有氯化苦液体泄漏,立即撒上备用的亚硫酸钠粉末,吸附后,立即装入容器中反应,生成无毒的硝基甲烷磺酸钠盐,其反应方程式如下。

$$CCl_3NO_2 + 3Na_2SO_3 + H_2O \longrightarrow CHNO_2(SO_3Na)_2 + 3NaCl + NaHSO_4$$

三、威百亩

1.基本性质

(1)理化性质:威百亩中文别名维巴姆、保丰收、硫威钠、线克,化学名称为甲基二硫代氨基甲酸钠,英文名称为 metham-sodium,分子式为 $C_2H_4NNaS_2$,分子量为 129.17,熔点-60 ℃,沸点 218 ℃,蒸气压(20 ℃)0.0385 Pa,相对密度(水=1) 1.169(液体),溶解性(g/L,20 ℃)水中 772,乙醇<5。原药外观为白色具刺激气味的结晶样粉末状物,制剂外观为浅黄绿色稳定均相液体,无可见的悬浮物。不溶于大多数有机溶剂,在碱性中稳定,遇酸则分解。

(2)剂型:35%威百亩水剂,42%威百亩水剂。

(3)注册信息

①CAS 号(美国化学文摘社登记号)137-42-8。

②EINECS 登记号(欧洲现有商业化学品目录登记号)25-293-0。

③UN 编号(联合国危险货物运输专家委员会对危险物质制定的编号)2811。

④危险类别为 R22、R31、R34、R50/53。

⑤农药登记证号为 PD20081123(35%)、PD20095715(35%)、PD20101411 (42%)、PD20101546(35%)。

(4)应用范围及作用特点:威百亩为具有熏蒸作用的土壤杀菌剂、杀线虫剂,兼具除草和杀虫作用,用于播种前土壤处理。对黄瓜根结线虫病、花生根结线虫病、烟草线虫病、棉花黄萎病、根病病、苹果紫纹羽病、十字花科蔬菜根肿病等均有效,对马唐、看麦娘、马齿苋、豚草、狗牙根、石茅和莎草等杂草也有很好的防治效果。

2.施药技术

(1)施药量:防治对象不同,使用剂量有很大的差别。一般使用有效剂量为 35 mL/m²,约合 35%威百亩水剂 100 mL/m²。防治根结线虫,用量需进一步提高(表 8-13)。

表 8-13 威百登记施药量

登记作物	防治对象	用药量(35%威百亩水剂制剂用量)/(kg/hm²)
番茄	根结线虫	400~800
黄瓜	根结线虫	400~800
烟草(苗床)	猝倒病	500~750
烟草(苗床)	一年生杂草	500~750

(2)土壤条件:土壤质地、湿度和 pH 对威百亩的释放有影响。在处理前,应确保无大土块。土壤湿度必须是 50%~75%,在表土 5.0~7.5 cm 处的土温为 5~32 ℃。

(3)施药时间:夏季避开中午天气暴热时间施药。

(4)施药方法:威百亩有以下两种施药方法。

121

①滴灌施药。首先安装好滴灌设备,将威百亩试剂溶于水,然后采用负压施药或压力泵混合进行滴灌施药。施药的浓度应控制在 4% 以上,因为过低的浓度,威百亩易分解。用水量应为 $20\sim40$ L/m²。采用滴灌施药应注意下列事项:一是滴灌线密度合理。根据土壤的质地不同,滴灌线的密度(滴灌线的间隔距离)为 $30\sim40$ cm。二是应设立防水流倒流装置。需要特别注意的是,通过吸肥器施药时,应防止药液倒流入水源而造成污染;通过滴灌施用农药,应有防水流倒流装置。在关闭滴灌系统前,应先关闭施药系统,用清水继续滴灌 $20\sim30$ min 后,再关闭滴灌系统。如果无防止水流倒流装置,可先将水放入一个至少 100 L 的贮存桶中,或用塑料布建一个简易水池,然后将水泵施入贮存桶或水池中。

②沟施。在播种前 $2\sim3$ 周,开 $15\sim20$ cm 深的沟,沟距 $25\sim30$ cm,将药液灌施后随即覆土压实,如果覆盖塑料膜,结合太阳能消毒则效果更好。待药效充分发挥后(约 2 周)即可播种或移栽。土壤干燥时应加大稀释倍数,也可先浇底水再施药。

(5)注意事项

①威百亩若用量和施药方式不当,对作物易产生药害,应特别注意。

②该药在稀溶液中易分解,使用时应现配现用。

③该药能与金属盐发生反应,在配制药液时应避免用金属器具。

④不能与波尔多液、石硫合剂及其他含钙的农药混用。

⑤对眼睛、呼吸道黏膜及皮肤具有刺激作用,施药时应佩戴防护用具。

⑥万一接触眼睛,立即使用大量清水冲洗并送医院诊治。

⑦穿戴合适的防护服、手套,并使用防护眼镜或者面罩,使用后的衣物应进行彻底清洗和更换。

⑧出现意外或者感到不适,立刻就医寻求帮助(最好带去产品标签)。

⑨药品残余物和容器必须作为危险废物处理,避免排放到环境中。不准在河流、养殖池塘、水源上游、浇地水垄沟内清洗工具和包装物品。

3. 安全措施

(1)施药前的准备:施药的地块应清理干净前茬作物的残渣,土地应旋耕好,施药地点不要让儿童或家禽进入,地块上不能有绿色植物。施药人员应配备防护用具如胶皮手套、防毒面具等。

(2)施药时的安全措施:施药应快速地进行,操作时不应嗅到威百亩的气味。操作人员应站在上风向。

(3)施药结束后的安全措施:施药结束,施药人员应迅速离开现场,并在施用威百亩的地点设立安全警示牌。剩余药液应倒回药桶或药瓶中。

①残余物和包装物保管处理。残余物和容器必须作为危险废物处理,避免排

放到环境中,造成污染。可以采用溶解或混合在可燃性溶剂中用化学焚烧炉焚烧的方法处理,同时废弃物处理应当采用法律法规允许的处理方法。

②施药机械、工具养护。施药动力机具不许带动其他动力,并注意保养。使用前应加足机油,以保证正常使用。每天用完施药机械后,应用清水或煤油冲刷,防止腐蚀,影响使用效果。

(4)应急措施

①皮肤接触。用大量清水冲洗至少 15 min,重新穿着衣物前,必须经过清洗。

②眼睛接触。分开眼睑,用大量流动清水冲洗至少 20 min,或送医院诊治。

③吸入。如果不慎吸入气体中毒时,应立即将患者移到新鲜空气处,保持安静和温暖。切勿随便进行人工呼吸,病情严重者送医院就医。

④食入。不慎食入,应立即催吐。如果有吞咽,用大量水直接清洗口腔,给其喝水或牛奶,然后就医。

(5)消防措施

①危险特性。对人体健康有害,对环境有影响。酸性条件下释放出硫化氢和异硫氰酸甲酯有毒气体 。

②有害燃烧产物。CO、CO_2、SO_x、NO_x。

③灭火方法及灭火剂。此物质不易燃烧,但可以助燃。可用适当的灭火剂围住火源。可使用二氧化碳、干粉、泡沫灭火。

④应急处理。隔离危险地带,使用适当的通风措施,疏散人群于上风向。建议应急处理人员穿戴有明确压力模式的自给式呼吸器、防护服和防护眼镜。

⑤消除方法。若为少量的溢出和泄漏,则用吸附性材料(如泥土、锯屑、稻草、垃圾等)覆盖吸收液体,然后清扫到一个开口的桶内,用家用清洁剂和刷子刷洗污染的地点。用水清洗成浆状,吸收并清扫到同一个桶内。将桶封闭,进行废物处理。

若为大量的溢出和泄漏,则用围堰将泄漏物围住,以防止对水源造成污染。将围住的物料用虹吸的方法放入桶内,根据当时的情况进行重新使用或废物处理。像少量的泄漏那样,清洗受污染的地点。

四、棉隆

棉隆(dazomet),又名必速来、二甲噻二嗪。化学名称为 3,5-二甲基-3,4,5,6-四氢化-2H-1,3,5-硫二氮苯-2-硫酮。分子式为 $C_5H_{10}N_2S_2$。

1.基本性质

(1)理化性质:纯品为无色晶体,熔点 104～105 ℃(分解,原药),蒸气压为 0.37 MPa(20 ℃),密度 1.37 g/cm³,闪点 156 ℃,20 ℃时溶解度为水中 3 g/L、环己烷中 400 g/L、氯仿中 391 g/L、丙酮中 173 g/L、苯中 51 g/L、乙醇中 15 g/L、乙醚中 6 g/L。棉隆中等稳定,但对水及 35℃以上温度敏感。

(2)剂型:登记的主要剂型有 98％微粒剂和 98％原液。

(3)注册信息

①CAS 号(美国化学文摘社登记号)533-74-4。

②EINECS 登录号(欧洲现有商业化学品目录登记号)208-576-7。

③RTECS(化学物质毒性作用登记)号 XI2800000。

④UN 编号(联合国危险货物运输专家委员会对危险物质制定的编号)30779/PG3。

⑤EC 编号 613-008-00-X。

⑥农药登记证号 PD20070012、PD20070013、LS20080654。

⑦危险货物编号 61904。

(4)应用范围及作用特点:棉隆是一种广谱性的土壤熏蒸剂,可用于苗床、新耕地、盆栽、温室、花圃、苗圃、木圃及果园等。棉隆施用于潮湿土壤中,会产生异硫氰酸甲酯气体,迅速扩散至土壤团粒间,能有效地杀灭土壤中各种病原菌、线虫、害虫及杂草。对土壤中的镰刀菌、腐霉菌、丝核菌、轮枝菌和刺盘孢菌等,以及短体线虫、肾形线虫、矮化线虫、剑线虫、垫刃线虫和孢囊线虫等有效,对萌发的杂草和地下害虫也有很好的防治效果。

2.施药技术

(1)施药量:棉隆的用药量受土壤质地、土壤温度和湿度等的影响,登记用药量见表 8-14。施药后均应当立即混土,然后覆盖塑料薄膜。

表 8-14　98％棉隆微粒粉剂登记用药量

登记作物	防治对象	用药量(制剂用量)/(kg/hm²)	施用方法
番茄(保护地)	线虫	300～450	土壤处理
草莓	线虫	300～400	土壤处理
花卉	线虫	300～400	土壤处理

棉隆对棉花枯、黄萎病有良好的防治效果。每平方米 40 cm 深的病土中拌入 70 g 原粉,或用 135 g 的 50％棉隆可湿性粉剂溶于 45 kg 水中浇灌,均可彻底消除病原菌。

(2)施用时间:播种或定植前使用,夏季避开中午天气暴热时间施药。

(3)施用方法:施药前应仔细整地,撒施或沟施,深度 20 cm。施药后立即混土,加盖塑料薄膜,如土壤较干燥,施用棉隆后应浇水,相对湿度应保持在 76％以上,然后覆上塑料薄膜,土壤的温度应在 6℃以上,最好在 12～18℃。覆膜天数受气温条件影响,温度低,覆膜时间就长。揭膜后,翻土透气,土温越低,透气时间越长。土温与施药间隔期的关系见表8-15,因为棉隆的活性受土壤的温度、湿度及土壤结构的影响较大,施药的剂量应根据当地条件进行调整。

表 8-15 棉隆使用程序

土壤温度/℃		密封时间/d		通气时间/d		安全试验时间/d	
25	开始施药	4	松土	2	安全试验	2	可以种植
20		6		3		2	
15		8		5		2	
10		12		10		2	
5		25		20		2	

(4)注意事项

①施药时,应穿靴子和戴橡皮手套等安全防护用具,避免皮肤直接接触药剂,一旦沾污皮肤,应立即脱去污染的衣物,并用大量流动的清水和肥皂水彻底冲洗。

②施药后应彻底清洗用过的衣服和器械,废旧容器及剩余药剂应妥善处理和保管。

③该药剂对鱼有毒,应防止污染池塘。

④该药剂应密封于原包装中,并存放在阴凉、干燥的地方,不得与食品、饲料一起贮存。

⑤严禁拌种使用。

3.安全措施

(1)施药前的准备:施药的地块应清理干净前茬作物的残渣,土地应旋耕好,施药地点不要让儿童或家禽进入。地块上不能有绿色植物。操作人员使用前,要认真阅读农药标签或请教有关技术人员。使用时应严格遵守《农药安全使用操作规程》。建议操作人员佩戴防毒面罩或口罩,戴化学安全防护眼镜,穿防毒物渗透工作服,戴橡胶手套。

(2)施药时的安全措施:施药时,存放棉隆的地点要设立安全警示牌,远离火种、水源、热源,工作场所严禁吸烟。配药时要远离儿童、家禽和水源。

(3)施药结束后的安全措施:施药结束,施药人员应迅速离开现场,剩余药品应倒回药桶并密封。所用防毒面具用酒精棉擦洗消毒,以备再用。用过的农药包装物要单独收集,集中进行焚烧或深埋。

(4)应急措施

①泄漏应急处理。

A.首先立即清理泄漏源,避免泄漏物扩散到土壤中或者进入水体。

B.操作者必须穿戴安全防护服。

C.必须用吸附剂吸附泄漏范围内的泄漏物,并置于统一的设备中。

D.最后必须将所有用于清理的物品清理干净,按照有关法规进行处理。

②急救应急处理。

A.皮肤接触的应立即脱去污染衣物,用清水或者肥皂水冲洗。严重时,及时送医院治疗。

B.眼睛接触的应用大量清水冲洗眼睛并及时送医院治疗。

C.有吸入的应将患者移至新鲜空气处,如果患者已经没有呼吸,给予人工呼吸,并及时送医院治疗。

D.有食入的应给患者饮水 1～2 杯,引导呕吐。如果患者已经失去意识,不要给予任何食物,立即送医院治疗。

(5)消防措施

①危险特性。高于闪点时可产生大量的蒸汽,能引起大范围着火。

②燃烧可产生有害气体,有害燃烧产物为一氧化碳等。

③灭火方法及灭火剂。灭火剂有泡沫、干粉、二氧化碳。

④灭火时使用合适的灭火设备,灭火员必须穿戴安全防护服,避免气体、烟尘和燃烧物的吸入。用水灭火可引起一定的环境危害。如果用水灭火,则必须将所用水回收,避免环境污染。

五、1,3－二氯丙烯

1.基本性质

(1)理化性质:分子式为 $C_3H_4Cl_2$,分子量为 110.97。原药外观无色或呈淡黄色液体,有刺激性甜味。相对密度(20 ℃)为 1.211,折射率为 1.437 0(顺式)、1.468 2(反式),相对密度为 1.217 0(顺式)、1.224 0(反式),蒸气压为 3.73 kPa(25 ℃),闪点为 35 ℃,气体密度为 3.8 g/L(20 ℃),熔点为－84 ℃,沸点为 112 ℃(顺式)、104.3 ℃(反式),微溶于水,可溶于乙醚、苯、氯仿、丙酮、甲苯和辛烷溶液。

(2)剂型:国际上已取得登记或曾经登记的商品主要有 93.6%1,3-DEC;70.7%1,3-DEC;97.5%1,3-DEC。

(3)注册信息

①CAS 号(美国化学文摘社登记号)542-75-6 。

②危险物编号 33528 。

(4)应用范围及作用特点:1,3-二氯丙烯主要用途是作为土壤熏蒸杀线虫剂,用于果树、草莓、葡萄、甘薯、瓜类、烟草、胡萝卜、番茄、花椰菜、甜菜、花生和花卉等多种作物种植前土壤处理,对线虫、地下害虫、植物病原菌和杂草都有一定的防治效果。1,3-二氯丙烯不同于接触性杀线虫剂的是:1,3-二氯丙烯通过本身的蒸汽移动熏蒸杀线虫,而接触性杀线虫剂则需要通过水或混合土壤达到杀线虫效果,所以 1,3-二氯丙烯能提供更有效、更持久的保护作物的效果。土壤温度和湿度影响其效果,最适土壤温度为 21～27 ℃,土壤湿度为 5％～25％,过干过湿都不好。用药量根据土壤线虫情况,每亩用 15～20 L,用量砂质土＞壤质土＞黏土。施药方法:可进行点洞施药,点洞深 15 cm,直径 2 cm,相距 30 cm,形成等边三角形排列,每洞灌药 2～3 mL,7～14 d 后进行播种或移植。地温在 15 ℃以下,湿度大的土壤要再延长 1 周才能播种。1,3-二氯丙烯对皮肤、眼、呼吸道黏膜有强烈的刺激作用。长时间与皮肤接触能导致烧伤。由于 1,3-二氯丙烯蒸汽对作物有较强的接触性毒害作用,田间如果有作物时,必须距离作物 50 cm 以上。为了节省用药,可采用播沟处理,用药量为土壤处理的 1/3～1/2,或采用植穴处理方法,用药量为土壤处理用药量的 1/10。1,3-二氯丙烯具有慢性毒性和急性毒性,且在水中的残留会对环境和人类健康产生较大影响。目前 1,3-二氯丙烯残留引起的水污染问题在美国许多州已有报道,因此,美国新的环境保护法规对 1,3-二氯丙烯的应用地区和使用剂量都做了严格的限制。近年来发现,1,3-二氯丙烯与氯化苦混用具有很好的效果,并出现商品化的剂型,如 Telone C-17(78.3％1,3-二氯丙烯＋16.5％氯化苦)和 TeloneC-35(61.8％1,3-二氯丙烯＋35％氯化苦),两者混用能显著扩大防治谱。近年来,随着溴甲烷的淘汰,1,3-二氯丙烯与氯化苦的混合物已成为溴甲烷的良好替代品之一。

2. 施药技术

(1)土壤条件:土壤施药处最低温度不能低于 4 ℃,低于 4 ℃,1,3-二氯丙烯蒸汽移动速度慢,不建议施药。通常情况下,砂壤土或砂土有利于药剂在土壤间隙之间的扩散发挥药效。

(2)施药剂量:药剂的施药剂量主要受以下 3 个方面的因素的影响:第一,作物的轮作制度;第二,历史发病情况及土壤中线虫的发生程度;第三,产量的预期。1,3-二氯丙烯的最大施用量见表 8-16。

表 8-16　线虫控制量的施用量

作物	施用量/(kg/hm²)
大田作物	100～200
水果	100～300

(3)施药方法:1,3-二氯丙烯乳油施药方法主要有两种,即滴灌施药和注射施药。

①滴灌施药。只能使用由铜、不锈钢、钢铁、聚丙烯、尼龙、聚四氟乙烯、硬聚氯乙烯(PVC)、三元乙丙橡胶的氟橡胶(VITON0)构成的滴灌系统。硬 PVC 不能与未稀释的或高于 1 500 mg/L 的 1,3-二氯丙烯乳油接触,不要使用由铝、镁、锌、镉、锡、合金或乙烯基构成的滴灌管道。滴灌灌水器应安置在距滴灌线 30~60 cm 的地方。在处理区域内种植施药具体步骤如下。

步骤 1:砂土在处理前需预浇水。在处理区域灌溉足够的水以增加土壤湿度到或接近其田间最大持水量。然后按照说明施药。

步骤 2:选择合适的 1,3 二氯丙烯乳油施药剂量,以使处理区保持足够的土壤湿度接近或达到田间最大持水量。滴灌的 1,3 二氯丙烯乳油浓度必须为 500~1 500 mg/L,不要超过 1 500 mg/L。1,3-二氯丙烯乳油分布到滴灌系统之前需通过计量器和混合装置(离心泵或静态混合器)以确保合适的搅动。如发生积水、烂泥和溢流,要立即停止施药,并覆盖土壤吸收。

步骤 3:施药后继续用未处理过的水冲洗灌溉系统,不能有 1,3-二氯丙烯乳油残留。至少保持土壤 14 d 内不受干扰,然后再进行常规的作物种植管理活动。

②注射施药。同氯化苦注射施药。

(4)注意事项

①种植间隔。施药后 14 d 不要种植,保持土壤不受干扰。低温或是湿润条件下的土壤则需要更长间隔时间。熏蒸后,为避免毒性危害植物,种植前可让熏蒸剂消散完全。在最佳土壤消散条件下,10 g/m² 的施药量施药 14 d 后,推荐消散 1 周。种子可作为检测 1,3-二氯丙烯乳油的存在量是否会引起植物损害的生物鉴定物。如果还有 1,3-二氯丙烯乳油的气味存在则不要种植。

②仅通过地表和地下滴灌系统进行施药。不得使用其他任何类型的灌溉系统。

③药水的非均匀分布会导致作物药害或有效性缺乏。

④如果对设备标度有疑问,联系推广服务专家、设备制造商或其他专家。

⑤不要将施药的灌溉系统与公共供水系统连接,除非农药标签标明其是安全的。除了标签上所描述的,不得使用其他任何类型的灌溉系统。

⑥只有了解化学熏蒸系统并懂得操作的人员,或是在负责人的监管之下的人员,才能操作这个系统,并在需要的时候对其做出调整。

⑦灌溉管道中必须安装止回功能阀和真空安全阀,设置低压排水沟,以防止回流污染水源。

⑧农药注射管道需安装一个自动快速关闭止回功能阀,来防止液体回流到给

药源头或注射泵。

⑨农药注射管道的入口还需含有一个自动正常关闭的止回功能阀,它与系统连锁以防止当系统自动或手动关闭时供水槽的液体回流。系统需包含一个功能性连锁装置,当水泵发动机关闭时可以自动关闭药品注射器。灌溉管线或水泵需含有一个压力开关,当水压低到对药水分布产生不利影响时,它会关闭水泵发动机。注射系统需使用一个计量泵,如容积注射泵或隔膜泵,文丘里系统或一个装 1,3-二氯丙烯乳油的安全压力缸需配备一个计量阀和流量计,这套装备的材料必须能与 1,3-二氯丙烯乳油兼容并能与系统连锁。使用合适的滴管将 1,3-二氯丙烯乳油注射到灌溉水流中,这样可以防止未稀释的药品在注射的瞬间接触到PVC 管。

3.安全措施

(1)施药前的准备:施药的地块应清理干净前茬作物的残渣,土地应旋耕好,施药地点不要让儿童或家禽进入。地块上不能有绿色植物。施药人员应配备防护用具如胶皮手套、防毒面具等。

(2)施药时的安全措施:施药应快速地进行,操作人员应站在上风向。

(3)施药结束后的安全措施:施药结束后,施药人员应迅速离开现场,并在施用 1,3 二氯丙烯的地点设立安全警示牌。剩余药液应倒回药桶或药瓶中。

①残余物和包装物保管处理。残余物和容器必须作为危险废物处理,避免排放到环境中,造成污染。可以采用溶解或混合在可燃性溶剂中用化学焚烧炉焚烧的方法处理。同时废弃物处理应当遵守法律法规允许的处理方法。

②施药机械、工具养护。施药动力机具不许带动其他动力,使用前应加足机油,以保证正常使用。每天用完施药机械后,注意保养。应用清水或煤油冲刷,防止腐蚀,影响使用效果。

(4)应急措施

①泄漏应急处理。

A.迅速撤离泄漏污染区人员至安全区,并进行隔离,严格限制出入,切断火源,建议应急处理人员应戴自给正压式呼吸器,穿消防防护服,尽可能切断泄漏源,防止污染物进入下水道、排洪沟等限制性空间。

B.少量泄漏。用砂土或其他不燃材料吸附或吸收,也可以用不燃性分散剂制成的乳液刷洗,洗液稀释后放入废水系统。

C.大量泄漏。构筑围堤或挖坑收容。用泡沫覆盖,降低蒸汽灾害,用防爆泵转移至槽车或专用收集器内,回收或运至废物处理场所处置。

②防护措施。

A.呼吸系统防护。可能接触其蒸汽时,应该佩戴自吸过滤式防毒面具(全面罩),紧急事态抢救或撤离时,建议佩戴自给式呼吸器。

B.眼睛防护。呼吸系统防护中已作防护。

C.身体防护。穿胶布防毒衣。

D.手防护。戴橡皮手套。

E.其他。工作现场禁止吸烟、进食和饮水。工作完,沐浴更衣,注意个人清洁卫生。

③急救措施。

A.皮肤接触。立即脱去被污染的衣物,用大量流动清水冲洗,至少 15 min,就医。

B.眼睛接触。立即提起眼睑,用大量流动清水或生理盐水彻底冲洗至少 15 min,就医。

C.吸入。迅速脱离现场至空气新鲜处,保持呼吸道通畅。如呼吸困难,给输氧;如呼吸停止,立即进行人工呼吸并就医。

D.食入。误服者用水漱口,给饮牛奶或蛋清,立即就医。

E.灭火方法。喷水冷却容器,可能的话将容器从火场移至空旷处。

F.灭火剂。泡沫、二氧化碳、干粉、砂土。

六、硫酰氟

硫酰氟,商品名为硫酰氟、熏灭净、Vikane、ProFume,英文通用名 sulfuryl fluoride (ISO-E),分子式为 SO_2F_2,1957 年由 Kenaga 报道了本品的杀虫性质,由 Dow Chemical Co.（现为 Dow AgroSciences）于 1960 年首次开发,获专利 US2875127、US3092458。

1.基本性质

(1)理化性质:纯品在常温下为无色无味气体。沸点为 $-55.2\ ℃$,熔点为 $-136.7\ ℃$,蒸气压为 $1.7\times10^3\ kPa(21.1\ ℃)$,相对密度为 1.36(20 ℃)。密度:气体(空气=1)2.88,液体(在 4 ℃时,水=1)1.342。25 ℃时蒸气压为 $1.79\times10^6\ Pa$,10 ℃(SOF)时为 1.22 MPa。1 kg 体积为 745.1 mL,1 L 质量为 1.342 kg。溶解性(25 ℃,1 个大气压):水中 750 mg/kg,四氯化碳中 1.36～1.38 L/L,乙醇中 240～270 mL/L,甲苯中 2.1～2.2 L/L。在干燥时大约 500 ℃下是稳定的,对光稳定。在碱溶液中易水解,但在水中水解缓慢。硫酰氟易于扩散和渗透,其渗透扩散能力比溴甲烷高 5～9 倍。易于解吸(即将吸附在被熏蒸物上的药剂通风移动),一般熏蒸后散气 8~12 h 后就难以检测到药剂了。无腐蚀,不燃不爆。

(2)剂型:99%的熏蒸剂、气体制剂及原药;99.8%原药;99.8%原药及气体制剂;50%的杀虫气体制剂。

(3)注册信息

①CAS号(美国化学文摘社登记号)2699-79-8。

②UN编号2191。

③危险物编号23034。

(4)应用范围及作用特点:硫酰氟是优良的广谱性熏蒸杀虫剂。杀虫谱广、渗透力强、用药量少、不燃不爆、适合低温下作用。主要通过昆虫呼吸系统进入体内,作用于中枢神经系统而致昆虫死亡。硫酰氟蒸气压低,穿透性强,施用后,能很快栽种下茬作物。硫酰氟在常温甚至极低温度下是气体,可直接用气体分布管输送施药。缺点是硫酰氟水溶性低,土壤湿度较大时,药剂不能穿透至深层土壤。可利用硫酰氟水溶性小的特点,覆盖硫酰氟的塑料膜可用水在四周密封。

2.施药技术

(1)施用时间:播种、定植前施用,并且夏季应避开中午天气暴热、光照强烈时施药。

(2)施药量:硫酰氟在我国黄瓜作物上进行了土壤熏蒸登记。登记用量见表8-17。

131

表 8-17　硫酰氟田间施药量

试验作物	防治对象	用药量/(kg/hm²)	施用方法
黄瓜(保护地)	根结线虫	500~700	分布带施药

(3)施用方法:分布带施药法。

(4)注意事项

①根据动物试验,推荐人体长期接触硫酰氟的安全浓度应低于 5 mg/L。

②施药人员必须身体健康,并佩戴有效防毒面具。施药前要严格检查各处的接头和密封处,不能有泄漏现象,可采用涂布肥皂水的方法来检漏。施药时,钢瓶应直立,不要横卧或倾斜。

③硫酰氟钢瓶应贮存在干燥、阴凉和通风良好的仓库内,严防受热,搬运时应轻拿轻放,防止激烈振荡和日晒。

④硫酰氟对高等动物毒性虽属中等,但对人的毒性很大,能通过呼吸道等引起中毒,主要损害中枢神经系统和呼吸系统,动物中毒后发生强直性痉挛,反复出现惊厥,脑电图出现癫痫波,尸检可见肺肿。如发生头晕、恶心等中毒现象,应立即

离开熏蒸现场,呼吸新鲜空气,可注射苯巴比妥钠和硫代巴比妥钠酸进行治疗。镇静、催眠的药物如地西泮(安定)、硝西泮、盐酸氯丙嗪(冬眠灵)等对中毒治疗无效。

3. 安全措施

(1)施药前的准备:施药的地块应清理干净前茬作物的残渣,土地应旋耕好,施药地点不要让儿童或家禽进入。备好施药用的防护用具,如胶皮手套、防毒面具等。施药时,操作者应站在上风向。施药作业人员应经过安全技术培训,培训合格后方能操作。面具用 1 L 滤毒罐,滤毒罐超重 20 g,要更换新罐。

(2)施药时的安全措施:施药时,存放硫酰氟的地点应设立安全警示牌,要有特殊情况下的安全通道。施药地点应位于上风向。棚内作业时,需留有排风口。

(3)施药结束后的安全措施:施药结束后,剪断分布带,并踩实施药口。拆下施药管道,并将钢瓶安全帽拧紧,最后施药人员应迅速离开现场。所用防毒面具,应用酒精棉擦洗消毒,以备再用。用完的钢瓶应如数回收,按操作规程妥善处置或保管。

(4)应急措施:如发生泄漏,应迅速撤离泄漏污染区人员至上风向处,并立即进行隔离,小泄漏时隔离 150 m,大泄漏时隔离 300 m,严格限制人员出入。建议应急处理人员戴自给正压式呼吸器,穿防毒服。从上风向处进入现场,尽可能切断泄漏源。合理通风,加速扩散。漏气容器要妥善处理,修复,检验后再用。

(5)消防措施

①危险特性。遇水或水蒸气反应放热并产生有毒的腐蚀性气体。若遇高热,容器内压增大,有开裂和爆炸的危险。

②有害燃烧产物有氧化硫、氟化氢。

③灭火方法。消防人员必须佩戴过滤式防毒面具(全面罩)或隔离式呼吸器,穿全身防火防毒服,在上风向灭火。迅速切断气源,用水喷淋保护切断气源的人员,然后根据着火原因选择适当灭火剂灭火。尽可能将容器从火场移至空旷处。喷水保持火场容器冷却,直至灭火结束。

七、二甲基二硫醚

二甲基二硫醚(dimethyl disulfide,DMDS),又名二硫化二甲基。分子式为 CH_3SSCH_3,分子量为 94.20,用作溶剂和农药中间体,是甲基磺酰氯及甲基磺酸产品的主要原料。DMDS 是一种零臭氧消耗物质(ODP),具有杀灭病原菌、线虫、杂草及害虫的活性,是一种良好的土壤熏蒸剂。

1. 基本性质

(1)理化特性:本品为无色或微黄色透明液体。有恶臭。熔点为 −84.72 ℃,

沸点为 109.7 ℃,黏度为 0.62 MPa·s(20 ℃),相对密度(水＝1)1.062 5,相对密度(空气＝1)3.24,饱和蒸气压为 3.8 kPa,折射率 1.525 0(David,1971),不溶于水[2.7 g/L(20 ℃)],可与乙醇、乙醚、乙酸混溶。常温常压下稳定。

(2)剂型:常用剂型为 95％EC 或 2％EC。

(3)注册信息

①CAS 号(美国化学文摘社登记号)624-92-0。

②EINECS 登记号(欧洲现有商业化学品目录登记号)210-871-0。

③农药登记证号 LS20120054。

(4)应用范围及作用特点

①DMDS 对害虫具有触杀和胃毒作用,对作物具有一定的渗透性,但无内吸传导作用,杀虫广谱,作用迅速。

②适用范围。适用于防治水稻、棉花、果树、蔬菜、大豆上的多种害虫,对螨类也有效。在植物体内氧化成亚砜和砜,杀虫活性提高。同时二甲基二硫醚可用于土壤消毒,在一定的用量范围内对主要的土传病原菌及线虫有较好的防治效果。

2.施药技术

(1)土壤条件:首先旋耕 20 cm 深,充分碎土,捡净杂物,特别是作物的残根。由于 DMDS 不能穿透病残体的内部,不能杀灭残体内部的病原菌,这些病原菌很容易成为新的传染源。

土壤湿度对 DMDS 的作用效果有很大的影响,湿度过大、过小都不宜施药。参考施药前的准备部分。

(2)施药时间:每天 4：00 至 10：00,16：00 至 20：00,以避开中午天气暴热时间。

(3)施药方法

①人工注射法。用手动注射器将 DMDS 注入土壤中,注入深度至少为 20 cm,注入点的距离以不超过 30 cm 为宜,每孔注入量为 2～3 mL。注入后,用脚踩实穴孔,并覆盖塑料布,需逆风向作业,施药时,土温至少 5 ℃以上。

②动力机械施药法。必须使用专用的施药机械进行施药。

③覆膜熏蒸。施药后,应立即用塑料膜覆盖,膜周围用土覆盖压实。地温不同,覆盖时间也不同。低温 5～15 ℃,20～30 d;中温 15～25 ℃,10～15 d;高温 25～30 ℃,7～10 d。

(4)施用量:见表 8-18。

133

表 8-18　Paladin（98.9%二甲基二硫醚乳油）登记用量

登记病原	防治对象	用药量/(kg/hm²)
杂草	莎草香附子、锦葵属植物、繁缕、马齿苋、本科植物等	510
土传病原菌	黄萎病、镰刀菌、疫霉菌、菌核病、丝核菌	398～510
线虫	根结线虫、剑线虫、短体线虫	347～510

（5）注意事项

①对十字花科蔬菜的幼苗及梨、桃、高粱、啤酒花易产生药害。不能与碱性物质混用。皮肤接触中毒可用清水或碱性溶液冲洗，忌用高锰酸钾液。误服治疗可用硫酸阿托品，但服用阿托品不宜太快、太早、维持时间一般为 3～5 d。

②向注射器内注药进应避开人群，将注射器插入地下，人在上风向站立注药，注完后迅速拧紧盖子，然后再向地里施药。施药地块周围有其他作物时，特别是下风向、低洼地块，周边有草莓秧、葡萄树、叶菜类植物等其他作物，需用塑料布将其他作物盖住或用塑料布架一道墙遮挡，或边注药边盖膜，防止农药扩散，影响其他作物生长。施药地为小面积低洼地且旁边还有其他作物时，无明显风力不宜施药。施药操作人员在施药时，必须穿长袖衫、长裤，脚穿胶鞋，戴手套，严禁光脚和皮肤裸露。向工具里注药和向土壤里施药时，必须戴好专配的防毒口罩和防护眼镜。施药时，杜绝人群围观。施药地块下风向有其他劳动人员时，应另选时间施药。施药现场禁止儿童玩耍。

③施药人员在带药下地和取药过程中，要轻拿轻放，需把药和运输工具捆绑牢固，防止破碎和丢失。一旦掉地摔破，药液溢出，应立即用干土掩埋。如在室内出现上述情况，人员应远离，打开门窗，充分通风，然后用干土掩埋，待药液被干土吸收后，用塑料袋将土装出，封好口，拿到室外，埋入地下。

④每天根据用药量取药，如当天没有用完，应妥善保管，不准失盗，一旦失盗，应立即报告情况，以便追查及采取必要的应急处置措施。

⑤施药人员下地，应自带清水（用 20 L 容积的塑料桶装）。一旦药液进入眼睛，接触皮肤，应立即用清水冲洗，然后用肥皂水洗净，严重者应送到医院诊治。

⑥不准在河流、养殖池塘、水源上游、浇地水沟内清洗工具和包装物品。

⑦不准将 DMDS 送给或卖给他人或用作其他用途。

3. 安全措施

（1）施药前的准备：施药的地块应清理干净前茬作物的残渣，土地应旋耕好，施药地点不要让儿童或家禽进入，地块上不能有绿色植物。施药必须使用专用土壤注射器或动力土壤消毒机，并检查设备完好性。绝对不准沟施或洒播，以防中毒或污染。备好施药用的防护面具，如胶皮手套、防毒面具等。施药时，操作人员应站在上风向。施药作业人员应经过安全技术培训，培训合格后方能操作。面具用 1 L 滤毒罐，滤毒罐超重 20 g，要更换新罐。

（2）施药时的安全措施：施药时，存放 DMDS 的地点应设立安全警示牌，要有特殊情况下的安全通道。施药过程中，手动注射器应保持基本垂直状态，注射器与地面夹角不得小于 60°。施药人员操作手动注射器，应平行顶风操作前行。已施药地块应迅速覆膜，以免 DMDS 从土壤中挥发出的浓度过大，不准用注射器向地面或空中注射，注射到土壤的深度不小于 20 cm，注射针拔出地面，应迅速踩实注射点。棚内作业时，需留有排风口。

（3）施药后的安全措施：施药结束后，施药人员应迅速离开现场，剩余药液应倒回药桶或药瓶中。手动注射器和机动土壤消毒机应用煤油清洗干净，避免污染，以备再用。所用防毒面具，应用酒精棉擦洗消毒，以备再用。

①残余物和包装物保管处理。施药人员每天施药完工后，把用过的塑料桶包装和铁桶包装收集在一起，分类放置，统一进行处理。

②施药机械、工具养护。施药动力机具不许带动其他动力，并注意保养。使用前应加足机油，以保证正常使用。每天用完机械后，应用清水或煤油冲刷，防止腐蚀，影响使用效果。手动注射工具使用半天后，就要用清水或煤油冲刷。

（4）应急及消防措施

①危险特性。该化学品可燃，闪点为 24.4 ℃，遇明火、高热、摩擦、撞击易引起燃烧或爆炸，与酸接触产生有毒气体，与氧化性物质接触易引起燃烧或爆炸。

②有害燃烧产物有二氧化碳、一氧化碳、硫氧化物。

③灭火方法及灭火剂。消防员要进行全身防护并佩戴正压自给式呼吸器和防护眼镜，在上风向灭火。由于该化学品可燃，故可采用二氧化碳、干粉、泡沫及砂土等灭火剂。

④应急处理。隔离危险地带，使用适当的通风措施，疏散人群于上风向。如眼睛接触，则立即提起眼睑，用大量清水彻底冲洗，严重时应就医。如皮肤接触，应立即脱去污染衣物，用肥皂水和清水彻底冲洗皮肤，严重时就医。如吸入，则迅速脱离现场至空气新鲜处。若误食则用水漱口并催吐，严重时就医。

⑤泄漏应急处理方法。隔离泄漏污染区，切断火源，及时疏散无关人员并撤离污染区。

⑥泄漏源控制。小的溢出用吸附性材料（如泥土、锯屑、稻草、垃圾等）覆盖吸收液体，然后清扫到一个开口的桶内，用家用清洁剂和刷子刷洗污染的地点，用水清洗成浆状，吸收并清扫到同一个桶内。将桶封闭，按照危险废弃物污染的处理方

法进行处理。

大的溢出和泄漏用围堰将泄漏物围住,以防止对水源进行污染。将围住的物料用虹吸的方法放入桶内,根据当时的情况进行重新使用或废物处理。少量的泄漏需要清洗受污染的地点。避免泄漏物进入下水道、排洪沟等限制性空间。处理废弃污染物前参阅国家和当地有关规定。

八、碘甲烷

碘甲烷(methyl iodide)又名甲基碘,是甲烷的一碘取代物。碘甲烷是一种可完全替代溴甲烷的替代品,只需要 $30\%\sim50\%$ 溴甲烷的用量,即可达到溴甲烷的效果。在相同用量下,碘甲烷防治线虫、杂草的活性均高于溴甲烷。由于碘甲烷价格较高,而目前已获得登记的溴甲烷替代品中的氯化苦成本相对较低,碘甲烷通过与氯化苦混用可达到降低成本和扩大防治谱的目的。

1. 基本性质

(1)理化特性:碘甲烷化学结构式为 CH_3I,是一种有特臭气味的无色液体。分子量为 141.95,熔点为 $-66.4\ ℃$,沸点为 $42.5\ ℃$,相对密度(水=1)2.80,相对密度(空气=1)4.89,蒸气压为 53.3 kPa(25 ℃),折光率(26 ℃)n=1.532 0,水中溶解度为 1.8%(15 ℃),可溶于乙醇、乙醚和四氯化碳。

(2)剂型:产品为 99.7% 的原液。

(3)注册信息

①CAS 号(美国化学文摘社登记号)74-88-4。

②RTECS 号(化学物质毒性作用登记号)PA9450000。

③UN 编号(联合国危险货物运输专家委员会对危险物质制定的编号)2644。

④危险货物编号 61568。

(4)应用范围及作用特点:碘甲烷可防治多种经济作物(如草莓、番茄、胡椒、甜瓜)病原菌,以及广谱土传病害和线虫、杂草等。碘甲烷只需要溴甲烷 $30\%\sim50\%$ 的量,即可达到溴甲烷的防治效果,在相同的量下,碘甲烷防治线虫和杂草的活性均高于溴甲烷。另外,研究还发现,碘甲烷对灰葡萄孢子、亚麻镰刀菌、立枯丝核菌、柑橘褐腐疫霉和大丽花轮枝孢等的防治效果能够达到溴甲烷的 2.7 倍。

2. 施药技术

(1)土壤条件:土壤质地、湿度和土壤 pH 对碘甲烷的释放有影响。在处理前,应确保无大土块。土壤湿度必须是 $50\%\sim75\%$,在表土 $5.0\sim7.5$ cm 处的土温为 $5\sim32\ ℃$。

（2）施药时间：每天 4：00 至 10：00，16：00 至 20：00，以避开中午天气暴热时间。

（3）施药量：目前碘甲烷尚未在国内登记。有文献记载其用药量（参考农药电子手册），也可参考表 8-19 。

表 8-19　碘甲烷田间试验用量

试验作物	防治对象	用药量/（kg/hm²）
番茄	根结线虫	140～270
辣椒、草莓	疫霉、镰刀菌等	140～270
草皮和观赏植物	疫霉、镰刀菌等	140～270

（4）施药方法

①人工注射法。用手动注射器将碘甲烷注入土壤中，注入深度为 15～20 cm，注入点的距离为 30 cm，每孔注入量为 2～3 mL。注入后，用脚踩实穴孔，并覆盖塑料布。需逆风向作业。施药时，土温至少 5 ℃以上。

②滴灌施药法。采用滴灌系统进行碘甲烷药剂的施用。

③覆膜熏蒸。在施药前，首先让用药农户准备好农膜，边注药边盖膜，防止药液挥发。用土压严四周，不能跑气漏气。施药时需随时观察，发现漏气，及时补救，否则影响药效。严重者应重新施药进行熏蒸。施药后，覆盖农膜的时间因地温不同而不同。低温 5～15 ℃，覆盖 20～30 d；中温 15～25 ℃，覆盖 10～15 d；高温 25～30 ℃，覆盖 7～10 d。

（5）注意事项

①向注射器内注药时应避开人群，将注射器插入地下。人在上风向站立注药，注完后迅速拧紧盖子，然后再向地里施药。

②施药地块周边有其他作物时，特别是下风向、低洼地块，周边有草莓秧、葡萄树、叶菜类植物等其他作物，需用塑料布将其他作物盖住或用塑料布架一道墙遮挡。或边注药边盖膜，防止农药扩散，影响其他作物生长。

③施药地为小面积低洼地且旁边还有其他作物时，无明显风力不宜施药。

④施药操作人员向工具里注药和向土壤里施药时，必须佩戴好专配的防毒口罩和防护眼镜，必须穿长袖衫、长裤，脚穿胶鞋，戴手套，严禁光脚和皮肤裸露。施药时，杜绝人群围观。施药地块下风向有其他劳动人员时，应另选时间施药。施药现场禁止儿童玩耍。

⑤施药人员在带药下地和取药过程中，要轻拿轻放，需把药品和运输工具捆绑牢固，防止破碎和丢失。一旦掉地摔破，药液溢出，应立即用干土掩埋。如在室内

出现上述情况,人员应远离,打开门窗,充分通风,然后用干土掩埋,待药液被干土吸收后,用塑料袋将土装出,封好口,拿到室外,埋入地下。

⑥每天根据用药量取药。如当天没有用完,应妥善保管。不准失盗,一旦失盗,应立即报告情况,以便追查并采取必要的应急处置措施。

⑦施药人员下地时,应自带清水(用 20 kg 容积的塑料桶装),一旦药液进入眼睛,接触皮肤,应立即用清水冲洗,然后用肥皂水洗净,严重者应送到医院诊治。

⑧不准在河流、养殖池塘、水源上游、浇地水沟内清洗工具和包装物品。不准将碘甲烷送给或卖给他人,或用作其他用途。

3. 安全措施

(1)施药前的准备:施药的地块,应清理干净前茬作物的残渣,土地应旋耕好,施药地点不要让儿童或家禽进入。地块上不能有绿色植物。施药必须使用专用土壤注射器或动力土壤消毒机,并检查设备完好性。绝对不准沟施或洒播,以防中毒或污染。备好施药用的防护器具,如胶皮手套、防毒面具等,施药时,操作者应站在上风向。施药作业人员应经过安全技术培训,培训合格后方能操作。防毒面具用 1 L 滤毒罐,滤毒罐超重 20 g,要更换新罐。

(2)施药时的安全措施:施药时,存放碘甲烷的地点应设立安全警示牌,要有特殊情况下的安全通道。施药过程中,手动注射器应保持基本垂直状态,注射器与地面夹角不得小于 60°。施药人员操作手动注射器,应平行顶风操作前行。已施药地块应迅速覆膜,以免碘甲烷从土壤中挥发出的浓度过大。不准用注射器向地面或空中注射,注射到土壤的深度不小于 15 cm,注射针拔出地面,应迅速踩实注射点。棚内作业时,需留有排风口。

(3)施药结束后的安全措施:施药结束,施药人员应迅速离开现场,剩余药液应倒回药桶或药瓶中。手动注射器和机动土壤消毒机应用煤油清洗干净,避免污染,以备再用。所用防毒面具,应用酒精棉擦洗消毒,以备再用。

①包装物保管处理。施药人员每天施药完工后,把用过的塑料瓶包装和铁桶包装收集在一起,分类放置,统一进行处理。

②施药机械、工具养护。施药动力机具不许带动其他动力,并注意保养。使用前后应加足机油,以保证正常使用。每天用完机械后,应用清水或煤油冲刷,防止腐蚀,影响使用效果。手动注射工具使用半天后,就要用清水或煤油冲刷。

(4)应急措施

①泄漏应急处理。迅速撤离泄漏污染区人员至安全区,并立即隔离 150 m,严格限制人员出入。切断火源。建议应急处理人员戴自给正压式呼吸器,穿防毒服。不要直接接触泄漏物。尽可能切断泄漏源,防止进入下水道、排洪沟等限制性空

间。少量泄漏用砂土、干燥石灰或苏打灰混合。大量泄漏应构筑围堤或挖坑收容，用泡沫覆盖，降低蒸汽灾害。同时用防爆泵转移至槽车或专用收集器内，回收或运至废物处理场所处置。

②防护措施。

A. 呼吸系统防护：空气中浓度超标时，应选择佩戴自吸过滤式防毒面具(半面罩)。

B. 眼睛防护：戴化学安全防护眼镜。

C. 身体防护：穿透气型防毒服。

D. 手防护：戴防化学品手套。

E. 其他：工作现场禁止吸烟、进食和饮水。工作完毕，沐浴更衣。单独存放被毒物污染的衣服，洗后备用。注意个人清洁卫生。

③急救措施。

A. 皮肤接触时，应立即脱去被污染的衣物，用肥皂水和清水彻底冲洗皮肤。然后就医。

B. 眼睛接触时，应立即提起眼睑，用大量流动清水或生理盐水彻底冲洗至少15 min。然后就医。

C. 吸入时，应立即迅速脱离现场至空气新鲜处，保持呼吸道通畅。如呼吸困难，给输氧。如呼吸停止，立即进行人工呼吸。然后就医。

D. 食入时，应立即饮足量温水，催吐，然后就医。

E. 灭火方法：消防人员需佩戴防毒面具，穿全身消防服。

F. 灭火剂：雾状水、泡沫、二氧化碳、砂土。

九、羟基自由基＋臭氧水土壤修复处理技术

1. 臭氧(O_3)

(1)臭氧(O_3)的基本概念：1840 年，德国化学家舍恩拜因在电解稀硫酸时发现了一种特殊气味的气体，其分子量是原子氧的 3 倍，即 O_3，并称它为臭氧。臭氧(O_3)是氧气(O_2)的同素异构体，每个分子由 3 个氧原子组成。臭氧是常用氧化剂中氧化能力最强的一种，其消毒杀菌能力是氯的 2 倍多，杀菌速度是氯的 300～600 倍、是紫外线的 3 000 倍，且无死角，常温常压下为气态，不稳定，可迅速分解为氧气，被世界卫生组织鉴定为高效、无二次污染的洁净消毒杀菌剂。

(2)臭氧(O_3)的杀菌原理：臭氧以氧原子的氧化作用破坏微生物膜的结构，以实现杀菌作用。臭氧对细菌的灭活反应总是进行得很迅速，与其他杀菌剂不同，臭氧是一种强氧化剂，灭菌过程属生物化学氧化反应。臭氧灭菌有以下 3 种形式。

①臭氧能氧化分解细菌内部降解葡萄糖所需的酶，致使三羧酸(TCA)循环无

法进行,从而导致细胞生命活动所需的 ATP 无法供应,使细菌灭活死亡。

②臭氧能直接与细菌、病毒作用,破坏它们的细胞器和 DNA、RNA,使细菌的新陈代谢受到破坏,从而导致细菌死亡。

③臭氧能透过细胞膜组织,侵入细胞内,作用于外膜的脂蛋白和内部的脂多糖,使细菌发生通透性畸变而溶解死亡。

2. 臭氧水

简单地说,臭氧水就是含有臭氧的水,它是通过臭氧发生机和高效臭氧混合系统,直接与水混合出高浓度臭氧水。

但本质上臭氧水≠臭氧+水。

3. 羟基自由基(·OH)

羟基自由基(·OH)是一种重要的活性氧,从分子式上看是由氢氧根离子(OH⁻)失去一个电子形成。羟基自由基(·OH)具有极强的电子能力也就是氧化能力,氧化电位 2.8 V,是自然界中仅次于氟的氧化剂。

十、羟基自由基(·OH)+臭氧(O_3)水

羟基自由基(·OH)+臭氧(O_3)水=羟基自由基(·OH)+原子氧(O)+臭氧(O_3)。

1. 羟基自由基(·OH)+臭氧(O_3)水的性质

(1)羟基自由基(·OH)+臭氧水的稳定性:羟基自由基(·OH)+臭氧(O_3)水中的单原子氧(O)和羟基自由基(·OH),在水中的半衰期为 20～25 min,即还原为氧气,不留下残存物,无二次污染和副作用。

(2)羟基自由基(·OH)+臭氧(O_3)水的强氧化性:羟基自由基(·OH)+臭氧(O_3)水是广谱消毒杀菌剂,比臭氧(O_3)气体更具有超强的氧化能力,可迅速融入细胞壁,破坏细菌、病毒等微生物的内部结构,对各种致病微生物有极强的杀灭作用,对细菌、孢囊、芽孢菌和病毒等有更强的杀灭能力,当羟基自由基(·OH)+臭氧(O_3)水中的臭氧(O_3)浓度达到灭菌浓度 0.30 mg/L 时,消毒和灭菌作用瞬间发生,水中剩余臭氧(O_3)浓度达 0.30 mg/L 时,在 0.5～1 min 内就可以 100% 的致死细菌,剩余臭氧(O_3)浓度达到 0.40 mg/L 时,1 min 内对病毒的灭活率达100%。高浓度臭氧(O_3)水的杀菌效果是臭氧气体的 150 倍,其杀菌速度更为迅速、更加彻底,浓度控制更为安全、可靠,效果更为显著。

2. 羟基自由基(·OH)+臭氧(O_3)水杀菌原理

羟基自由基(·OH)+臭氧(O_3)水属于强氧化剂,可以产生自由基,氧化分解

细菌内部一些酶,氧化分解病毒内部转化葡萄糖所必需的葡萄糖氧化酶,并直接与细菌、病毒发生作用,氧化并穿透其细胞壁,破坏其细胞器和核糖核酸,分解 DNA、RNA、蛋白质、脂质类和多糖等大分子聚合物,使细菌、病毒的新陈代谢和繁殖过程遭到破坏,而夺取细菌病毒的生命。同时还可以渗透细胞膜组织、侵入细胞膜内作用于外膜脂蛋白和内部的脂多糖,使细胞发生通透性畸变,导致细胞溶解性死亡,并将死亡菌体内的遗传基因、寄生菌种、寄生病毒粒子、噬菌体、支原体及热源(内毒素)等均溶解消除(灭菌能力见表 8-20)。

表 8-20　不同的氧化物的灭菌能力对比

名称	分子式	标准电极电位(灭菌能力)
羟基自由基(·OH)＋臭氧(O₃)水	羟基(·OH)＋单原子氧(O)	3.62
臭氧(气体)	O_3	2.07
过氧化氢(双氧水)	H_2O_2	1.78
高锰酸钾	MnO_2	1.67
二氧化氯	ClO_2	1.5
氯	Cl_2	1.36

3. 羟基自由基(·OH)＋臭氧(O₃)水制备原理——臭氧法

(1)羟基自由基(·OH)＋臭氧(O₃)水制备流程(型号:ODO-25W2D)如图 8-4所示。

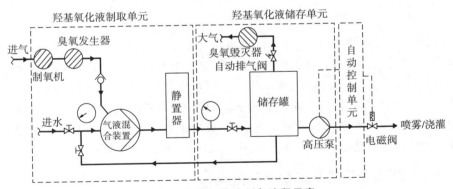

图 8-4　羟基氧化液制备流程示意

(2)发生原理:羟基自由基(·OH)＋臭氧(O₃)水发生器利用空气产生高浓度臭氧,然后通过气液混合装置制取羟基自由基(·OH)＋臭氧(O₃)水。

本设备仅需要提供水源(自来水、经过滤的地下水或河水等)以及 220 V 交流电,要求对水源进行过滤,防止堵塞设备。采取发电机独立供电时,电压波动在上

141

下 10％范围内，要求供电平稳。

4.靶标

（1）真菌性病害：灰霉病、霜霉病、叶斑病、根腐病、枯萎病等。

（2）细菌性土传病害：青枯病等。

（3）虫害：红蜘蛛、地蛆等。

5.使用方法

当采取浇灌土地消毒或叶面喷雾时，需要另配水泵及喷施系统。

（1）土壤浇灌消毒

①作物移栽之前进行土壤处理。一般每亩浇羟基自由基（·OH）＋臭氧（O_3）水（10～20 mg/L）20 m^3 左右。

②设施栽培结合"氰氨化钙＋秸秆＋太阳能"高温闷棚取代自然水，一般每亩浇羟基自由基（·OH）＋臭氧（O_3）水（10～20 mg/L）20～30 m^3。

③作物移栽后结合浇水进行。一般每亩羟基自由基（·OH）＋臭氧（O_3）水（10～20 mg/L）10～20 m^3。

（2）叶面喷雾：作物生育期间，可用改造好的喷施器械用羟基自由基（·OH）＋臭氧（O_3）水（10～20 mg/L）进行叶面喷雾。

第三节　草莓土壤修复技术

草莓土壤连续耕作多年，再加化肥和农药使用不当，容易形成连作障碍，导致土壤养分失调，地力衰退，有机质含量下降，有益微生物减少，病原菌增加，有害化感物质增多，土壤次生盐渍化、酸化和板结严重现象，造成草莓植株生长发育不良和产量与品质下降。采用不同材质的土壤调理剂，通过生物、物理、化学等方式进行土壤修复，达到调节 pH，降低土壤容重，提高土壤空隙度，形成良好的水稳定性团粒结构，进行土壤降盐减害，优化植株生长环境，促进根系生长。

一、土壤调理剂的基本概念及分类

1.土壤调理剂的基本概念

土壤调理剂是指施入障碍土壤中，能改善土壤物理、化学和（或）生物性状，适用于改善土壤结构、降低土壤盐碱危害、调节土壤酸碱度、改善土壤水分状况或修复污染土壤等的物料。

2.土壤调理剂的分类

（1）矿物源土壤调理剂：一般由富含钙、镁、硅、磷和钾等矿物经标准化工艺或无害化处理加工而成，用于增加土壤矿物养料和改善土壤物理、化学与生物性质。

（2）有机源土壤调理剂：一般将来源于植物或动物的有机物为原料经标准化工艺进行无害化加工而成，用于为土壤微生物提供所需养料，增加土壤微生物的活性以提高土壤生物肥力而改善土壤物理、化学和生物性质。

（3）化学源土壤调理剂：是由化学制剂经标准化工艺加工而成，用于直接改善土壤物理、化学和生物性质。

3.土壤调理剂的技术标准（表 8-21）

表 8-21　土壤调理剂的技术标准

土壤调理剂类型	固态
矿物源土壤调理剂	至少应标明其所含钙、镁、硅、磷和钾等主要成分及含量、pH、粒度和细度、有害有毒成分限量等
有机源土壤调理剂	至少应标明有机成分及含量、pH、粒度和细度、有害有毒成分限量等，所标明的成分应有明确的界定，不应有重复叠加
化学源土壤调理剂	至少应标明其所含主要成分及含量、粒度和细度、有害有毒成分限量等

来源：NY/T 3034—2016。

4.矿物源土壤调理剂土壤修复技术

（1）矿物源土壤调理剂的种类及作用：矿物源土壤调理剂主要有牡蛎壳、石灰石、白云石、膨润土、泥炭、麦饭石、蒙脱石、泥炭蓝铁矿、蛭石、硅藻土、沸石和海泡石等。这些矿物具有特殊物理性质，可用于调理修复土壤。例如，石灰石主要成分为碳酸钙，可用来改良酸性土壤，改变土壤板结状况；白云石是碳酸钙和碳酸镁以等分子比的结晶碳酸钙镁，可以改良土壤酸性，提高土壤养分的有效性；膨润土具有良好的黏结性和较强的保水能力，能有效地改进土壤的结构性和调节水的交替作用；石膏的主要成分是 $CaSO_4$，对盐碱地有明显的改善效果，蒙脱石、麦饭石能降低土壤容重，提高土壤孔隙度，提高土壤有机质；沸石是一种含水的碱或碱土金属的铝硅酸盐矿物，含有钾、钠、钙、镁等有益元素，并具有强吸附性，耕作土壤中施入沸石可降低土壤酸度，还具有吸附土壤中的铬、铅等有害重金属的作用。

（2）一种用硫脲废渣生产的新型矿物源土壤调理剂：范永强的研究显示，硫脲废渣主要成分是氢氧化钙[$Ca(OH)_2$]，另外还含有少量的镁、硫和铁等中微量元素，其 pH（酸碱度）达到 12.0。多数硫脲生产企业将硫脲废渣作为工业废渣进行简单填埋，或有些建材企业以此为原料生产砖等建筑材料。如此简单粗放处理易

造成矿物资源的极大浪费。如果能将该废渣进行科学配方和处理,用于土壤改良和修复,变废为宝,降低硫脲生产成本,消除硫脲废渣对环境的污染,特别是对解决我国土壤的酸化问题等具有重要的现实意义。

①配方。用硫脲废渣为主要原料,添加辅料材料如七水硫酸锌($ZnSO_4 \cdot 7H_2O$)、七水硫酸亚铁($FeSO_4 \cdot 7H_2O$)、硫酸锰($MnSO_4$)、五水硫酸铜($CuSO_4 \cdot 5H_2O$)和硼砂($Na_2B_4O_7 \cdot 10H_2O$)等。

②主要技术指标。pH10.0~12.0,含钙(CaO)>40%。

③生产工艺。原料混合—造粒—烘干—包装。

④在农业生产中的作用如下。

A.调节土壤酸性。范永强的研究显示(表8-22)。2016年10月在山东省临沂市临港区团林镇团林村的强酸性(pH为4.05)砂壤土上种植小麦,2017年6月种植玉米,2018年4月种植花生,分别施用该矿物源土壤调理剂,2018年9月取土分析土壤酸碱度,增施该矿物源土壤调理剂的土壤pH提高到4.7,较2016年提高了0.65,较2018年的对照提高了0.9。

表8-22　土壤调理剂对土壤酸碱度(pH)的影响

处理	2016年	2018年	提高
土壤调理剂处理	4.05	4.7	+0.65
对照	4.05	3.8	-0.25

B.对土壤矿物质养分状况的影响。据研究显示(表8-23),2016年10月在山东临沂市临港区团林镇团林村的强酸性(pH为4.05)砂壤土上种植小麦,2017年6月种植玉米,2018年4月下旬种植花生,三季作物种植前结合基肥分别施用该矿物源土壤调理剂80 kg,2018年9月上旬花生收获后取土分析土壤矿物质养分状况。结果证明,连续施用该矿物源土壤调理剂,能够提高土壤有机质、硝态氮($NO_3^- -N$)、有效钙(CaO)、有效硫(S)、有效铁(Fe)、有效锌(Zn)和有效硼(B)的含量,分别较对照提高35.4%、79.5%、80.4%、210.2%、10.4%、38.7%和25.0%;同时,施用该矿物源土壤调理剂对土壤的铵态氮($NH_4^+ -N$)、有效磷(P_2O_5)、有效钾(K_2O)和有效镁(Mg)有降低的趋势,分别较对照降低23.8%、12.5%、6.6%和51.7%。

表8-23　土壤调理剂对土壤养分状况的影响

项目	有机质/(g/kg)	NH_4^+-N/(mg/kg)	NO_3^--N/(mg/kg)	P_2O_5/(mg/kg)	K_2O/(mg/kg)	CaO/(mg/kg)	Mg/(mg/kg)	S/(mg/kg)	Fe/(mg/kg)	Zn/(mg/kg)	B/(mg/kg)
对照	0.65	62.6	13.2	142.5	78.4	293.7	89.8	6.8	266.4	3.1	1.2

续表 8-23

项目	有机质/(g/kg)	NH_4^+-N /(mg/kg)	NO_3^--N /(mg/kg)	P_2O_5 /(mg/kg)	K_2O /(mg/kg)	CaO /(mg/kg)	Mg /(mg/kg)	S /(mg/kg)	Fe /(mg/kg)	Zn /(mg/kg)	B /(mg/kg)
处理	0.88	47.7	23.7	124.7	73.2	529.9	43.4	21.1	294.2	4.3	1.5
增减/%	+35.4	−23.8	+79.5	−12.7	−6.6	+80.4	−51.7	+210.2	+10.4	+38.7	+25.0

C.增产作用。据研究显示（表 8-24），2016 年 10 月在山东临沂市临港区团林镇团林村的强酸性（pH 为 4.05）砂壤土上种植小麦，2017 年 6 月上旬种植玉米，2018 年 4 月下旬种植花生，分别施用该矿物源土壤调理剂，2016—2017 年度小麦产量较对照增产 64%，2017 玉米产量较对照增产 76.2%，2018 年花生产量较对照增产 80%，2018—2019 年度小麦产量增加了 411.8%。因此，随着施用年限的增加，种植农作物的产量增加更明显。

表 8-24　土壤调理剂对小麦、玉米和花生产量影响　　　　　　kg/亩

处理	2016—2017 年度（小麦）	2017 年（夏玉米）	2018 年（春花生）	2018—2019 年度（小麦）
土壤调理剂处理	256.2	486.2	370.7	321.4
处理 1（对照）	156.2	275.9	205.9	62.8
增减/%	64.0	76.2	80.0	411.8

⑤施用方法如下。

A.露地栽培草莓（包括露地育苗）移栽前结合整地每亩施用 40～50 kg，对于土壤酸化比较重的土壤可以每亩施用 60～100 kg。

B.设施栽培草莓在不能让进行化学消毒的情况下，在移栽前结合微生物肥料的施用，每亩施用 80～120 kg。

二、植物源生物刺激素土壤修复技术

1.腐殖酸（humic acid，HA）

（1）腐殖酸的概念：腐殖酸中文别名黑腐酸、腐质酸、腐殖酸（人造）、硝基腐殖酸等，是一种大分子有机弱酸，其分子量在 1 000～20 000。是动植物遗骸（主要是植物遗骸）经过微生物的分解、转化以及地球化学的一系列过程造成和积累起来的一类有机物质，它不是单一的化合物，而是一组羟基芳香族和羧酸的混合物。最早是 1839 年由瑞典的 Berzelius 提取得到，并称之为克连酸和阿朴白腐酸，即现在的黄腐酸。

145

腐殖酸的提取的方法是先用酸处理煤,脱去部分矿物质,再用稀碱溶液萃取,萃取液加酸酸化即可得到腐殖酸沉淀。根据腐殖酸在溶剂中的溶解度,可分为3个组分。

①溶于丙酮或乙醇的部分称为棕腐酸。

②不溶于丙酮部分称为黑腐酸。

③溶于水或稀酸的部分称为黄腐酸(又称富里酸)。

(2)腐殖酸的作用

①改良土壤的作用。

A.增加土壤团粒结构。在所有土壤结构中,以粒径范围在0.50~10.0 mm的团粒结构最理想。这种土壤在肥力方面有下列作用。

第一,能协调水分和空气的矛盾。具有团粒结构的土壤,由于团粒间大孔隙增加,大大地改善了土壤透气能力,容易接纳降雨和灌溉水。水分由大孔隙渗入土壤,逐步进到团粒内部的毛管孔隙中,使团粒内部充满水分,多余的水分继续渗湿下面的土层,减少了地表径流和冲刷侵蚀。所以这种土壤不像黏土的不渗水,又不像砂土的不保水,使团粒成了"小水库"。大孔隙中的水分渗完以后,空气就能补充进去。团粒间空气充足,团粒内部贮存了水分,这样就解决了水分和空气的矛盾,适于作物生长的需要。雨后或灌溉后,团粒结构的表层土壤水分也会蒸发,表层团粒干燥以后,与下层团粒切断了联系,形成了一个隔离层,使下层水分不能借毛细管作用往上输送而蒸发,水分得以保存。

第二,能协调土壤养分的消耗和积累的矛盾。具有团粒结构的土壤,团粒间大孔隙供氧充足,好氧性微生物活动旺盛,因此团粒表面有机质分解快而养分供应充足,可供植物利用。团粒内部小孔隙缺乏空气,进行嫌气分解,有机质分解缓慢而养分得以保存。团粒外部分解愈快,则团粒内部越为嫌气,分解也越慢。所以团粒结构的土壤是由团粒外层向内层逐渐分解释放养分,这样一方面既源源不断地向植物供应养分,另一方面可以使团粒内部的养分积存起来,有"小肥料库"的作用。

第三,能使土壤温度比较恒定。由于团粒内部保存水分较多,温度变化就较小,所以整个土层白天的温度比不保水的砂土低,夜间却比砂土高。土温稳定,就有利于植物生长。

第四,改良土壤结构,促进作物根系发达。有团粒结构的土壤黏性小,疏松易耕,宜耕期长,而且根系穿插阻力小,利于发根。腐殖酸是一种有机胶体物质,由极小的球形微粒结成线状或葡萄状,形成疏松有海绵状的团聚体。它具有黏结性,是土壤的主要黏结剂。但它的黏结性比土壤黏力小,所以使土壤疏松。腐殖酸能直接和土壤中的黏土矿物生成腐殖酸-黏土复合体,复合体和土壤中的钙、铁、铝等形成絮状凝胶体,把分散的土粒黏结在一起,形成"水稳性团粒结构",即遇水不易松散的稳固的团粒。腐殖酸类物质能增加土壤中真菌的活动,菌丝体可以缠绕土粒,菌丝体的转化产物和某些细菌的分泌物,如多聚糖、氨基糖等也能黏结土粒,增强土壤水稳性团粒结构,提高其抗侵蚀性。具有团粒结构的土壤通气性好,作物所需要的氧气和二氧化碳能顺利交换,有利于种子生根、发芽和生长。而且,这种团粒结构中所保存的水分,在自然条件下也比较难以挥发,所以大大提高了土壤的保墒能力。

B. 提高土壤的缓冲性能。腐殖酸是弱酸,它与钾、钠、铵等一价阳离子作用,生成能溶于水的弱酸盐类。腐殖酸和它的盐类在一起组成缓冲溶液,当外界的酸性或碱性物质进入土壤时,它能够在一定程度上维持土壤溶液的酸碱度大致不变,保证作物在比较稳定的酸碱平衡的环境中生长。在酸性土壤中,氢离子(H^+)浓度大,铁铝氧化物多,腐殖酸与铁离子(Fe^{3+})、铝离子(Al^{3+})结合,释放出氢氧根离子(OH^-)与土壤溶液中的氢离子(H^+)起中和反应,从而降低了土壤酸度。在碱性土壤中,碳酸钠危害作物生长,施用腐殖酸肥料,碳酸钠与腐殖酸中的钙、镁、铁盐等发生反应,因而降低了土壤的碱性。此外,在盐碱地中,腐殖酸一方面改变土壤表层结构,切断毛细管,破坏了盐分上升的条件,起到"隔盐作用",减少了土壤表层的盐分累积;另一方面发挥腐殖酸代换量大的特性,把土壤溶液中的钠离子(Na^+)代换吸收到腐殖酸胶体上,减轻钠离子(Na^+)对作物的危害。

②营养作用。腐殖酸类物质本身是有机物质,被植物体吸收有3个途径:一是小分子的有机酸直接被根吸收,为作物提供碳(C)营养。二是在根际分泌、根际酶等微生物作用下分解为更小分子后,被根吸收。腐殖酸含有作物必需的多种元素,如碳(C)、氢(H)、氧(O)、氮(N)、硫(S)、磷(P)等,它们的前身就是生物体的残体,经微生物分解的产物是作物所需要的养分。所以其中一部分被微生物分解后直接与根系发生代换,进入作物体内。三是有些腐殖酸与土壤中难溶金属离子络合为可溶性物质,如钙(Ca)、镁(Mg)、铜(Cu)、铁(Fe)、锰(Mn)、锌(Zn)等,以水溶性离子态与根系发生代换,进入作物体内,这一点是其他肥料所不具备的功能。

③刺激作物生长。

A. 调控酶促反应,增强植物生命活力。酶是植物生命活动的生物催化剂。植物的生命活动表现在新陈代谢过程中,即植物与外界环境之间的物质和能量交换及体内物质和能量转化的过程,其综合表现是生长发育。这些新陈代谢都是在一系列酶的专一作用下进行的,少量的酶就能起很强的催化作用。酶的作用大小以酶的活性来体现,如果没有酶促反应,生命活动不能迅速、顺利地进行,新陈代谢就会中断,生命活动也就停止了。许多研究表明,腐殖酸能调控植物体内多种酶的活性,特别是加强末端氧化酶的活性,有刺激和抑制双向调节作用,从而提高植物代谢

147

水平。

B.具有类似植物内源激素的作用。酶对植物生命活力有着非常重要的作用,而很多酶的活性则受极微量的具有生理活性的分子即激素传递信息来调控,因此植物激素在协调新陈代谢,促进生长发育等生理过程中充当重要角色。激素是植物正常代谢的产物,已知植物内源激素有5大类,即生长素、赤霉素、细胞分裂素、脱落酸和乙烯,还有其他类如抗坏血酸等,它们有各自独特的和互相配合的生理作用,许多研究表明,腐殖酸影响植物的很多生理反应类似植物内源激素的作用。

第一,腐殖酸促使根的生长类似生长素效果。腐殖酸对根有很特殊的超过对茎的刺激作用,促进根端分生组织的生长和分化,使幼苗发根伸长加快,次生根增多。

第二,腐殖酸促进作物种子萌发、出苗整齐和幼苗生长类似赤霉素的效果。据报道,小麦种子经腐殖酸处理,发芽率及大田出苗率比对照提高 $2.3\% \sim 13.5\%$,早出苗 2 d,谷子经腐殖酸处理出苗率也提高 10% 。

第三,腐殖酸使作物叶片增大、增重、保绿、青叶期延长,下部叶片衰老推迟,促进伤口愈合等类似细胞分裂素的作用。

第四,腐殖酸促使作物气孔缩小、蒸腾降低类似脱落酸(ABA)的作用。脱落酸是植物体最重要的生长抑制剂,可提高植物适应逆境的能力。

第五,腐殖酸使果实提前着色、成熟,又似乙烯的催熟作用。

第六,腐殖酸促进细胞分裂和细胞伸长、分化等方面的作用,又类似两种以上植物激素的作用。

C.增强呼吸作用。植物的呼吸作用是消耗碳水化合物放出生物能量的过程,是一系列氧化还原反应,是能量代谢和物质代谢的中心。腐殖酸对植物呼吸作用的促进是明显的。腐殖酸分子含有酚-醌结构,形成一个氧化还原体系。酚羟基和醌基互相转化,促进作物的呼吸作用。腐殖酸的这一种功能,对于处于缺氧环境中的作物更为重要。例如:种子埋在土层下面,发芽生根需要氧气,根越往下扎,氧气越不够,当土层中有腐殖酸肥时,则与还原性物质作用放出氧,使酚氧化变成醌,输送到缺氧的根部,与还原性物质作用放出氧,以满足作物根部及其他缺氧部位的需要。据中国农业大学测定,水稻用腐殖酸浸种,根的呼吸强度增加了 87% ,叶片呼吸强度增加了 39% 。

④肥料缓释作用。

A.腐殖酸具有较强的络合、螯合和表面吸附能力。在适当配比和特殊工艺条件下,化学肥料可以与腐殖酸作用,形成以腐殖酸为核心的有机无机络合体,从而有效地改善营养元素的供应过程和土壤酶活性,提高养分的化学稳定性,减少氮的挥发、淋失以及磷、钾的固定与失活。

B. 腐殖酸能降低植物体内硝酸盐含量。腐殖酸的缓释效应可抵消因偏施氮肥而使土壤中氮素和硝酸盐富集,从而使植物对氮素平衡吸收,不致累积。植物吸收氮素用于合成蛋白质,如果氮素转化得快,体内贮存就少,硝酸盐含量就少,腐殖酸吸收锌、锰和铜,刺激硝酸还原酶、蛋白酶的活性,使植物体内的硝态氮及时向氨态氮转化,促进蛋白质的合成,不仅提高了化肥利用率,而且提高了氮素代谢水平,降低了硝酸盐含量,使食品更为安全。

⑤增加肥效,提高肥料利用率。

A. 对氮肥的影响。腐殖酸对土壤中潜在氮素的影响是多方面的,腐殖酸刺激作用使土壤微生物的生长速度增加,导致有机氮矿化速度加快,腐殖酸具有较高的盐基交换量,能够减少氮的挥发流失,同时也使土壤速效氮的含量有所提高。

B. 对磷肥的影响。国外已进行了多年腐殖酸对磷肥作用的研究,我国也进行了这方面的研究,结果表明,不添加腐殖酸,磷在土壤中垂直移动距离为 $3\sim4$ cm,添加腐殖酸可以增加到 $6\sim8$ cm,增加近 1 倍,有助于作物根系吸收。腐殖酸对磷矿的分解有明显的效果,并对速效磷有保护作用,减少土壤对速效磷的固定,促进作物根部对磷的吸收,提高磷肥的利用吸收率。腐殖酸对 Fe^{3+}、Al^{3+}、Ca^{2+}、Mg^{2+} 等金属离子有较强的络合能力,可形成较为稳定的络合物。通过这种络合竞争可减少它们与土壤磷的结合,减少磷在土壤中的固定失活。

C. 对钾肥的影响。腐殖酸对钾肥的增效作用主要表现在:腐殖酸的酸性功能团可以吸收和贮存钾离子,防止在砂土及淋溶性强的土壤中随水流失,又可以防止黏质土壤对钾的固定,对含钾的硅酸盐、钾长石等矿物有溶蚀作用,可缓慢释放,从而提高土壤速效钾的含量。腐殖酸对钾的释放有延缓作用。腐殖酸肥料可使土壤速效钾被延缓释放,减少土壤黏土矿物对钾的固定,有利于提高钾素利用率。

D. 促进矿物元素的吸收和运输。许多微量矿物元素如 Fe、Cu、Zn、Mn、B、Mo 等是参与植物代谢活动的酶或辅酶的组成成分,或对多种酶的活性及植物抗逆性有重要影响。腐殖酸能与土壤中的矿物元素形成可溶性的络合(螯合)物,与 Fe 的络合能力最强且活性高。腐殖酸的这一作用提高了作物对很多微量元素的吸收。植物吸收的大量元素在体内容易移动,而微量元素如铁、硼、锌等则移动性差,而腐殖酸与其络合后,促进了从根部向上运输,向其他叶片扩散,利用率提高,这是一些无机元素所欠缺的。示踪试验表明,与 $FeSO_4$ 比较,HA-Fe 从根部进入植株的数量多 32%,在叶部移动的数量多 1 倍,使叶绿素含量增加 15%~45%,有效地解决缺铁引起的黄叶病。试验研究表明,腐殖酸对改善作物矿质营养、调节大量元素与微量元素的平衡有重要影响。

腐殖酸也是根际微生物的养分,施用腐殖酸后的土壤中微生物活动活跃,数量显著增加。据测定,施用腐殖酸后,土壤中分解纤维的微生物增加1倍多,分解氨基酸的氨化细菌增加1～2倍。

⑥解毒(污)作用。腐殖酸与重金属如汞(Hg)、砷(As)、镉(Cd)、铬(Cr)、铅(Pb)等可以形成难溶性物质——一种复杂络合物,阻断了重金属对植物的危害。腐殖酸是有机胶质的弱酸,可以加速分解除草剂,进而缓解除草剂的药害。

⑦抗逆作用。腐殖酸能减少植物叶片气孔张开强度,减少叶面蒸腾,从而降低耗水量,使植株体内水分状况得到改善,保证作物在干旱条件下正常生长发育,增强抗旱性。

(3)腐殖酸水溶肥的国家标准(NY 1106—2010):见表8-25。

表8-25　腐殖酸水溶肥(微量元素型)国家标准

项目	指标
腐殖酸含量/(g/L)	≥3.0
微量元素含量/(g/L)	≥6.0
水不溶物含量/(g/L)	≤5.0
pH(1:250倍稀释)	4.0～10.0
水分(H_2O)/%	≤5.0

注:微量元素含量指的是铜(Cu)、铁(Fe)、锰(Mn)、锌(Zn)、硼(B)、钼(Mo)元素含量之和,产品应至少包含一种微量元素,含量不低于0.05%的单一微量元素均应计入微量元素含量中,钼(Mo)元素含量不高于0.5%。

(4)腐殖酸水溶性肥料在草莓生产中的施用方法:移栽后结合浇缓苗水冲施5～10 L/亩;设施栽培草莓越冬期和盛果期冲施5～10 L/亩。

2.氨基酸(amino acid)

(1)氨基酸的概念:氨基酸是含有氨基和羧基的一类有机化合物的通称,是生物功能大分子蛋白质的基本组成单位,是构成动物营养所需蛋白质的基本物质,是含有一个碱性氨基和一个酸性羧基的有机化合物。氨基连在α-碳上的为α-氨基酸。组成蛋白质的氨基酸均为α-氨基酸。

(2)氨基酸的作用

①土壤改良作用。土壤团粒结构是土壤结构的基本单位。氨基酸可改善土壤中的盐分过高、碱性过强、土粒高度分散、土壤结构性差的理化性状,促进土壤团粒结构的形成,降低土壤容重,增加土壤总孔隙度和持水量,提高土壤保水保肥的能力,从而为植物根系生长发育创造良好的条件。

土壤微生物是土壤组成成分中的重要组成部分,对土壤有机质的转化、营养元素的循环起重要作用,对植物生命活动过程中不可少的生物活性物质——酶的形成也有重要影响。氨基酸能促进土壤微生物的活动,增加土壤微生物的数量,增强土壤酶的活性。国内外大量研究资料证实,施用氨基酸可使好氧性细菌、放线菌、纤维分解菌的数量增加。对加速有机物的矿化、促进营养元素的释放有利。

②肥料增效与提高肥料利用率。

A. 对氮肥的增效作用。尿素、碳酸氢铵及其他小氮肥挥发性强,利用率较低,而和氨基酸混施后,可提高吸收利用率 20%～40%(碳酸氢铵释放的氮素被作物吸收的时间 20 d 以上,而与氨基酸混施后可达 60 d 以上)。另外,氨基酸对土壤中潜在氮素的影响是多方面的,氨基酸的刺激作用,使土壤微生物种群增加,导致有机氮矿化速度加快。氨基酸具有较高的盐基交换量,能够减少氮的挥发流失,同时也使土壤速效氮的含量有所提高。

B. 对磷肥的增效作用。研究结果表明,在不添加氨基酸的条件下,磷在土壤中垂直移动距离 3～4 cm,添加氨基酸后磷在土壤中的垂直移动距离可以增加到 6～8 cm,增加近 1 倍,有助于作物根系吸收。氨基酸对磷矿的分解有明显的效果,并且对速效磷有保护作用,可减少对速效磷的固定,促进作物根部对磷的吸收从而提高磷肥的吸收利用率。

C. 对钾肥的增效作用。氨基酸的酸性功能团可以吸收和贮存钾离子,防止在砂土及淋溶性强的土壤中随水流失,又可防止黏质土壤对钾的固定。对含钾的硅酸盐、钾长石等矿物有溶蚀作用,可缓慢分解并增加钾的释放,从而提高土壤速效钾的含量。

D. 对中微量元素肥料的增效作用。作物生长除需要氮、磷、钾三大元素外,还需钙、镁、锌、锰、铜、硼、钼等多种中微量元素,它们是作物体内多种酶的组成成分,对促进作物的生长发育、提高作物抗病能力、增加产量和改善品质等都有非常重要的影响。氨基酸可与难溶性中微量元素发生螯合反应,生成溶解度好且易被作物吸收的氨基酸微量元素螯合物,并能促进被吸收的微量元素从根部向地上部转移,这种作用是无机微量元素肥料所不具备的。

③刺激作用。氨基酸含有多种官能团,被活化后的氨基酸成为高效生物活性物质,对作物生长发育及体内生理代谢有刺激作用。

A. 色氨酸和蛋氨酸在土壤中主要被微生物合成生长素和乙烯,而色氨酸是生长素的前体物质,蛋氨酸是乙烯的前体物质,因此二者可起到类激素作用,刺激根端分生组织细胞的分裂与增长,促进幼苗根系发育,增加作物次生根数量,增强根系吸收功能。

B. 氨基酸进入植物体内后,对植物起到刺激作用,主要表现在增强作物呼吸强度、光合作用和各种酶的活动。

④营养作用。

A. 土壤环境中80%以上的氮是以有机态形式存在的,但过去人们认为植物是不能利用有机态氮的。直到19世纪末以后,不断有研究结果表明,植物能够吸收一定量的氨基酸并加以利用,不仅作物的根能吸收氨基酸,有些作物的茎叶也能吸收氨基酸。氨基酸是农作物生长的必需物质,作物吸收氨基酸后,能够在体内转化合成其他氨基酸,同时,作物与土壤中的微生物对氨基酸的吸收有一定的竞争关系。

B. 氨基酸对植物生长特别是光合作用具有独特的促进作用,尤其是甘氨酸,它可以增加植物叶绿素含量,提高酶的活性,促进二氧化碳的渗透,使光合作用更加旺盛。氨基酸对提高作物品质,增加维生素C和糖的含量都有着重要作用。

⑤抗逆作用。施用氨基酸的作物,由于土壤结构得到改良,土壤微生物数量和繁殖速度加强,作物根系发达,吸收养分和水分的能力提高,光合作用加强,作物的抗性(包括抗旱、抗寒、抗涝、抗倒伏、抗病等不良条件的适应能力)得到加强。

⑥增产提质作用。大面积示范结果表明,氨基酸对不同作物的产量和产量构成因素的作用是不同的。对粮食作物起到穗子增大、粒数增多、千粒重增加等增产作用,如玉米施用氨基酸肥料,可促进玉米早熟,增强抗倒能力,增加穗粒数和千粒重,比施用其他肥料平均增产7.0%~9.0%,每亩增收玉米25~40 kg。经济作物施用氨基酸后,如西瓜含糖量增加13.0%~31.3%,维生素C的含量增加3.0%~42.6%。

(3)含氨基酸水溶肥的国家标准(NY 1429—2010):见表8-26。

表8-26 含氨基酸水溶肥(微量元素型)液体产品技术标准

项目	指标
游离氨基酸含量/(g/L)	≥100
微量元素含量/(g/L)	≥20
水不溶物含量/(g/L)	≤50
pH(1∶250倍稀释)	3.0~9.0

注:微量元素含量指的是铜(Cu)、铁(Fe)、锰(Mn)、锌(Zn)、硼(B)、钼(Mo)元素含量之和,产品应至少包含一种微量元素,含量不低于0.5 g/L的单一微量元素均应计入微量元素含量中,钼(Mo)元素含量不高于5 g/L。

(4)氨基酸水溶性肥在设施栽培中的施用方法:同腐殖酸水溶性肥料。

3. 甲壳素

(1)甲壳素的概念:甲壳素又称甲壳质,经脱乙酰化后称为壳聚糖。英文名称chitin。化学名称β-(1→4)-2-乙酰氨基-2-脱氧-D-葡萄糖。别名壳多糖、几丁质、甲壳质、明角质、聚乙酰氨基葡糖。分子式及分子量:$(C_8H_{13}NO_5)n$、$(203.19)n$。外观为类白色无定形物质,无臭、无味,能溶于含8%氯化锂的二甲基乙酰胺或溶于浓盐酸、磷酸、硫酸和乙酸,不溶于水、稀酸、碱、乙醇或其他有机溶剂。自然界中甲壳质广泛存在于低等植物菌类细胞壁和甲壳动物如虾、蟹和昆虫等外壳中。它是一种线性的高分子多糖,即天然的中性黏多糖,若经浓碱处理去掉乙酰基即得脱乙酰壳多糖。甲壳素化学性质不活泼,与体液接触不发生变化,对人体组织不起异物反应。

(2)甲壳素的作用

①培养基作用。甲壳素能促进土壤有益微生物的快速繁衍增生,高效率分解、转化利用有机和无机养分,同时土壤有益微生物可把甲壳素降解转化成优质的有机肥料,供作物吸收利用。

②净化和改良土壤。甲壳素进入土壤后是土壤有益微生物的营养源,可以大大促使有益细菌如固氮菌、纤维素分解真菌、乳酸菌、放线菌的增生,抑制有害细菌如霉菌、丝状菌的生长。用甲壳素灌根 1 次,15 d 后测定,有益菌如纤维素分解性细菌、自生固氮菌、乳酸细菌增加 10 倍,放线菌增加 30 倍。有害菌如常见霉菌是对照的 1/10,其他丝状真菌是对照的 1/15。微生物的大量繁殖可促进土壤团粒结构的形成,改善土壤的理化性质,增强透气性和保水保肥能力,从而为根系提供良好的土壤微生态环境,使土壤中的多种养分处于有效活化状态,可提高养分利用率,减少化学肥料用量。同时,放线菌分泌出抗生素类物质可抑制有害菌(腐霉菌、丝核菌、尖镰孢菌、疫霉菌等)的生长,而乳酸细菌本身可直接杀灭有害菌。从而可以净化土壤、消除土壤连作障碍。

③肥料增效与提高肥效(螯合作用)。甲壳素分子结构中含有氨基($-NH_2$),与土壤中钾、钙、镁和微量元素铁、铜、锌、锰、钼等阳离子能产生螯合作用,供作物吸收利用,从而提高肥效,提高化肥利用率,减少化肥使用量。甲壳素分子结构中含有氨基($-NH_2$)对酸根(H^+)、醛基($-CHO$)、羟基($-OH$)和碱根(OH^-)都有很强的吸附能力,因此可有效地缓解土壤酸碱度。

④提高产量,改善品质。甲壳素对作物的增产和提高品质作用十分突出,这是因为甲壳素进入土壤后,可促进有益微生物的种群和数量的增生,促进土壤中残存或施入土壤中的有机质最大化地保护和转化分解合成为作物可直接吸收的养分。甲壳素衍生物可以激活、增强植株的生理生化机制,促使植株根系发达、茎叶粗壮,增强植株吸收甲壳素降解的氨基葡萄糖等高营养级养分的能力,增强作物利用水肥的能力和光合作用的能力等。用甲壳素处理粮食作物种子可增产 5%～15%;用于果蔬类作物喷灌等,可增产 20%～40%或更多。除增产外,还可以改善作物的品质,例如,增加粮食蛋白质和面筋的含量,以及果蔬中糖的含量等。

(3)甲壳素水溶性肥料在设施栽培生产中的施用方法:同腐殖酸水溶性肥料。

153

4.海藻酸

(1)海藻酸的概念:海藻是生长在海洋中的低等光合营养植物,不开花结果,在植物分类学上称作隐花植物。海藻是海洋有机物的原始生产者,具有强大的吸附能力,营养极其丰富,含有大量的非含氮有机物和陆生植物无法比拟的钾、钙、镁、铁等 40 余种矿物元素和丰富的维生素,含有海藻中所特有的海藻多糖、褐藻酸、高度不饱和脂肪酸和多种天然植物生长调节剂等,具有很高的生物活性,可刺激植物体内非特异性活性因子的产生,调节内源激素的平衡。因此,在工业、医药、食品及农业生产上经济价值巨大,用途广泛。

(2)海藻酸的成分:海藻干物质中主要含碳水化合物、粗蛋白质、粗脂肪、灰分等有机物质。海藻中的主要有机成分为多糖类物质,占干重的 40%～60%,脂质 0.1%～0.8%(褐藻脂质含量稍高),蛋白质含量一般在 20% 以下。灰分在藻种间含量变化较大,一般为 20%～40%(表 8-27)。

表 8-27　海藻的有机成分　　　　　　　　　　　%

海藻名称	碳水化合物	粗纤维	粗脂肪	粗蛋白质
海带(Laminaria japonica)	42.3	7.3	1.3	8.2
羊栖菜(S. fusiforme)	22.2	7.6	1.0	8.0
带菜(Undaria pinnatifida)	30.1	9.0	1.7	16.0
条斑紫菜(Porphyra yezoensis)	46.9	0.6	0.2	36.3
石花菜(Gelidium amansii)	49.4	10.8	0.5	21.3
浒苔(Enteromorpha clathrata)	26.3	9.1	0.4	19.0

(3)海藻酸的加工工艺:海藻酸(alginic acid)是将海藻通过一定的加工工艺(强碱、强酸或微生物发酵)提取的由单糖醛酸线性聚合而成的多糖,单体为 β-1,4-D-甘露糖醛酸(M)和 α-1,4-L-古洛糖醛酸(G)。M 和 G 单元以 M-M,G-G 或 M-G 的组合方式通过 1,4-糖苷键相连成为嵌段共聚物。海藻酸的化学式为 $(C_6H_8O_6)_n$,分子量范围为 1 万～60 万不等。

海藻酸为淡黄色粉末,无臭,几乎无味,在水、甲醇、乙醇、丙酮、氯仿中不溶,在氢氧化钠碱溶液中溶解,可作为微囊囊材或作为包衣及成膜的材料。

(4)海藻酸的作用

①改良土壤作用。海藻酸是一种天然生物制剂,它含有的天然化合物如藻朊酸钠是天然土壤调理剂,能促进土壤团粒结构的形成,改善土壤内部孔隙空间,协调土壤中固、液、气三者比例,恢复由于土壤负担过重和化学污染而失去的天然胶质平衡,增加土壤生物活力,促进速效养分的释放。

②刺激生长作用。海藻中所特有的海藻多糖、高度不饱和脂肪酸等物质,具有很高的生物活性,可刺激植物体内产生植物生长调节剂,如生长素、细胞分裂素类物质和赤霉素等,具有调节内源激素平衡的作用。

③营养作用。海藻酸含有陆生植物无法比拟的钾、磷、钙、镁、锌、碘等约 40 种矿物质和丰富的维生素,可以直接被作物吸收利用,改善作物的营养状况,增加叶绿素含量。

④缓释肥效作用。海藻多糖与矿物营养形成螯合物,可以使营养元素缓慢释放,延长肥效。

(5)在设施栽培生产中的施用方法:同腐殖酸水溶性肥料。

5.木醋液

(1)木醋液的概念:木醋液也称植物酸,是以木头、木屑、稻壳和秸秆等为原料在无氧条件下干馏或者热裂解后的气体产物经冷凝得到的液体组分,以及再进一步加工后的组分的总称,是一种成分非常复杂的混合物。木醋液的性质因其制法或加工工艺不同而异,所以木醋液前应加上原料名称,如桦木木醋液、柞木木醋液、硬杂木木醋液、竹木木醋液和稻壳木醋液等。我国北方研究以杂木木醋液为主,南方以竹木醋液或稻壳木醋液为主。竹木醋液还可以根据竹子种类不同,分为很多种竹木醋液。

(2)木醋液的成分:木醋液的组分种类和含量因原材料的种类、含水率、热裂解方法、采集工艺、存放时间和精制方法等不同而异。木醋液的成分涉及许多种类的化合物,其中大多数是微量成分,其主要成分是水,其次是有机酸、酚类、醇类、酮类及其衍生物等多种有机化合物。酸类物质是木醋液中最具特征的成分,在木醋液中的含量也最高,往往占有机物的 50% 以上。木醋液中的其他成分还有胺类、甲胺类、二甲胺类、吡喃类等分子中含氮的碱类物质以及 K、Ca、Mg、Zn、Ge、Mn、Fe 等微量元素(表 8-28)。

表 8-28 木醋液的成分

化合物	质量分数/%	化合物	质量分数/%
乙酸 98	5.111 7	2-乙基-2-甲基-1,3-环戊二酮 74	0.029 2
丙酸 97	0.376 7	2,3-二甲酚 92	0.129 9
四氢糠醇 87	0.022 7	2,3-二甲酚 85	0.133 2
2,2-二甲氧基丁烷 92	0.024 4	2-甲氧基-6-甲基苯酚 83	0.077 9
4-苄基-1,3-噁唑烷-2-酮 73	0.009 7	2-甲氧基-4-甲基酚 87	0.037 3

155

续表8-28

化合物	质量分数/%	化合物	质量分数/%
丙酸丙酯 87	0.024 4	2-甲氧基对甲酚 96	0.290 7
环戊酮 94	0.128 3	2,3-二甲酚 80	0.047 1
丁酸 88	0.052 0	3-丙基-2-羟基-2-环戊烯酮	0.050 3
3,5-二甲基吡唑-1-甲醇 87	0.332 9	3-(α-乙基呋喃基)丙烯醛 83	0.021 1
2-甲基环戊酮 88	0.024 4	2,6-二甲氧基酚 79	0.056 8
3-甲基环戊酮 86	0.008 1	2,5-二甲氧基甲苯 80	0.352 4
二甲基丁酸 82	0.011 4	茚满-1-酮 91	0.061 7
2-硝基戊烷 84/4,5-二甲基-1-己烯	0.084 4	3-羟基-2-(2-甲基环己-1-烯基)丙醛 69	0.103 9
乙酰基甲基酯 96	0.131 5	2-羟基-1,3-二甲氧基苯 91	1.705 0
2-甲基-2-环戊烯酮 92	0.152 6	1,2,4-三甲氧基苯 83	0.557 0
2-乙酰基呋喃 86	0.172 1	2-甲氧基-4-丙烯基苯酚 81	0.113 7
丁酸乙烯基酯 92	0.022 7	1-(4-羟基-3-甲氧基苯基)乙酮 87	0.095 8
2-环戊烯-1-酮 89	0.077 9	1,2,3-三甲氧基-5-甲基苯 82	0.319 9
2,5-己二酮 94	0.037 3	1-(4-羟基-3-甲氧基苯基)-2-丙酮 91	0.225 7
2-环己烯酮 92	0.014 6	8-羟基-2H-苯并吡喃-2-酮 62	0.047 1
二环[3.1.1]庚-2-酮 82	0.052 0	2,6-二甲氧基-4-烯丙基苯酚 63	0.050 3
并环戊二烯 81	0.014 6	3,4-二乙基,二甲基酯 74	0.081 2
二羟基吡啶 83	0.581 3	1-(6-氧杂二环[3.1.0]己-1-基)乙酮 81	0.037 3
3-甲基-2-环戊烯-1-酮 86	0.191 6	2-甲氧基苯酚 98	0.595 9
2-糠酸甲酯 78	0.048 7	3-乙基-4,4-二甲基 -2-戊烯	0.077 9
苯酚 97	0.370 2	3-乙烯基环己酮 83	0.050 3
甲基乙酰丙酸 94	0.043 8	2,3-二甲基-4-羟基-2-丁内酯 75	0.029 2
3,4-二甲基-2-环戊烯-1-酮	0.017 9	2,6-二甲基对苯醌 73	0.043 8
2,5-二氢-3,5-二甲基-2-呋喃酮 86	0.099 1	2-甲基-3-羟基吡喃酮 86	0.030 9
4 氢-2-呋喃甲醇 93	0.183 5	3-乙基-2-羟基-2-环戊烯-1-酮 95	0.196 5
1,4-二酮-2,5-环己二烯 85	0.037 3	2-甲基二环[2.2.2]辛烷 81	0.047 1
1,2-环戊二酮 96	0.508 2	戊二羧酸二甲酯 76	0.019 5
2,3-二甲基-2-环戊烯-1-酮 94	0.123 4	丁香醛 64	0.058 5
乙醛二甲基缩醛 79	0.050 3	3,5-二甲氧基-4-羟基苯基丙烯	0.084 4

续表 8-28

化合物	质量分数/%	化合物	质量分数/%
1-羟基-4-甲氧基-吡啶 77	0.175 4	1-(4-羟基-3,5-二甲氧基苯基)乙酮 85	0.116 9
邻甲基苯酚 94	0.212 7	3,5-二甲氧基-4-羟基苯基乙酸 77	0.211 1
2,3,4-三甲基-2-环戊烯-1-酮 85	0.024 4	长链酯 70	0.019 5
3-甲基苯酚 94	0.436 8	总有机相	16.23 8
乙酰基环己烷 73	0.040 6	水相	83.762

（3）木醋液的作用

①调节土壤碱性作用。木醋液是一种强酸性溶液，酸碱度（pH）为 3.0 左右，是一种植物酸，因此可以用于调节土壤碱性。

A. 东北地区水稻育苗基床调酸。根据土壤实际 pH，每 360 m² 使用 500 mL 木醋液兑水 300 倍，均匀喷施在基床上。

B. 东北地区水稻育苗苗床土调酸。根据土壤实际 pH，将 500 mL 木醋液稀释 300 倍均匀喷施于 360 m² 铺完底土的苗床上。

C. 东北地区秧苗生育期调酸。水稻 2 叶期是秧苗生育转型期，此时期进行调酸，能有效控制水稻立枯病、青枯病的发生。将 500 mL 木醋液稀释 300 倍均匀喷施于 360 m² 铺完底土的苗床上。

②土壤消毒作用。将木醋液喷洒在土壤中，能有效抑制阻碍植物生长的微生物类的繁殖，可以预防种子的立枯病，有杀死根结线虫等害虫的作用，因此可用作土壤消毒。

③刺激生长作用（植物生长调节剂）。

A. 生根剂作用。木醋液能够提高农作物的根系活力指数，促进农作物的发根力。据李桂花等的研究，不同来源和不同浓度的木醋液（200 倍以下）对水稻发根能力均比空白对照有所增加，以 500～700 倍稻壳木醋液促进水稻的发根能力为最好。据杨华的研究显示，用含有木醋液的基质进行大白菜、小白菜、萝卜、水萝卜和黄瓜育苗栽培，结果表明，木醋液对其幼苗根系均有很好的促进作用。据范永强的研究，在番茄、黄瓜、西葫芦、草莓和油菜等作物移栽后冲施木醋液 5 L/亩，茼蒿、菠菜等蔬菜的苗期冲施木醋液 5 L/亩，对其根系均具有显著的促进作用。在小麦播种后，冲施木醋液 5 L/亩，显著增强小麦的发根力。

B. 膨大作用。范永强的研究表明，在桃树开花前喷施木醋液 80 倍，谢花后 20 d 桃的单果重提高 28.3%。桃树套袋前，结合病虫害防治，喷施 60 倍木醋液，采收期桃的单果种能增加 35.8%。

C. 延缓衰老作用。范永强的研究显示,在桃树谢花后,结合病虫害防治,喷施木醋液 100~150 倍,连续喷施 2 次,较不喷施的桃树落叶晚 7~10 d。范永强进行小麦沙培盆栽试验研究表明,小麦播种后,每冲施 5 L 木醋液,小麦枯死时间较对照晚 12 d。

D. 能够提高作物的叶绿素含量。范永强的研究显示,在桃树和苹果膨果期喷施木醋液 100~150 倍,施后 15 d 调查,桃树和苹果树的叶绿素含量均有显著提高,桃树较空白对照提高 24.7%,苹果树较空白对照提高 32.1%。

④对杀虫剂的增效作用(农药增效剂)。

A. 防治桃小绿叶蝉的增效作用。据研究显示,结合防治桃小绿叶蝉,喷施 150 倍的木醋液,防治效果提高 46.2%。

B. 防治茶小绿叶蝉的增效作用。据研究显示,结合防治茶小绿叶蝉,喷施 150 倍的木醋液,防治效果提高 38.7%。

C. 防治桃蚜的增效作用。据研究显示,桃树谢花后结合防治桃蚜,喷施 150 倍的木醋液,防治效果提高 31.1%。

(4)木醋液在农业上的应用:木醋液在日本、美国、韩国等国家的农业生产中均获得推广应用。在美国,木醋液应用于花卉园艺和林果业等方面。相比较而言,日本对木醋液的应用最为普遍,每年大约生产 50 000 t 的木醋液,其中约有一半应用于农业生产,主要用于促进作物生长及控制线虫、病原菌和病毒等。我国台湾地区对木醋液的研究特别是应用研究起步也较早,主要应用于林果业和促进作物生长及病虫害防治等。

我国内陆地区有些科研单位从 1989 年开始,对木醋液也相继开展了研究工作,但在实际应用方面起步较晚。主要应用于以下几个方面。

①果树清园剂。由范永强研制的"一种促进植物生长持效期长的落叶果树清园用农药水剂及其制备方法"获国家发明专利(国家发明专利号:CN 201710576849.7),其原料组分及其稀释倍数为木醋液 80 倍、30%苯醚甲环唑·丙环唑乳油 2 000~3 000 倍、2.5%高效氯氟氰菊酯 500 倍、40%毒死蜱乳油 500 倍,在桃树(大樱桃、杏树、梨树等)开花前 5~7 d、苹果树(葡萄、冬枣等)萌芽前 5~7 d 喷施树干,能够代替石硫合剂,具有较好的杀虫杀菌作用,且较喷石硫合剂早开花或早发芽 3~5 d,还具有诱导防止倒春寒的作用。

②叶面肥。

A. 设施栽培草莓或果树,结合病虫害防治,喷施 150~200 倍液。

B. 露地栽培草莓或果树,结合病虫害防治,喷施 150~200 倍液。

C. 禾本科作物(小麦、水稻等),结合病虫害防治,喷施 150～200 倍液。

③水溶性肥料。

A. 露地栽培或设施栽培草莓移栽前、设施栽培草莓上棚升温后冲施 5～10 L/亩。

B. 设施栽培蔬菜或当年生花卉,在移栽后冲施 5～10 L/亩。

C. 块茎类(山药、甘薯、马铃薯)、辛辣类(大蒜、大姜、大葱)作物移栽后,结合浇水冲施 5～10 L/亩。

D. 块根(萝卜、甜菜)类作物,在块根膨大前,结合浇水冲施 5～10 L/亩。

三、农用微生物肥料土壤修复处理技术

1. 微生物肥料的概念

微生物肥料是以微生物的生命活动导致作物得到特定肥料效应的一种制品,由一种或数种有益微生物,经工业化培养发酵而成的微生物菌剂,再和优质有机物料载体混合而成的具有特定肥料效应,能改良土壤、提高土壤肥力、增加作物产量或提高农产品质量的生物制品,是农业生产中施用肥料的一种。在我国已有近 50 年的发展历史,从根瘤菌剂、细菌肥料到微生物肥料名称上的演变,说明了我国微生物肥料逐步发展的过程。

我国农业农村部颁布的行业标准将微生物肥料定义为:含有特定微生物活体的制品,应用于农业生产,通过其中所含微生物的生命活动,增加植物养分的供应量,提高产量,改善农产品品质及农业生态环境。主要包括:微生物接种剂、复合微生物肥料和生物有机肥。

中国科学院院士、我国土壤微生物学的主要奠基人之一陈华癸教授 1994 年就微生物肥料的含义问题指出,所谓微生物肥料,"是指一类含有活的微生物的特定制品,应用于农业生产中,能够获得特定的肥料效应,在这种效应的产生中,制品中活的微生物起关键作用,符合上述定义的制品均应归入微生物肥料"。

2. 主要微生物菌群概述

(1)光合细菌:在厌氧条件下,能利用光能作为能量来源进行不放氧光合作用的细菌统称为光合细菌。英文名为 Photosynthetic Bacteria,简称 PSB,是地球上最早出现具有原始光能合成体系的原核生物。根据光合作用是否产氧,可分为不产氧光合细菌和产氧光合细菌。又可根据光合细菌碳源利用的不同,将其分为光能自养型和光能异养型,前者是以硫化氢为光合作用供氢体的紫硫细菌和绿硫细菌,后者是以各种有机物为供氢体和主要碳源的紫色非硫细菌。

159

①分类。光合细菌的种类较多,目前主要根据它所含有的光合色素体系和光合作用中是否能以硫为电子供体,将其划为 4 个科:红螺菌科或称红色无硫菌科(Rhodospirillaceae)、红硫菌科(Chromatiaceae)、绿硫菌科(Chlorobiaceae)、滑行丝状绿硫菌科(Chloroflexaceae)。

进一步可分为 22 个属,61 个种。与生产应用关系密切的,主要是红螺菌科的一些属、种,如荚膜红假单胞菌(*Rhodopseudomonas capsulatus*)、球形红假单胞菌(*Rps. globiformis*)、沼泽红假单胞菌(*Rps. palustris*)、嗜硫红假单胞菌(*Rps. sulfidophilum*)、深红红螺菌(*Rhodospirillum rubrum*)、黄褐红螺菌(*Rhodospirillum fulvum*)等。

红螺菌的细胞呈螺旋状,极生鞭毛,革兰氏阴性,含有菌绿素 α、类胡萝卜素,为厌氧的光能自养菌,多数种在黑暗微好氧条件下进行氧化代谢,细菌悬液呈红到棕色。

红假单胞菌形态从杆状卵形到球形,极生鞭毛,能运动,革兰氏阴性,含有菌绿素 a、菌绿素 b 和类胡萝卜素,没有气泡。厌氧光能自养菌某些种在黑暗中微好氧或好氧条件下进行氧化代谢,细菌悬液呈黄绿色到棕色和红色。

②作用原理。光合菌群(好氧性和厌氧性)如光合细菌和蓝藻类,属于独立营养微生物,菌体本身含 60% 以上的蛋白质,且富含多种维生素,还含有辅酶 Q10。它以土壤接受的光和热为能源,将土壤中的硫氢和碳氢化合物中的氢分离出来,变有害物质为无害物质,并以植物根部的分泌物、土壤中的有机物、有害气体(硫化氢等)及二氧化碳、氮等为基质,合成糖类、氨基酸类、维生素类和氮素化合物。光合菌群的代谢物质不仅被植物直接吸收,还可以成为其他微生物繁殖的养分,增殖其他的有益微生物。例如,VA 菌根菌以光合菌分泌的氨基酸为食饵,它既能溶解不溶性磷,又能与固氮菌共生,使其固氮能力成倍提高。因此光合菌群是肥沃土壤和促进动植物生长的主要力量。

光合细菌还含有抗细菌、抗病毒的物质,这些物质能钝化病原体的致病力以及抑制病原体生长。同时光合细菌的活动能促进放线菌等有益微生物的繁殖,抑制丝状真菌等有害菌群生长,从而有效地抑制某些病害的发生与蔓延。

③局限性。由于光合细菌应用历史比较短,许多方面的应用研究还处在初级阶段,还有大量的、深入的研究工作要做。尤其是这一产品的质量、标准以及进一步提高应用效果等方面基础薄弱,有待进一步加强。目前的研究和试验已显示出光合细菌作为重要的微生物资源,其开发应用的前景是广阔的,必将具有不可替代的应用市场。

(2)乳酸菌:乳酸菌指发酵糖类主要产物为乳酸的一类无芽孢、革兰氏染色阳性细菌的总称,英文为 lactic acid bacteria(LAB),为原核生物。

①定义和分类。乳酸菌制剂是含活菌和(或)死菌,包括其成分和代谢产物在内的细菌制品。按照乳酸菌制剂的功效和作用对象的不同,可将乳酸菌制剂分为食用乳酸菌制剂、药用乳酸菌制剂、农用乳酸菌制剂、兽用乳酸菌制剂和水产乳酸菌制剂等。按照剂型分为液体制剂和固体制剂。固体乳酸菌制剂一般是将乳酸菌经过发酵增殖后,再通过冻干、喷雾干燥或包埋等手段,将液体制剂进一步加工成固体制剂。然后制作成颗粒、片剂、胶囊等形式进行销售。

②作用原理。第一,发酵作用,在土壤中分解有机物;第二,抗菌作用,乳酸菌最终代谢产物除乳酸、乙酸外,还能代谢产生其他形式的有机酸、细菌素、过氧化氢、乙醇和罗伊氏素等多种抑菌物质。如以乳酸片球菌为原料,将其制成液态药物,再把菠菜种子在这种药液里浸泡 24 h,把如此处理的种子播种到含菠菜枯萎病病原菌的土壤内栽培,结果在长出来的菠菜中,染病菠菜只占约 12%。辣椒苗经乳酸片球菌制剂处理后,因细菌引起的辣椒根部腐烂的概率是未经处理情况下的约 20%。

（3）放线菌

①基本概念。放线菌(Actinomycetes)是一群革兰氏阳性、高(G+C)摩尔百分含量(>55%)的细菌。是一类主要呈菌丝状生长和以孢子繁殖的陆生性较强大的原核生物。因在固体培养基上呈辐射状生长而得名。大多数有发达的分枝菌丝,菌丝纤细,宽度近于杆状细菌,为 0.5~1 μm,可分为营养菌丝和气生菌丝。营养菌丝又称基质菌丝,主要功能是吸收营养物质,有的可产生不同的色素,是菌种鉴定的重要依据。气生菌丝叠生于营养菌丝上,又称二级菌丝。放线菌在自然界分布广泛,主要以孢子或菌丝状态存在于土壤、空气和水中,尤其是含水量低、有机物丰富、呈中性或微碱性的土壤中数量最多。

②主要作用。放线菌的主要作用是促使土壤中的动物和植物遗骸腐烂,最重要的作用是产生、提炼抗生素。目前世界上已经发现的 2 000 多种抗生素中,大约有 56% 是由放线菌(主要是放线菌属)产生的,如植物用的农用抗生素和维生素等也是从放线菌中提炼的。

（4）芽孢杆菌

①基本概念。芽孢杆菌(Bacillus)是细菌的一科,能形成芽孢(内生孢子)的杆菌或球菌,包括芽孢杆菌属、芽孢乳杆菌属、梭菌属、脱硫肠状菌属和芽孢八叠球菌属等。它们对外界有害因子抵抗力强,分布广,存在于土壤、水、空气以及动物肠道等处。

②主要特性。

161

第一,快速繁殖。代谢快、繁殖快,4 h 增殖 10 万倍,标准菌 4 h 仅可繁殖 6 倍。

第二,生命力强。耐强酸、耐强碱、抗菌消毒、耐高氧(嗜氧繁殖)、耐低氧(厌氧繁殖)。

第三,体积大。体积比一般病源菌分子大 4 倍,占据空间优势,抑制有害菌的生长繁殖。

③主要作用。

第一,保湿性强。形成强度极为优良的天然材料聚麸胺酸,为土壤的保护膜,防止肥分及水分流失。

第二,有机质分解力强。增殖的同时,会释出高活性的分解酵素,将难分解的大分子物质分解成可利用的小分子物质。

第三,产生丰富的代谢生成物。合成多种有机酸、酶等生理活性物质,及其他多种容易被利用的养分。

第四,抑菌、灭害力强。占据空间优势,抑制有害菌、病原菌等有害微生物的生长繁殖。

第五,除臭。可以分解产生恶臭气体的有机物质、有机硫化物、有机氮等,大大改善场所的环境。

(5)EM 菌

①基本概念。EM 菌(effective microorganisms)由日本琉球大学的比嘉照夫教授 1982 年研究成功,并投入市场。是以光合细菌、乳酸菌、酵母菌和放线菌为主的 10 个属 80 余个微生物复合而成的一种微生物活菌制剂。

②EM 菌作用机理。EM 菌在土壤中极易生存繁殖,所以能较快而稳定地占据土壤中的生态地位,形成与病原微生物争夺营养的竞争,从而形成有益的微生物菌的优势群落,控制病原微生物的繁殖和对作物的侵袭。20 世纪 80 年代末 90 年代初,EM 菌已被日本、泰国、巴西、美国、印度尼西亚、斯里兰卡等国广泛应用于农业、养殖、种植和环保等领域,取得了明显的经济效益和生态效益。

(6)固氮菌

①固氮菌的概念。固氮菌是细菌的一科。菌体杆状、卵圆形或球形,无内生芽孢,革兰氏染色阴性。严格好氧性,有机营养型,能固定空气中的氮素。

②固氮菌的组成。

A. 共生固氮菌。在与植物共生的情况下才能有效地固氮,固氮产物氨可直接为共生体提供氮源。主要有根瘤菌属(Rhizobium)的细菌与豆科植物共生形成的根瘤共生体,弗氏菌属(Frankia,一种放线菌)与非豆科植物共生形成的根瘤共生体。某些蓝细菌与植物共生形成的共生体,如念珠藻或鱼腥藻与裸子植物苏铁共生形成苏铁共生体,红萍与鱼腥藻形成的红萍共生体等。根瘤菌生活在土壤中,以动植物残体为养料,过着"腐生生活"。当土壤中有相应的豆科植物生长时,根瘤菌迅速向植物根部靠拢,从根毛弯曲处进入根部。豆科植物根部在根瘤菌的刺激下迅速分裂膨大,形成"瘤子",为根瘤菌提供了理想的活动场所,还供应了丰富的养料,让根瘤菌生长繁殖。根瘤菌又会从空气中吸收氮气,为豆科植物制作"氮餐",使其枝繁叶茂。这样,根瘤菌与豆科植物形成共生关系,因此根瘤菌也被称为共生固氮菌。

B. 自生固氮菌:还有一些固氮菌,如圆褐固氮菌,它们不寄生在植物体内,能自己从空气中吸收氮气,繁殖后代,死后将遗体"捐赠"给植物,让植物得到大量氮肥。这类固氮菌称自生固氮菌。

③固氮原理。氮气是空气中的主要成分,占空气总量的 4/5,然而大部分植物不能直接吸收利用。固氮菌有一种固氮酶,可以轻易地切断束缚氮分子的化学键,把氮分子变为能被植物消化、吸收的氮原子。俄罗斯莫斯科大学生化物理研究所的科研人员别尔佐娃经过多年探索研究,成功地解释了固氮菌在空气中生存固氮的机理。

(7)解磷菌

①基本概念。人们在 20 世纪初开始注意到微生物与土壤磷之间的关系。Sackett(1908)发现一些难溶性的复合物施入土壤中,可以被作为磷源而应用,他们从土壤中筛选出 50 株细菌,其中 36 株在平板上形成了肉眼可见的溶磷圈。1948 年 Gerretsen 发现植物施入不溶性的磷肥,经接种土壤微生物后,促进了植株的生长,增加磷的吸收。他分离出了这些微生物,发现这些微生物可帮助磷矿粉的溶解。从此,许多科学家致力于解磷菌的研究,相继报道了许多微生物具有解磷作用。

具有解磷作用的微生物种类很多,也比较复杂。有人根据解磷菌分解底物的不同将它们划分为能够溶解有机磷的有机磷微生物和能够溶解无机磷的无机磷微生物,实际上很难将它们区分开来。报道具有解磷作用的微生物解磷细菌类有芽孢杆菌、假单胞杆菌、欧文氏菌、土壤杆菌、沙雷氏菌、黄杆菌、肠细菌、微球菌、固氮菌、根瘤菌、沙门氏菌、色杆菌、产碱菌、节细菌、硫杆菌、埃希氏菌。解磷真菌类有青霉菌、曲霉菌、根霉菌、镰刀菌、小菌核菌。解磷放线菌有链霉菌等。

②解磷菌作用机理。解磷菌的解磷机制因不同的菌株而有所不同。有机磷微生物在土壤缺磷的情况下,向外分泌植酸酶、核酸酶和磷酸酶等,水解有机磷,转化为无机磷酸盐。无机磷微生物的解磷机制一般认为与微生物产生有机酸有关,这些有机酸能够降低 pH,与铁、铝、钙、镁等离子结合,从而使难溶性的磷酸盐溶解。

Sperber(1957)鉴定了解磷细菌可产生乳酸、羟基乙酸、延胡索酸和琥珀酸等有机酸。Louw 和 Webly(1959)则认为微生物产生的乳酸和 α-酮基葡萄糖酸是溶解磷酸盐的有效溶剂。林启美等也发现细菌可以产生多种有机酸,且不同菌株之间差别很大。赵小蓉等的研究表明,微生物的解磷量与培养液中 pH 存在一定的相关性($r=-0.732$),但同时也发现培养介质 pH 的下降,并不是解磷的必要条件,表明不同的有机酸对铁、铝、钙、镁等离子的螯合能力有差异。Rajan(1981)等报道将磷矿粉、硫颗粒和一种硫氧化细菌混用,通过硫氧化细菌的作用使硫颗粒氧化成硫酸,溶解磷矿粉。

测定微生物是否具有解磷能力一般有 3 种方法:一是平板法,即将解磷菌在含有难溶性磷酸盐或有机磷的固体培养基上培养,测定菌落周围产生溶磷圈的大小;二是液体培养法,测定培养液中可溶性磷的含量;三是土壤培养,测定土壤中有效磷含量。

3. 微生物肥料的分类

(1)按照微生物分类学进行分类

①细菌性微生物肥料。肥料中添加了在微生物分类学上为细菌界的微生物肥(表 8-29)。

表 8-29　细菌性微生物肥料分类

	界	门	纲	目	科	属
光合菌肥	细菌界					
放线菌肥	细菌界	放线菌	放线菌	放线菌	放线菌	放线菌
乳酸菌肥	细菌界	厚壁菌	芽孢杆菌	乳酸菌	乳酸菌	乳酸菌
芽孢杆菌肥	细菌界	细菌	芽孢杆菌	芽孢杆菌	芽孢杆菌	芽孢杆菌
根瘤菌肥	细菌界			根瘤菌	根瘤菌	根瘤菌

②真菌性微生物肥料。常见的真菌性微生物肥是酵母菌肥,酵母菌属于原生生物界,子囊菌门,酵母菌科的真菌微生物。

(2)按照肥料中含有微生物种类多少分类

①单一微生物肥料。如根瘤菌剂,是指以根瘤菌为生产菌种制成的微生物制剂产品,它能够固定空气中的氮元素,为宿主植物提供大量氮肥,从而达到增产的目的。

②复合微生物肥料。如 EM 菌是以光合细菌、乳酸菌、酵母菌和放线菌为主的 10 个属 80 余个微生物复合而成微生物菌制剂。

(3)按照微生物肥料在农业生产中的作用分类

①发酵类微生物肥料。秸秆腐熟剂、EM 菌肥。能够加快土壤或有机肥中的

有机物的发酵腐熟,缩短有机物的矿物化过程。

②固氮菌生物肥料。含有根瘤菌(固氮菌)的微生物肥料,能够把空气中的氮素固定转化为作物可以吸收利用的氨态氮,改善作物氮营养状况。

③多功能微生物肥料。不仅具有改善土壤结构,增加作物营养条件,还具有防治作物土传病害的功效,增强作物的抗逆性等,如芽孢杆菌类菌肥。

(4)按照肥料中微生物含量多少分类

①生物有机肥。肥料中有效活菌数≥0.2亿/g称为生物有机肥。

②农用微生物菌剂。液体肥料中有效活菌数≥2.0亿/mL,粉剂肥料中有效活菌数≥2.0亿/g、颗粒肥料中有效活菌数≥1.0亿/g的称为农用微生物菌剂。

③复合微生物肥料。液体肥料中有效活菌数≥0.5亿/mL,固体中有效活菌数≥0.2亿/g的称为复合微生物肥料。

4.微生物在农业生产中的作用

农业农村部李俊提出,土壤问题是阻碍农业可持续发展的根本! 而微生物就是一把神奇钥匙,即微生物的"五师"功能:土壤的"造就师""清洁师"和"治疗师"、养分的"转换师"和"制造师"。微生物肥料的功能特点与中国绿色(可持续)农业发展相吻合,是国家战略的必然选择!

(1)改良土壤作用:有益微生物能产生糖类物质,占土壤有机质的0.1%,与植物黏液、矿物胚体和有机胶体结合在一起,可以改善土壤团粒结构,增强土壤的物理性能和减少土壤颗粒的损失。在一定的条件下,还能参与腐殖质的形成。另外,施用微生物肥料后,微生物能促进土壤有机物质转化,提高土壤有机质的含量,改善土壤结构,能明显降低土壤容重,提高土壤总孔隙度,改善土壤的水、热状况。

(2)提高土壤肥力:微生物通过自身代谢产生无机和有机酸,溶解无机磷化物和含钾的矿物质等,促进土壤中难溶性养分的溶解、转化和释放,可以增加土壤中的氮素来源,提高土壤生物碳量、土壤生物氮量、土壤微生物量和土壤的全磷量,有利于提高土壤肥力(表8-30、表8-31)。

表8-30　微生物对土壤的改良作用

处理	土壤生物碳量 SMBC/(mg/kg)	土壤生物氮量 SMBN/(mg/kg)	微生物量 qMB (SMBC/SOC)/%
对照	235.35±21.55	48.65±4.67	1.69±0.46
微生物制剂	425.52±32.5*	82.58±6.65*	2.75±0.12*

注:*表示5%差异显著。

表 8-31　微生物制剂对土壤肥力的影响

处理	有机质含量 SOM /(g/kg)	全氮含量 STN /(g/kg)	全磷含量 STP /(g/kg)
对照	16.93±1.25	0.82±0.07	0.69±0.06
微生物制剂	20.26±1.89*	1.39±0.12*	1.22±0.09*
微生物制剂	425.52±32.5*	82.58±6.65*	2.75±0.12*

注：* 表示 5% 差异显著。

（3）营养作用

①微生物对小麦叶绿素的影响。根据不同浓度微生物稀释液对小麦种子萌发期间 α-淀粉酶活性的影响结果，选择 500 倍微生物稀释液浸种处理进行盆栽试验。微生物浸种提高了小麦旗叶叶绿素含量，开花和灌浆期处理间小麦旗叶叶绿素 a 和叶绿素 b 含量差异均达显著水平（表 8-32）。

表 8-32　微生物浸种对小麦旗叶叶绿素含量的影响

处理	开花期（6月5日）		灌浆期（6月18日）	
	叶绿素 a	叶绿素 b	叶绿素 a	叶绿素 b
清水浸种	4.47	1.15	2.01	0.58
1/500 微生物浸种	5.15*	1.38*	2.52*	0.65*

注：* 表示 5% 差异显著。

②微生物对棉花叶绿素含量的影响。范永强的研究表明，在重度盐碱地上每亩施用农用微生物菌剂（有机质＞45%，芽孢杆菌＞5 亿/g）80 kg，棉花花蕾期测定叶绿素含量为 41.3SPAD，较对照 36.9SPAD 增加 4.4SPAD，提高了 11.9%。

（4）微生物的刺激作用（对作物体内植物生长调节剂）

①微生物对小麦胚芽鞘萘乙酸含量的影响。岳寿松的研究表明，用萘乙酸和微生物菌剂液处理小麦种子，结果表明微生物菌液对胚芽鞘伸长长度的影响与萘乙酸具有相同的作用（图 8-5）。通过标准曲线计算，10 倍、100 倍和 500 倍微生物菌剂稀释液对小麦胚芽鞘促伸长的效果分别相当于 2.5 mg/L、6.7 mg/L 和 8.4 mg/L 萘乙酸的效果。微生物稀释倍数较低时（10 倍、100 倍）的促生长效应反不及稀释倍数较高（500 倍）时，这可能与活菌作用有关。

②微生物对小麦种子 α-淀粉酶活性的影响。岳寿松的研究表明，微生物菌液浸种能显著影响小麦种子萌发期间 α-淀粉酶活性。小麦种子中的 α-淀粉酶为淀粉水解的起始酶，其活性高低对种子萌发期间胚乳物质转化起十分重要的作用。用微生物菌液浸种，因稀释倍数不同，小麦萌发期间 α-淀粉酶活性之间差异较大，与

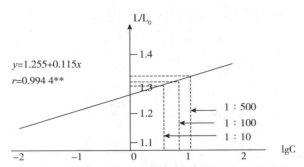

L_0:清水处理芽鞘长；L:萘乙酸和微生物处理芽鞘长；C:浓度/10^{-6}

图 8-5 萘乙酸和微生物稀释液对小麦胚芽鞘伸长的影响

清水浸种相比，微生物原液和 100 倍稀释液极显著降低了 α-淀粉酶活性，500 倍稀释液浸种处理 α-淀粉酶活性提高达到极显著水平，1 000 倍稀释液浸种与对照相比能显著提高 α-淀粉酶活性，2 000 倍稀释液浸种也能提高 α-淀粉酶活性。

③微生物对棉花根活力的影响。范永强的研究表明，在重度盐碱地上施用芽孢杆菌微生物菌剂（有机质＞45％，芽孢杆菌＞10 亿/g）80 kg，较单施氮磷钾元素肥料的棉花根系活力指数由 4 553 $\mu g/g$ 增加到 6 230 $\mu g/g$，提高了 35.8％（图 8-6）。

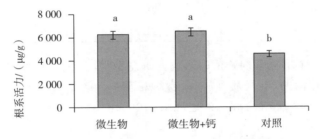

图 8-6 微生物菌剂对棉花根系活力的影响

（5）微生物的抗衰老作用（或延缓衰老）

①微生物对小麦丙二醛（MDA）的影响。研究显示，小麦抽穗后喷洒微生物菌剂能显著降低衰老期间叶片丙二醛（MDA）含量（花后 10 d 和 20 d 测定值差异均达显著水平），说明在一定程度上抑制了细胞膜脂过氧化作用，从而对提高叶片衰老期间的细胞代谢能力起重要作用。

②微生物对大豆丙二醛（MDA）的影响。研究显示，用微生物菌剂拌大豆种，大豆开花结荚期（7 月 15 日）和鼓粒期（8 月 16 日）两个不同生育时期叶片 MDA 含量显著降低（表 8-33），即明显抑制了细胞膜脂过氧化作用，对提高叶片代谢能力起重要作用。

167

表 8-33　微生物拌种对大豆叶片 MDA 含量的影响

处理	开花结荚期 7 月 15 日			鼓粒期 8 月 16 日	
	6 叶	7 叶	8 叶	7 叶	8 叶
根瘤菌拌种	54.5	55.1	56.1	62.5	88.9
微生物拌种	42.6**	53.4	52.1*	58.4*	59.7**

注:* 表示 5% 差异显著,** 表示 1% 差异显著。

(6)减少环境污染与降解农残作用

①微生物对水稻铬的影响。范永强的研究表明(表 8-34),在湖南省益阳市赫山区进行土壤处理试验,即在基肥正常施用氮磷钾的基础上,增加施用微生物菌剂(有机质>45%、芽孢杆菌>2 亿/g)100 kg。采收期取 15 个点的水稻混合后,测定稻谷中的镉含量,稻谷中的镉含量由对照的 0.048 mg/kg 降低到 0.016 mg/kg,降幅达到 66.7%。

表 8-34　微生物菌剂对湖南大米中镉含量的影响

处理	单位面积穗数 /(穗/m²)	每穗粒数 /(粒/穗)	千粒重 /(g/千粒)	结实率 /%	产量 /(kg/亩)	镉 /(mg/kg)
微生物菌剂	545.7	69.2	23.5	77.4	458.1	0.016
对照	495.9	58.9	24.3	76.3	361.4	0.048

②微生物对土壤除草剂残留的影响。研究表明,在正常施用氮磷钾的基础上,增加施用微生物菌剂(有机质>45%、芽孢杆菌>2 亿/g)20 kg,或在水稻孕穗期喷施微生物菌剂(活菌含量 10 亿/mL)120 mL,可明显降低除草剂的药害(表 8-35)。

表 8-35　微生物菌剂对土壤除草剂残留的影响

处理	株高 /cm	每穴穗数 /个	穗长 /cm	每穴实粒数 /粒	千粒重 /g	产量 /(kg/亩)	产量降低 /%
1	73	25	14.2	1 242.2	26.3	588.1	0
2	63.5	15	12.1	517.0	23.2	167.9	71.4
3	60.6	19	8.2	751.0	24.8	273.2	53.5
4	63.8	18.5	12	845.0	25.0	295.8	49.7
5	58	20	11.8	851.0	25.6	305.0	48.1

注:处理 1 正常大田;处理 2 水稻秧苗返青后,拌土撒施除草剂 20% 氯嘧磺隆 2.5 g/亩;处理 3 底施微生物菌剂;处理 4 孕穗期喷微生物菌液(液体,活菌含量 10 亿/mL),每亩用量 120 mL;处理 5 菌剂底施+叶面喷洒(处理 3 和处理 4 组合)。

(7)微生物菌剂的增产作用

①对光合速率的影响。

A. 对小麦光合速率的影响。岳寿松的研究表明,微生物浸种显著提高了小麦旗叶光合作用速率(表8-36),从而为籽粒产量增加奠定了基础。

表8-36　微生物浸种对小麦旗叶光合速率的影响　　　μmol/(m² · s)

处理	旗叶展开后天数/d		
	6	14	24
清水处理	17.3	14.8	8.46
1 : 500 微生物浸种	20.0*	16.1*	9.28*

注：* 表示5%差异显著。

B. 对小麦籽粒生长进程的影响。研究表明,微生物浸种和清水浸种处理对小麦籽粒生长进程存在差异(图8-7),微生物浸种处理小麦籽粒干重一直高于清水浸种。籽粒生长进程用 Logistic 曲线拟合,根据曲线方程求籽粒最大生长速率。由表8-37可以看出,微生物浸种后,提高了小麦籽粒生长速率,为增加粒重奠定了基础。

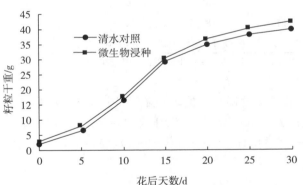

图8-7　不同处理小麦籽粒干重变化

表8-37　微生物浸种对小麦籽粒生长进程及生长速率的影响

处理	籽粒最大生长曲线	P/t	速率/[mg/(粒 · d)]
清水处理	$y=41.4/(1+19.75e^{-0.2437x})$	$2.44×10^{-5}$**	2.52
微生物浸种	$y=42.9/(1+16.47e^{-0.2416x})$	$9.86×10^{-9}$**	2.59

注：** 表示1%差异显著。

C. 对小麦产量及构成因素的影响。研究表明,微生物浸种对小麦产量结构的影响,主要是提高了小麦的穗粒数和千粒重,用微生物菌剂浸种,较对照每穗小穗

数仅增加 0.1 穗,穗粒数增加 1.2 粒,千粒重增加 1.4 g,从而提高了小麦产量(表 8-38)。

表 8-38　微生物浸种对小麦产量及构成因素的影响

处理	每穗小穗数	穗粒数	千粒重/g	产量/(g/盆)
清水浸种	13.0	30.3	41.2	28.6
微生物浸种	13.1	31.5	42.6*	32.4

注:* 表示 5% 差异显著。

②对气孔导度影响。

A. 对大豆气孔导度的影响。气孔导度为影响叶片光合作用速率的重要影响因子。研究显示,大豆植株喷洒微生物后,叶片气孔导度显著增加(表 8-39),表明叶片光合能力的气孔限制因素相对较弱,从而有利于光合速率的提高。

表 8-39　喷洒微生物对大豆叶片气孔导度的影响　　　　mol/(m² · s)

处理	日期			
	8 月 8 日	8 月 19 日	8 月 29 日	9 月 10 日
喷洒清水	0.955	0.635	0.665	0.291
喷洒 1∶500 微生物	1.18*	0.715*	0.704*	0.329*
喷洒 1∶1 000 微生物	1.13*	0.718*	0.668	0.321*

注:8 月 8 日测定叶位为 16 叶,8 月 19 日和 8 月 29 日测定叶位为 18 叶,9 月 10 日测定叶位为 21 叶。
* 表示 5% 差异显著。

B. 对棉花气孔导度的影响。据研究显示(图 8-22),在重度盐碱地上施用芽孢杆菌微生物菌剂(有机质>45%,芽孢杆菌>10 亿/g)80 kg,较对照(单施氮磷钾肥料)的棉花气孔导度增加了 85 mol/(m² · s),提高了 25% 以上。

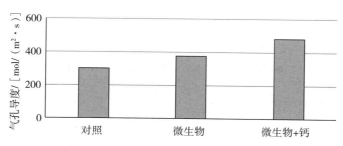

图 8-8　微生物对棉花气孔导度的影响

③对作物品质的影响。

A. 对硝酸还原酶的影响。大豆叶片硝酸还原酶活性与籽粒品质密切相关。据研究显示,大豆喷洒微生物菌剂能够提高大豆叶片 NR 的活性。8 月 8 日测定值 1∶1 000 和 1∶500 微生物处理与清水相比均达显著水平,8 月 19 日测定值仅 1∶1 000 微生物处理达显著水平,9 月 1 日测定值各处理间无明显差异。

B. 对大豆籽粒蛋白质和脂肪的影响。据研究显示,用微生物菌剂拌种和大豆花荚期大豆植株喷洒微生物菌剂,均能够增加大豆籽粒蛋白质和脂肪含量,且在花荚期植株喷洒不同浓度的微生物菌剂,蛋白质和脂肪的增加幅度相近(表 8-40、表 8-41)。

表 8-40　微生物拌种对大豆籽粒蛋白质和脂肪含量的影响

处理	粒数/株(粒)	百粒重/g	产量/(kg/hm²)	蛋白质含量/%	脂肪含量/%
根瘤菌拌种	95.8	22.3	2 608.1	36.1	20.4
微生物拌种	107.7*	22.6	3 007.2*	38.9	22.2

注: * 表示 5% 差异显著。

表 8-41　喷洒微生物对大豆籽粒产量及籽粒蛋白质和脂肪含量的影响

处理	产量	增产率/%	籽粒蛋白质含量/%	籽粒脂肪含量/%
喷洒清水	3 398.7	0	35.8	19.9
喷洒 1∶500 微生物	3 552.5	4.5	37.7	21.2
喷洒 1∶1 000 微生物	3 885.7*	14.3	37.8	21.4

注: * 表示 5% 差异显著。

5. 微生物肥料的执行标准

(1)生物有机肥料行业标准(NY/T 884—2012):见表 8-42 和表 8-43。

表 8-42　生物有机肥产品技术指标要求

项目	技术指标
有效活菌数(CFU)/(亿/g)	≥0.2
有机质(以烘干基计)/%	≥40.0
水分/%	≤30.0
pH	5.5～8.5
粪大肠菌群数/(个/g)	≤100
蛔虫卵死亡率/%	≥95
有效期[a]/月	≥6

来源:NY/T 884—2012。

注:a 此项仅在监督部门或仲裁双方认为有必要时检测。

表 8-43 生物有机肥产品 5 种重金属限量技术要求

项目	限量指标
砷(As)(以烘干基计)/(mg/kg)	≤15
镉(Cd)(以烘干基计)/(mg/kg)	≤3
铅(Pb)(以烘干基计)/(mg/kg)	≤50
铬(Cr)(以烘干基计)/(mg/kg)	≤150
汞(Hg)(以烘干基计)/(mg/kg)	≤2

来源:NY/T 884—2012。

(2)复合微生物肥料行业标准(NY/T 798—2015):见表 8-44 和表 8-45。

表 8-44 复合微生物肥料产品技术指标要求

项目	剂型	
	液体	固体
有效活菌数(CFU)[a]/(亿/g 或亿/mL)	≥0.5	≥0.2
总养分(N+P_2O_5+K_2O)[b]/%	6.0~20.0	8.0~25.0
有机质(以烘干基计)/%	—	≥20.0
杂菌率/%	≤15.0	≤30.0
水分/%	—	≤30.0
pH	5.5~8.5	5.5~8.5
有效期[c]/月	≥3	≥6

来源:NY/T 798—2015。

注:a 含有两种以上复合有效菌的肥料,每一种有效菌的数量不得少于 0.01 亿/g(mL)。

b 总养分应为规定范围内的某一确定值,其测定值与标定值正负偏差的绝对值不应大于 2.0%,各单一养分值应不少于总养分含量的 15%。

c 此项仅在监督部门或仲裁双方认为有必要时检测。

表 8-45 复合微生物肥料产品无害化指标要求

参数	标准限值
粪大肠杆菌数/[个/g(mL)]	<100
蛔虫卵死亡率/%	>95
砷(As)(以烘干基计)/(mg/kg)	<15
镉(Cd)(以烘干基计)/(mg/kg)	<3
铅(Pb)(以烘干基计)/(mg/kg)	<50
铬(Cr)(以烘干基计)/(mg/kg)	<150
汞(Hg)(以烘干基计)/(mg/kg)	<2

来源:NY/T 798—2015。

（3）微生物菌剂国家标准（GB 20287—2006）：见表8-46、表8-47和表8-48。

表8-46　农用微生物菌剂产品技术指标

项目	剂型		
	液体	粉剂	颗粒
有效活菌数（CFU）[a]/（亿/g 或亿/mL）	≥2.0	≥2.0	≥1.0
霉菌杂菌数/（个/g 或个/mL）	≤3×10^5	≤3×10^5	≤3×10^5
杂菌率/%	≤10.0	≤20.0	≤30.0
水分/%	—	≤35.0	≤20.0
细度/%	—	≥80.0	≥80.0
pH	5.0～8.0	5.5～8.5	5.5～8.5
有效期[b]/月	≥3	≥6	≥6

来源：GB 20287—2006。

注：a 复合菌剂，每一种有效菌的数量，不得少于0.01亿/g 或0.01亿/mL；以单一的胶质芽孢杆菌制成的粉剂产品中有效活菌数不少于1.2亿/g。

b 此项仅在监督部门或仲裁双方认为有必要时检测。

表8-47　农用微生物菌剂产品无害化技术指标

参数	标准限值
粪大肠杆菌数/[个/g（mL）]	＜100
蛔虫卵死亡率/%	＞95
砷（As）（以烘干基计）/（mg/kg）	＜75
镉（Cd）（以烘干基计）/（mg/kg）	＜10
铅（Pb）（以烘干基计）/（mg/kg）	＜100
铬（Cr）（以烘干基计）/（mg/kg）	＜150
汞（Hg）（以烘干基计）/（mg/kg）	＜5

来源：GB 20287—2006。

表8-48　有机物料腐熟剂产品技术标准

项目	剂型		
	液体	粉剂	颗粒
有效活菌数（CFU）[a]/（亿/g 或亿/mL）	≥1.0	≥0.5	≥0.5
纤维素酶活[a]/（U/g 或 U/mL）	≤30.0	≤30.0	≤30.0
蛋白酶活[b]/（U/g 或 U/mL）	≤15.0	≤15.0	≤15.0
水分/%	—	≤35.0	≤20.0
细度/%	—	≥70.0	≥70.0

续表 8-48

项目	剂型		
	液体	粉剂	颗粒
pH	5.0~8.0	5.5~8.5	5.5~8.5
有效期[c]/月	≥3	≥6	≥6

来源：GB 20287—2006。

注：a 以农作物秸秆类为腐熟对象测定纤维素酶活。

　　b 以畜禽粪便类为腐熟对象测定蛋白酶活性。

　　c 此项仅在监督部门或仲裁双方认为有必要时检测。

6. 农用微生物菌剂和生物有机肥料的科学施用

正确和合理的施用方法是发挥微生物菌剂和生物有机肥料作用的重要保证。

(1)要足墒适温施用：据研究，当土壤湿度在相对持水量70%左右，且气温在10~30 ℃的范围内肥效较好，当土壤湿度过高或过低，气温低于10 ℃或高于35 ℃时，肥料的转化和吸收就会产生障碍。因此，无论在何种土壤上施用，都要有充足的墒情，以保证促其迅速分解转化。

(2)配套正确施用：为了体现肥料的速效与长效，凡是施用微生物菌剂和生物有机肥料的大田，要配合矿物质营养元素的施用，不能用微生物菌剂和生物有机肥料取代其他肥料。

四、矿物源土壤改良型肥料、植物源生物刺激素和农用微生物之间的关系

1. 互相促进作用

研究显示，矿物源土壤改良型肥（氰氨化钙、土壤调理剂）能增加微生物的繁殖，增强农用微生物的活性，增加微生物的作用；农用微生物在生命活动中分泌出氨基酸、酶等物质，能够促进植物源生物刺激素的作用；植物源生物刺激素能够促进矿物源土壤改良型肥料的作用。

2. 作用顺序不同

矿物源土壤改良型肥料、植物源生物刺激素和农用微生物菌在不同的设施栽培土壤类型上的作用顺序不同。研究显示，在设施栽培酸性土壤条件下，矿物源土壤改良型肥料的作用大于农用微生物菌剂的作用，农用微生物菌剂的作用大于植物源生物刺激素；在设施栽培碱性土壤条件下，农业微生物的作用大于植物源生物刺激素的作用，植物源生物刺激素的作用大于矿物源土壤改良型肥料的作用。

第四节　草莓水肥一体化技术

一、水肥一体化的概念

水肥一体化是将现代化灌溉与施肥融为一体的农业新技术。广义上是指根据作物特点及需肥规律，对农田水分、养分进行综合调控和一体化管理，以水促肥，以肥调水，实现水肥耦合，全面提升农田水肥利用效率，实现水肥同步管理和高效利用的农业新技术；狭义上则是指利用将溶解在水中的肥料，借助管道灌溉系统（如喷灌、滴灌等），适时适量地将肥料与水分同时喷洒到作物叶面上或输送到作物根区附近，满足作物对二者的需求，达到省肥节水、省工省力、降低湿度、减轻病害、增产高效、保护环境的目的，从而实现水肥一体化管理和高效利用。

21世纪以来的10多个中央一号文件明确强调要加强农田水利设施等方面建设，随着农业产业结构的调整，高效节水的农业方式成为农业生产的一大课题。2013年，农业部办公厅印发了《水肥一体化技术指导意见》，这是我国第一次正式将水肥一体化作为一个战略政策发布，明确了水肥一体化在我国农业领域的重要地位及作用。该政策将大大推进农业的发展，减少水资源及肥料等农资资源的浪费，减轻甚至能够避免土壤及水源受肥料等的污染和破坏，促使化肥需求结构和农业新技术研发发生根本性变化。2016年4月，农业部办公厅进一步制定了《推进水肥一体化实施方案（2016—2020年）》，提出大力发展节水农业，控制农业用水总量，推动农药、化肥施用零增长行动的实施，推广普及水肥一体化等农田节水技术，全面提升水分生肥资源综合利用效率，是保障国家粮食安全、发展现代节水型农业、转变农业发展方式、促进农业可持续发展的必由之路。

二、水肥一体化的发展

统计数据显示，我国用9%的耕地、6%的淡水资源生产出占世界26%的农产品，主要粮食作物水分生产效率只有发达国家的一半，我国缺水比缺地情况更严峻。我国化肥用量居世界首位，利用率低于发达国家20%以上，低效高耗，浪费严重。应用水肥一体化技术可节约用水40%以上，肥料利用率提高20%以上。

全国农业技术推广服务中心高祥照、吴勇等专家提出，水肥一体化实现了"五个有利于"和"七个转变"。"五个有利于"：一是有利于加快转变农业发展方式，二是有利于提高农业综合生产能力，三是有利于提高农业抗旱减灾能力，四是有利于

175

农业标准化、自动化、规模化和集约化发展,五是有利于农业生态安全。"七个转变"是:渠道输水向管道输水转变,被动灌溉向主动灌溉转变,浇地向浇庄稼转变,土壤施肥向作物施肥转变,水肥分开向水肥一体转变,单一管理向综合管理转变,传统农业向现代农业转变。

我国水肥一体化始于 20 世纪 70 年代,1974 年从墨西哥引进滴灌设备,1980 年自主研制了第一代成套滴灌设备。随着节水灌溉的推广,水肥一体化灌溉的研究也开始同步进行,到 90 年代中期,灌溉施肥技术理论及应用日益受到重视,国内针对水肥一体化技术开展了大量培训和研讨工作。2002 年,农业部组织实施旱作节水农业项目,建立了多个水肥一体化核心示范区。其中,在新疆地区推广应用的棉花膜下滴灌施肥技术已达到国际领先水平。2013 年我国水肥一体化推广面积约 200 万 hm²,2014 年推广应用超过 250 万 hm²,2015 年推广面积已发展到 450 多万 hm²,增长了 33%～74%。这足以表明水肥一体化在我国的发展势头之迅猛。如今,农业农村部在全国 20 多个省市推广水肥一体化技术的试验示范,对象从棉花、蔬菜等经济作物扩展到小麦、玉米等粮食作物,使用费用已从每亩约 2 500 元大幅度降低到每亩约 800 元,高效水溶肥也从约 20 000 元/t 降低到 10 000 元/t,各级农业农村部门创新工作方法,着力推进水肥一体本土化、轻型化和产业化,逐步从设施农业走向大田应用。据测算,我国超过 3 000 多万 hm² 耕地适宜发展水肥一体化,发展潜力巨大。

水肥一体化涉及农田水利、灌溉设备、土壤肥料、作物栽培、农业气象等多个学科。随着物联网、大数据、云计算、人工智能与遥感技术等现代信息技术的高速发展,智能化灌溉将成为现代农业发展的大趋势。基于物联网技术的智能水肥一体化成套装备和技术集成、开发、应用和推广是加速升级传统农业管理模式、促进我国现代农业发展的新模式和技术路径。由于信息和知识作为生产要素介入,提升农业装备和信息化水平,使生产效率得到倍增放大,有助于实现农业产业结构升级、产业组织优化和产业创新方式变革,提升农业产业整体素质,增强农业效益和竞争力,提高资源利用率、劳动生产率和经营管理效率。在我国农业现代化发展中具有广阔的发展前景。

三、水肥一体化的设备

合格的设备是水肥一体化成功的关键。水肥一体化的主要设备包括:过滤器、施肥装置、灌水器(滴灌带)、水泵等。

1.过滤器

过滤器是指把灌溉水中有可能堵塞灌溉系统的固体悬浮物除去的设备。设施栽培中常见的过滤器有网式过滤器、叠片过滤器和离心过滤器等几种形式。

（1）网式过滤器：网式过滤器属于一维平面过滤，工作原理是利用筛网的机械筛分，将灌溉水中颗粒粒径大于孔径的杂质截留住，达到固液分开的目的，使灌溉水中的所有粒子满足系统的要求，其作用效果主要取决于所用筛网孔径的大小，筛网目数越大，过滤精度越高。对于团粒悬浮物过滤效果好，但对于丝状物、线状颗粒、乳胶颗粒的过滤效果较差，一般作为管网的次级或末级过滤设备。

网式过滤器适用于灌溉水质较好的系统中，如井水、自来水及其他清洁水源。目前，在温室大棚中较为常见，大中型灌溉系统中网式过滤器主要配合离心过滤器等使用，置于其下游位置。

（2）叠片过滤器：叠加在一起的滤芯依靠很多带凹槽的微米级孔口的塑料片，利用片壁和凹槽之间的缝隙来截取水流中的杂物。过滤时，灌溉原水通过过滤进水口进入过滤器内，过滤叠片在弹簧力和水力的作用下被紧紧地压在一起，杂质颗粒被截留在叠片微孔或夹缝中，经过过滤的水从过滤器主通道中流出，此时单向隔膜阀处于开启状态。反冲洗时，启动反冲洗阀门，改变水流方向，过滤器底部单向隔膜关闭主通道，反冲洗进入喷嘴通道，与喷嘴通道连接的活塞腔内的水压上升，活塞向上运动克服弹簧对叠片的压力，使叠片松散，同时反冲洗水从原出水口喷射进入，使叠片旋转并均匀分开，喷洗叠片表面，将截留在叠片上的杂质冲刷掉，并随冲洗水流出排污口。当反冲洗结束时，水流方向再次改变，叠片再次被压紧，系统重新进入过滤状态。

叠片过滤器对无机和有机悬浮颗粒都有较好的过滤效果，一般作为主过滤器，可应用于水质较差的灌溉区。

（3）离心过滤器：离心过滤器是一种在灌溉系统中普遍使用的初级过滤设备，其根据离心沉降和密度差的原理，当水流在一定的压力下，从除砂器进口以切向进入设备后，产生强烈的旋转运动，由于砂和水密度不同，在离心力、向心浮力、流体曳力的作用下受力不同，从而使密度低的清水上升，由溢流口排出，密度大的砂粒由底部排砂口排出，从而达到固液分离的目的。

离心过滤器水头损失大，耗能较高，因此一般作为灌溉系统的第一级处理设备，与其他种类过滤器组合使用。

（4）组合式过滤器：灌溉系统中，大多采用组合式过滤器，即将以上几种过滤器结合一起使用，其自上游至下游的安装顺序为：离心过滤器—网式过滤器（或砂石过滤器）—叠片过滤器—网式过滤器。如果水质很差，应在整个系统之前设置沉淀池或其他初级过滤设施。

2.施肥装置

施肥装置是灌溉系统重要的组成部分,其作用是将作物所需的养分适时适量地注入灌溉系统主管道,随水进入田间管网至作物所需部位。设施栽培常用的施肥装置包括压差施肥器和文丘里施肥器。

(1)压差施肥器:过滤后的灌溉水从进水管进入罐体,与罐内化肥混合,通过调压阀调节使阀门前后产生压差,水肥一起由供肥液管进入输水管道,输送到田间作物。目前压差施肥器尚没有国家或行业标准,厂家根据企业标准自行设计生产。

(2)文丘里施肥器:文丘里施肥器与肥料储液箱配套组成一套施肥装置,采用文丘里管或射流器收缩段使流速加快,产生负压,通过吸液小管吸取肥料进入灌溉管道到达作物附近。

3.灌水器(滴灌带)

设施栽培应用的灌水器主要是滴灌带。常用的滴灌带有单翼迷宫式滴灌带和内镶式滴灌带(管)两种。

(1)单翼迷宫式滴灌带:滴灌带一次性挤压熔接而成,无接缝,无毛边,价格低。其主要特点:灌溉均匀度较好,重量轻,易搬运,拉伸性能好。其缺点是抗压能力差,对地形适应性较差,滴头间距固定。滴头间距有 30 cm、50 cm 2 种,流量有1.8 L/h、2.5 L/h、3.2 L/h 3 种,壁厚 0.2 mm。

(2)内镶式滴灌带(管):滴头镶于管内壁的一体化滴灌管,滴灌带常规直径16 mm,流量有 1.38 L/h、2.0 L/h、2.7 L/h 3 种,壁厚 0.2~0.6 mm,滴头间距有10 cm、15 cm、20 cm、30 cm、50 cm 5 种。圆柱滴灌管直径为 16 mm 时,流量有2.0 L/h、4.0 L/h 2 种,壁厚 0.6~1.2 mm,滴头间距有 15 cm、30 cm、50 cm 3 种。

内镶式滴灌带(管)的优点为滴头与管带一体化,安装使用方便,成本低,投资少,滴头有自过滤窗,抗堵塞性能好,采用迷宫式流道,具有一定的压力补偿作用。

4.其他

(1)水泵:水泵是将原动机的机械能或其外部能量转化为被输送水的能量,调节灌溉水输送的流速和压力,其种类多样,结构各异,常用的农用水泵有潜水泵、离心泵等。

(2)调控和安全设备:调控和安全设备是灌溉系统不可缺少的部件,包括流量控制设备、安全保护装置和测量装置等。

①流量控制设备主要有闸阀、球阀、蝶阀。闸阀主要是沿管道轴线垂直方向移动的阀门,通过其上下移动来接通或切断管道中的灌溉水流;球阀是含有圆形通孔的球体,由阀杆带动,并绕球阀轴线做旋转运动的阀门;蝶阀结构简单,主要是由圆

盘构成启闭件,随阀杆往复回转不同角度以控制调节灌溉水流量大小,安装于管道的直径方向。

②安全保护装置主要有逆止阀和空气阀。逆止阀指依靠介质本身流动而自动开、闭阀瓣,用来防止灌溉水等液体倒流的阀门,属于一种自动阀门;空气阀主要根据阀体内浮子的升降实现对管道内空气的控制,防止因停电或停泵等导致压力变化对管道产生损坏。

③测量装置主要包括水表及压力表。测量装置中压力表是灌溉系统中必不可少的测量仪器,它可以反映系统是否正常运行,特别是过滤器前后的压力表,它实际上是反映过滤器堵塞程度及何时需要清洗过滤器的指示器;而水表可用来计量一段时间内通过管道的水流总量或灌溉用水量,一般安装在首部过滤器之后的主管上,也可将水表安装在相应的支管上。

四、水肥一体化对草莓土壤生态优化的作用

1. 改善土壤微环境,防止土壤板结

传统灌溉多采用漫灌的方式进行浇灌,灌水量较大,大水漫灌对土壤侵蚀、压实的作用很强,能挤出土壤内的空气,使土壤处于缺氧环境状态,一些根系和土壤微生物会因为缺氧而死亡,土壤的团粒结构也被破坏,造成土壤板结。采取水肥一体化,实行滴灌或喷灌,使水分缓慢均匀地渗入土壤,水分微量灌溉对土壤的压实作用小,土壤中的空气排出的少,对土壤结构起到保护作用,使土壤容重降低,孔隙度增加,土壤微生物受到的伤害小,增强土壤微生物的活性,有利于土壤团粒结构的形成,防止土壤板结。

2. 提高肥料利用率,减轻土壤盐酸化

水肥一体化技术可以根据作物不同生育时期的需肥规律,先将肥料溶解成浓度适宜的水溶液,采取定时、定量、定向的施肥方式,除了减少肥料挥发、流失及土壤对养分的固定外,还实现了集中施肥和平衡施肥,在同等条件下,一般可节约肥料 30%～50%,明显减轻土壤的盐酸化进程。

3. 节约灌溉水

传统的灌溉一般采取畦灌和漫灌,水常在输送途中或在非根系区内浪费。而水肥一体化技术使水肥相融合,通过可控管道滴状浸润作物根系,能减少土壤湿润深度和湿润面积,灌水均匀度可提高至 80%～90%,减少水分的下渗和蒸发,提高水分利用率,通常可节水 30%～40%,从而减轻对土壤耕层的压实作用,减轻土壤板结。

4.防止土传病害的发生与发展

根腐病、腐烂病、线虫病等许多土传病原菌都是随水传播。大水漫灌后,土传病原菌就会随水流到每一株作物的根茎部位,条件适宜就会侵染健康作物,造成土传病害的流行。

5.促进作物根系的生长

我国著名的果树专家魏钦平教授做过这样一个有趣的实验,就是将一颗苹果树栽植在4个方形花盆的中间,也就是说将果树的根系分成4部分分别进行浇水。结果表明:每次只浇一个花盆(即1/4浇水),其果树营养生长较小,容易成花;而每次4个花盆都浇水的果树(即四分之四浇水),营养生长量很大,枝叶茂盛,却难以成花。这个实验表明,对果树进行适度的有控制的浇水,方能达到理想的效果。

土壤30 cm以上的耕层(果树根际)分布着大量的吸收根,这些根系对环境变化非常敏感,耕层土壤的变温、干旱、洪涝等都会造成根系死亡。研究表明,大水漫灌后,由于表层土壤的通气性、温度、含水量等发生很大变化,处于表层土壤的吸收根往往大量死亡,会造成果树营养的暂时亏缺。所以,一些果树经过大水漫灌后,会出现叶片发黄或者落果等现象。另外,大水漫灌后,由于果树吸收了过多的水分,营养生长大大增强,容易引起果树旺长,大量冒条和新梢旺长,难以成花。新梢的旺长,又会消耗过多的光合营养和矿物质营养,打破营养分配平衡,分配到果实、根系、花芽的营养就会相对减少,根系生长受到抑制,枝条不充实,花芽难以形成,果实难以长大。

6.增强作物抗逆性,提高产量和品质

水肥一体化灌溉技术可将各种营养元素随水适时适量的供给作物,使得作物不旱不涝,养分充足,提高作物的抗逆性(包括抗病、抗旱、抗寒等),特别是设施栽培的大棚中,使用水肥一体化可显著降低棚内湿度,减少病害的发生和农药用量,显著提高作物产量和品质。试验结果表明:在设施栽培中,与常规技术相比,采用水肥一体化技术增产15%以上。

五、草莓设施栽培水肥一体化设备安装

设施栽培为小规模耕作栽培,一般一个栽培单元面积仅几百平方米至一万平方米左右。实施水肥一体化的最终目的就是要将肥料和水分进行精准配制、精准供应,并且可以实行多次控制,只要能将水源、施肥装置、输送装置配置正确得当,就能真正实现水肥一体化的目的。为此,设施栽培水肥一体化的设备安装要注意以下几点。

1. 水源要求

应选择水量充足,清洁无污染的地下水、河水、自来水和湖泊水等符合国家质量规定要求灌溉水。

2. 肥料要求

在常温下肥料应满足以下要求。

(1)水溶性肥料全水溶性、全营养性、各元素之间不会发生拮抗反应。

(2)水溶性肥料不会引起灌溉水 pH 的剧烈变化。

(3)水溶性肥料对灌溉系统的腐蚀性较小,与其他肥料混合不产生沉淀。

(4)水溶性肥料质量应符合国家肥料行业标准的规定。

3. 设备安装要求

(1)首部枢纽

①加压设备主要安装在水源处,应根据水源情况,按照系统设计扬程、压力和流量选择相应的水泵型号,并略大于工作时的最大扬程和最大流量,运行工况点宜处在高效区的范围内,选择离心泵或潜水泵,水泵的质量应符合 NY 643—2014《农用水泵安全技术要求》的规定。

②安全保护设备。安全保护设备由进排气阀、逆止阀、过滤器等组成。

A. 进排气阀和逆止阀的选用依据首部枢纽管径大小而定。

B. 过滤器选用叠片式过滤器,根据用水要求选择不同精度的过滤盘片,特别是在使用叠片式过滤器之前,首先检查叠片式过滤器是否完整无损坏,其次是在安装叠片式过滤器时,注意水流方向性(标注箭头方向即 disc 方向)。

③计量设备。计量设备由水表、压力表等组成,根据系统流量和管径选择相应水表型号,在过滤器前后分别安装压力表,选择比系统最大水压高 15% 的压力表。

④控制设备。主要包括球阀、闸阀等,根据首部管径大小和用户需求选择适宜的控制阀门。

⑤施肥设备。由肥液贮存罐、施肥器等组成。

A. 肥液贮存罐。选择塑料等耐腐蚀性强的肥液贮存罐,容量大小根据设施面积确定。

B. 文丘里施肥器。施肥器可根据单元设施栽培的面积大小确定。大小拱棚和日光温室塑料大棚等,由于单元设施栽培的面积一般较小,施肥器可选择文丘里施肥器。文丘里施肥器的安装要注意以下几点:第一,在使用文丘里施肥器之前,先检查施肥器是否完整无损坏,配件是否齐全;第二,连接备件、软管时,注意卡进第二道倒刺,并且用卡箍卡紧;第三,安装时两端需缠生料带,防止漏水。

C.其他施肥器。如果单元设施栽培面积超过 1.5 万 m²,可考虑选择压差式施肥器或比例式施肥泵等。施肥器的选择应符合 SL 550—2012《灌溉用施肥装置基本参数及技术条件》的要求。

(2)输水系统:输水系统包括干(主)管、支管和毛管等三级管道和滴水器。干(主)管和支管常用硬聚氯乙烯管材和管件,应符合 GB/T 13664—2006《低压输水灌溉用硬聚氯乙烯(PVC-U)管材》的要求。滴水器可根据设施种植作物类型选择。滴灌带的选用应符合 GB/T 19812.1—2017《塑料节水灌溉器材 第 1 部分:单翼迷宫式滴灌带》和 GB/T 19812.3—2017《塑料节水灌溉器材 第 3 部分:内镶式滴灌管及滴灌带》的要求。

①主管道布局安装尽量避开田间道路,最好安装在田边沟旁,以防给机械田间操作时带来不便。

②支管道布局应根据设施的类型而定,日光温室塑料大棚一般安装在栽培设施的前边缘,以利于田间操作。南北走向的果蔬大拱棚由于南北长度超过 100 m,因此一般铺设在大棚的中间,以便毛管管网的布置。

③毛管(或者滴灌带)常用聚乙烯管材,田间布局一般顺行铺设。毛管(或滴灌带)的铺设长度和宽度要合理,在具备足够压力和落差不超过 5 m 的情况下,滴灌带长度不应超过 70 m,滴灌带的宽度要根据设施栽培作物的行距而定。设施蔬菜一般一行蔬菜铺设一根毛管(或滴灌带),设施果树一般一行铺设 2 根毛管(或滴灌带)。如果铺设滴灌带,滴灌带上的滴孔一定向上。如果滴孔向下,因为大气压的原因(滴灌内压低于大气压)会在停止滴水时,容易倒吸地表面的泥土将滴孔堵塞。毛管的额定工作压力通常为 50～150 kPa,滴头流量为 1.0～3.0 L/h,滴头流量、滴头间距应根据种植作物的品种及土壤质地决定。

遇到高度悬殊的地形(落差超过 7 m),要采用压差补偿力措施,安装压力罐和采用压力补偿能力强的滴灌带,防止高压差造成的灌水不均。

④支管与毛管的连接方式。大小拱棚和日光温室塑料大棚的单元栽培面积较小,一般不超过 2 000 m²,可采用"非"字形排列。南北走向的果蔬大拱棚,支管、毛管网一般采用"丰"字形布置,即从大棚的中间沿大棚走向的垂直方向铺设支管,然后向大棚走向的两端铺设毛管。

(3)其他设备:全自动水肥一体化灌溉控制系统还需在首部枢纽安装电子阀、水分传感器和气象要素传感器等。

(4)试水:各种设备安装铺设完成后,要仔细试水。

①关闭施肥器两端阀门,打开球阀,通水。

②封闭好所有的堵头出水口,检查进水压力表的压力,正常运行压力应在

0.1～0.2 MPa,末端压力表的压力大于 0.06 MPa。如果前后端压力表的压力差大于 0.02 MPa,则需要打开排污阀。如果没效果,停水清洗过滤器(打开过滤器盖,取出滤芯,在清水中涮洗干净)。

③巡查干管、支管和毛管是否漏水,如出现漏水,应根据具体情况进行修复,对末端出水的滴灌带进行末端折叠封堵,对出水主管装上堵头。

4.设备操作管理

(1)水分管理:根据设施栽培作物需水规律、土壤墒情、根系分布、土壤性状、设施条件和技术措施,制定合理的灌溉制度,内容包括设施栽培作物全生育期的灌水量、灌溉定额、灌水次数、灌溉时间和每次灌水量等。根据设施栽培农作物根系状况确定湿润深度,蔬菜宜为 20～40 cm,蔬菜灌水上限控制在田间持水量的 90%～95%,设施栽培果树灌水上限控制在田间持水量的 85%～90%。

(2)肥料管理:按照肥随水走、少量多次、分阶段施肥的原则,将设施栽培作物不同阶段的灌溉水量和施肥量进行阶段分配,制定灌溉施肥制度,包括基肥与追肥比例、不同生育期灌溉施肥的次数、时间、灌水定额、施肥量等,满足设施栽培作物不同生育期水分和养分的需要,充分发挥水肥一体化技术的优势,提高水分和养分的利用率。

(3)水肥一体化操作方法

①溶肥。选择干净的桶,倒入计划施用的肥料,加清水搅拌混合,静置备用。

②开启滴灌系统,先用清水灌溉 20～30 min,湿润灌溉系统,然后打开施肥器的控制开关,使肥料进入灌溉系统,通过调节施肥装置的水肥混合比例或调节施肥器阀门大小,使肥液以一定比例与灌溉水混合后施入田间。

③每次施肥结束后继续滴 20～30 min,以冲洗管道,防止肥液结晶而堵塞灌水器。

④每次施肥结束后,需打开过滤器排污阀,排除过滤器内杂质。

⑤在施肥过程中,请务必使用水溶肥,其他化肥极易堵塞过滤器和滴灌带。

(4)设备的维护和保养

①首部枢纽的维护与保养。水泵使用前后注意电源连接,保证运行中不会产生漏电、漏气等。

②阀门打开顺序。首先打开阀门,使滴灌带能够正常出水,在此基础上逐级打开上游阀门,开启水泵。

③系统压力。严格控制灌溉系统的工作水头(即工作压力),不可过高或过低,否则将造成管路破坏或影响灌溉质量。过滤器前后压差宜为 10～60 kPa,若压差过大,说明过滤器堵塞,应及时清洗过滤器碟片。压差式施肥罐底部的残渣要经常

清理。

④阀门关闭顺序。关闭系统时,首先关闭水泵等动力系统,然后逐级关闭各级阀门。开关阀门时应缓慢转动,严禁速度过快,防止管道内产生水锤现象,损坏管道和机泵。

⑤输水管网的维护与保养。应定期检查和及时维修输水管网系统,防止漏水。每3次滴灌施肥后,将每条水管末端打开进行冲洗。

(5)其他部件的维护与保养:田间滴灌管(带)应尽量拉直,确保灌溉水流畅通。如果冬季回收,注意不要扭曲放置。

第九章　现代草莓栽培的模式

第一节　草莓露地栽培模式

一、露地栽培的概念

露地栽培又称常规栽培,是指在田间自然条件下,不采用任何保护设施(如日光温室、塑料大棚和小拱棚等)的一种栽培方式。露地栽培的过程是夏季培育壮苗,秋季定植于生产田,在露地条件下生长,冬季前进行营养生长并形成花芽,冬季休眠,自然越冬,第二年春季开花,春夏季收获。

目前,露地栽培仍然是我国草莓的主要栽培方式,加工用草莓的生产主要是在露地栽培,草莓保护地栽培的种苗多是在露地条件下培育的,另外,进行选种、杂交育种、引种等都离不开露地栽培。

露地栽培是一种最简单、最基本的栽培方式,在全国各地都适合。露地栽培管理简单,成本低,不需要很多人为的设施材料,省工、省力,适于规模经营,经济效益较高,是最容易推广应用的栽培方式。露地草莓果实风味好,耐贮运,除供应附近市场外,还可有计划地弥补较远地区的市场消费及产品加工,且鲜果上市正值其他果品较少的淡季,因此价格稳定,但上市期集中,价格波动较大,又不耐贮运,损失率大。露地栽培的采收期主要取决于当地的气候条件,温暖地区收获早而冷凉地区收获晚,上市期气温较高,贮运性受影响,货架期寿命短。露地栽培产量不稳定,由于从展叶吐蕾到果实成熟是在很短时间内加速进行的,这个时期的自然条件和植株的营养状况,对产量影响很大。花期遇异常低温,生育过程中日照不足以及受到风灾、降雨、病虫等影响,造成每年的产量和收益都有较大差异。

因此,露地栽培应选大城市附近、旅游观光区或交通方便的地区种植,有加工企业或签订收购合同的地区也适宜发展露地栽培。露地栽培要实现优质高产,就要选用适合品种,改进栽培技术,改善采收、运输、销售途径,积极防御自然灾害,才

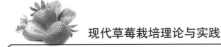

能进一步提高露地栽培的经济效益。

二、露地栽培制度

我国露地草莓栽培,一般采用两种不同的栽培制度,即一年一栽制和多年一栽制。

1. 一年一栽制

一年一栽制也称一年一倒茬。第一年秋季定植,翌年收获一茬果实后,将草莓耕翻掉,种植其他作物,秋季另选地块重新栽植草莓苗。一年一栽制能提高土地利用率,增加经济收入,植株生长旺盛,果实较大,品质好,产量高,病虫害少,不仅有利于草莓苗的更新复壮和轮作倒茬,还可间作套种和夏播作物。实行一年一栽制,一般要求 3～5 年的轮作,即种植草莓的地块,3～5 年后才能再种。在人多地少的草莓产区,3～5 年有困难,可 2 年一轮。轮作作物以瓜类、菜类和豆类为宜,在多施有机肥的条件下,高产的小麦茬也可种草莓。避免与茄果科作物如番茄、茄子和辣椒等连作,以免连发共同性病害。

2. 多年一栽制

多年一栽制也称多年一倒茬。栽植一次,连续收获多年,每年果实采收结束后,清理植株,可选留母株更新,也可待母株抽生匍匐茎苗后,去掉母株选留健壮的匍匐茎苗更新,连续栽植几年后,待植株衰老、产量下降,将植株铲除,改种其他作物,另选地块重新栽植草莓。这种栽植方法一般在土壤杂草少,地下害虫不多,地广人稀,劳动力缺乏,大面积集中栽培时采用较多。多年一栽制不必每年育苗移栽,但每年的肥料施用、中耕除草和病虫害防治等田间管理工作不方便。如果从外地引种,常因秧苗质量差,栽植稀,第一年产量不高,第二年才获得丰产。长到第三年,草莓生活力明显衰弱,产量降低,果实变小,品质下降,病虫害发生多,经济效益降低,所以,露地栽培草莓以 2 年一栽较为适宜。

多年一栽制根据栽后对匍匐茎的处理方法不同,有两种主要栽植方式,可根据当地实情、育苗数量及劳动力多少等实际情况来决定。

(1)定株栽植:按一定植株行距栽植后,植株发出的匍匐茎全部摘除。第二年可于结果后留老株,除去匍匐茎。第三年结果后,保留匍匐茎苗作为新株,疏去母株,按固定植株行距选留健壮的新苗。此方式多用于高垄种植,可使植株养分集中,有利于提高草莓产量和质量。就地更新,换苗不换地,产量较稳定。但需苗量大,摘除匍匐茎用工多。

(2)地毯式栽植:定植时植株行距较大,让植株长出的匍匐茎在株间扎根生长,直到均匀地布满畦面,形成地毯状。也可让匍匐茎在规定的范围内扎根生长,延伸到规定范围外的一律去除,形成带状地毯。这种方式多用于平畦种植,在苗不足、劳动力紧缺的情况下考虑采用。栽后第一年由于株苗不足产量较低,不宜栽植太稀,翌年可获较高产量。

三、露地栽培规划

草莓具有喜光性,但也耐荫蔽,同时具有喜水、喜肥、怕涝、怕旱等特点。草莓园应选择光照良好、地势稍高、地面平整、排灌方便、土壤疏松肥沃的地块。在北方冬季寒冷地区应选背风向阳的地方,而在高温湿润的南方宜选背阳凉爽的地方。山坡地坡度最好不超过 2°～4°,坡向以南坡和东坡较适宜。地下水位较高的水田,可开挖沟渠栽植。土壤最好选择土层深厚,土质疏松通气,保水保肥强的壤土或砂壤土。土壤质地过砂、过黏均不适宜。土壤 pH(酸碱度)以 5.5～6.5 的酸性土壤为宜,有机质含量在 2% 以上为宜。

在茬口选择上,草莓园应选择与草莓无共同病虫害的前茬,有线虫为害的葡萄园和已刨去老树的果园,未经土壤消毒,不宜种植草莓。番茄和马铃薯与草莓有共同性病害,其前茬地也不宜种草莓。前茬作物一般以豆类、瓜类、小麦和油菜较好。草莓地连作也不合适,要间隔 1～2 年。

草莓是多年生浆果植物,不耐长途运输和贮藏。因此,为了便于果实的销售和运输,应建立商品生产基地和大面积栽培的草莓园。园地最好建在交通方便,道路平坦的大城市郊区、大型工矿企业等人口集中的地区和果品加工厂、冷冻贮藏库附近。发展面积要根据当地消费水平和加工、冷冻能力考虑,以免造成不必要的损失。

草莓采收期用工集中,应根据当地劳动力、资金和市场销售等情况来确定种植规模的大小。同时,还要规划好兼种的其他作物的茬口和布局,以充分利用土地潜力。

四、露地栽培技术

1. 整地技术

草莓种植前进行土壤整理,主要是清除杂草和杂物、整平、施肥、耕翻、耙平、沉实和作畦等。如果草莓地杂草多,可在耕翻前半个月左右,每亩用 10% 草甘膦 0.5 kg加水 50 L,喷洒杂草茎叶,待杂草枯死后,施入肥料,再耕地。耕前要整平地面。

耕翻时间宜早,最好在伏前晒垡,使土壤熟化。耕翻深度以 20～30 cm 为宜。耕翻过的土壤必须强调整地质量,要求耙平盖实,土层深厚,上暄下实,细碎平整。以免栽后浇水引起幼苗下陷,埋住苗心或幼苗被冲、被埋,影响幼苗成活。

2.土壤修复技术

在连作情况下,草莓栽植前应进行土壤处理,以调节土壤物理化学性质,消除土传病害,特别是提高草莓抗逆性,提高产量和品质,具体操作技术见第八章现代草莓栽培的关键技术三:草莓土壤修复技术。

3.施肥技术

(1)遵循以有机肥料为主的原则:草莓根系浅,根系耐肥力差,但对肥料要求比其他果树高,栽植的植株行距小,大量营养生长和花芽分化主要在冬前进行,需要营养多,施用化肥过多或不当,易造成生理障碍或烧根。因此,草莓地耕翻前要施足底肥,主要是以有机肥料为主,以提高土壤肥力,满足草莓整个生长期对养分的要求。一般每亩施腐熟优质农家肥不少于 5 000 kg(2～3 m³),如土壤缺乏微量元素,还应补充相应的微量元素肥料。

(2)增施农用微生物肥料:土壤速效养分的转化和释放多数是在微生物的作用下进行的,同时农用微生物还有助于增加草莓的抗病性,抑制多种病害的发生,能够提高草莓的品质。因此,在施用有机肥料的同时,一定要配合农用微生物肥料的施用,在移栽前结合整地,一般每亩施用多功能微生物菌剂(>2.0 亿/g)200～300 kg。

(3)酌情施用大量元素和微量元素肥料

①底肥。移栽前,根据土壤矿物质养分丰缺情况,一般每亩结合整地施用大量元素肥料 30～50 kg、硫酸锌 0.5～1.0 kg、硼砂 0.25～0.5 kg。

②追肥。采果初期,结合浇水每亩冲施平衡型(20-20-20)水溶性肥料 5～10 kg;盛果期,结合浇水每亩,冲施高钾型(12-6-40)水溶性肥料 5～10 kg。

(4)增施植物源生物刺激素:移栽后,结合浇缓苗水,每亩冲施植物源生物刺激素(如木醋液氨基酸水溶性肥料)5～10 kg。

4.定植技术

(1)定植前准备

①选择优质壮苗。匍匐茎苗要求无病虫害,有较多新根,至少有 4 片展开的叶,中心芽饱满,叶柄短粗,叶色浓绿,单株鲜重 30 g 以上,地下部根重约占全株的 1/3。不能用叶柄长的徒长苗。如果采用老株的新茎苗,必须具有较多的新根,否则栽后很难成活。

②起苗。起苗前土壤过干,应提前浇透地水,以利起苗操作及减少根系损伤。露地育苗起苗时用尖齿钉耙或小铲,连匍匐茎带苗全部起出,然后用剪刀剪下草莓苗,也可先把匍匐茎剪断再起苗。剪断匍匐茎时,要在匍匐茎苗靠近母株的一端 2 cm长的匍匐茎做记号,定植时依此确认方向,另一端的匍匐茎剪除。

起苗多带土坨,这样定植后缓苗快,成活率高,但也易带入病原菌,从而引起连作障碍,故带土坨移栽须选用无重茬的农田或经土壤消毒的农田和育苗田培育的苗。

就近栽植的最好随起苗,随栽苗,要保护好起出的苗的根系,不需长途运输的苗多不带土坨,从育苗圃起出后,将土去掉,适当疏除基部叶片,每 50～100 株捆成一捆,然后用水浸湿置于筐、箱等容器中待运。搬运时最好连容器一同搬运,长途运输应选择气温较低的天气,草莓苗不宜堆装的过高,堆中要留一定排气散热孔,防止发热烂苗。运输过程中风大,切忌吹干根系。对依靠外地或远距离供应苗的,要事先把园地整理好,栽植人员提前到位,准备好栽植工具、浇水设备等,苗到即栽。

(2)定植时间:草莓栽植时间因地而异,要根据作物茬口、草莓苗生育状况、温度和湿度的高低以及栽后苗是否有充分的生长发育时间等因素综合考虑。

①秋栽。秋栽时间长,便于茬口和劳动力的安排,有大量当年生匍匐茎苗供应,能使外界环境条件与草莓对环境条件要求相协调,空气湿度大,温度适宜,天气凉爽,昼夜温差大,利于缓苗,成活率高。秋栽后,有较长时间的营养生长期,冬前能继续生长积累营养,形成大量根系,能保证植株健壮,形成大量的饱满花芽,有利于安全越冬,为来年生长和开花结果奠定基础。秋栽时间北方宜在立秋过后,长江中下游地区可在 10 月上中旬栽植。例如,黄河故道地区和关中地区适宜的定植期在 8 月下旬至 9 月上旬;河北、山东和辽南地区在 8 月中下旬;沪杭一带在 10 月上中旬。早栽气温高影响成活,晚栽成活率高,但缩短了栽后的生长发育时间,越冬前不能形成壮苗,影响翌年产量。

②春栽。有条件的情况下可以春栽,春栽成活率比较高,在北方省去了越冬防寒措施。但春栽利用冬贮苗或春季移栽苗,根系容易受损伤,单株产量比秋栽苗低。栽植时间应在土壤化冻时,一般在 3 月下旬至 4 月上旬,采用冷藏苗,栽植时期可根据计划采收期向前推 60 d 左右。

(3)定植规格:为便于管理,草莓露地栽培多作畦栽植。常用的有平畦和高畦两种。北方一般采用平畦栽植,畦长 10～20 m,畦宽 1.2～1.5 m,畦埂高 15 cm 左右,畦埂宽 20 cm 左右。草莓最忌大水漫灌,因此畦不宜过长,并要作成"顺水畦",即靠灌水口一头稍高些,以便浇水顺利。平畦的优点是灌水方便,中耕、追肥、防寒等作业比较容易。缺点是畦面不易整平,灌水不匀,局部地段会湿度过大,通气不良,果实易被水淹而霉烂。降雨或灌水后畦面常积水,易污染叶面和果实,造成果实腐烂,着色不良,降低品质。

南方由于雨水多,地下水位较高,为便于排水,多采用高畦或高垄栽培。北方草莓产区,保护地栽培地膜覆盖栽培多采用高畦栽培。高畦和平畦标准差不多,只是把畦埂修成畦沟。高垄栽培要求垄高 25 cm 以上,垄面宽可根据栽培模式不同

189

确定相应的宽度,垄面有 30 cm 宽的,也有 50 cm 宽的,垄沟宽 20～30 cm。高垄畦栽培的好处:一是增加土层厚度,扩大草莓根系生长范围;二是利于增加土壤通气性,促进根的生长;三是草莓果实挂在高畦两边,有利于受光和通风,降低果实表面温度,不易被泥土污染和减少霉烂;四是改善果实品质,并减轻果实病害;五是利于覆盖地膜和垫果,增强地膜覆盖的增温效果;六是草莓根系生长部位土壤白天升温快,夜间降温快,昼夜温差大,有利于果实养分积累,提高品质和产量;七是排灌方便,能保持土壤疏松。缺点是易受风害和冻害,有时会出现水分供应不足。北方地区采用高畦栽培必须注意防旱,定植初期要保证草莓苗的水分供应。

整地作畦后,应灌一次小水或适当镇压,使土壤沉实,以免栽植后浇水时植株下陷,埋没苗心,影响幼苗成活。

（4）定植方法

①草莓苗处理。栽苗前摘除苗的部分老叶,只保留新叶 2～3 片,疏除黑色的根状茎及须根,以减少水分蒸发,刺激新根发生,利于成活。摘叶时,不要掰叶,要留一段叶柄,以保护根茎。

②定植方向。草莓栽植时要注意定向栽培,因为发育良好的植株新茎基部略呈弓形,花序从新茎上伸出有一定的规律性,即从弓背方向伸出,利用这一特性,可以控制结果的位置。为了便于垫果和采收,应使每株抽出的花序均在同一方向。因此,栽苗时应将新茎的弓背朝固定的方向。平畦栽植,边行植株花序方向应朝向畦里,以防花序伸到畦梗上,影响作业。畦内行花序朝一个方向,便于用竹签、挡隔板或拉绳将花序与叶分开,有利于花朵授粉,减少畸形果,同时有利于果实着色。高垄栽植,花序方向应朝向垄沟一侧,使花序伸到垄的外侧坡上结果,有利于受到阳光照射和通风,减少果实表面湿度,改善浆果品质并减轻果实病虫害,减少病果率,便于垫果和采收。

花序伸出与匍匐茎抽生方向相反,起挖匍匐茎苗时,尽可能将匍匐茎保留一小段于草莓苗上,作为栽苗时判断栽植方向的依据,栽植时将这一段匍匐茎同朝一个方向,将来花序就同朝匍匐茎相反的方向发出。

③定植深度。栽植深度是草莓成活的关键。栽植过深,苗心被土淹没,易造成烂心死苗;栽植过浅,根颈外露,不易产生新根,容易引起苗干枯死亡。适宜的栽植深度为苗心的茎部与地面平齐,使苗心不被土淹没。如果畦面不平或土壤过暄,浇水后易造成草莓苗被冲或淤心现象,降低成活率。因此,栽植前特别强调整地质量,必须整平畦面,沉实土壤,栽植时做到"深不埋心,浅不露根"。

④操作方法。栽苗时,先按植株行距确定位置,然后把土挖开,将根舒展置于穴内,再填入细土,压实,并轻轻提一下苗,使根系和土壤紧密结合,立即浇一次透

水,如发现幼苗有露根、淤心现象以及花序不符合花序预定伸出方向的植株,应立即调整,重新栽植。漏栽的应及时补苗,以保证全苗。如果带土移栽,将苗在土坨上调整好栽植深度,埋土深的切去一层土,将土坨栽入相应大小的穴内,用土封严。

⑤栽后管理。为保持土壤湿润,缩短缓苗时间和提高成活率,定植3 d内每天灌一次小水,特别是第一次缓苗水一定不要浇清水,要冲施植物源生物刺激素(如木醋液氨基酸水溶肥),每亩5～10 kg。经4～5 d后,改为2～3 d浇一次小水。但也要防止土壤过湿,造成通气不良,影响根系呼吸,导致沤根、烂苗,影响幼苗成活和生长。定植成活后可适当晾苗,但刚成活的幼苗仍不耐干旱,还要适时供水,促进生长。

栽后遇晴天烈日,在补水的同时,可采用遮阳措施,防止水分过分蒸腾,影响成活。可用苇帘、塑料纱、带叶的细枝条、稻草等覆盖,有条件的可以采用塑料遮阳网、绿色或银灰色塑料薄膜扣罩成临时小棚。成活后,要及时晾苗,注意通风,以免突然撤除遮盖物时灼伤幼苗。3～4 d后方可撤棚。撤棚时要检查缓苗情况,发现露根要及时埋土,淤心苗及时清理。没有成活的及时补苗。

(5)定植密度:定植密度是指单位面积上栽植的数量。定植密度要根据栽植制度、栽植方式、品种特征、土壤条件、株苗质量和管理水平等来决定。一年一栽制,栽植密度大,多年一栽制则栽植密度小。定株栽植密度大,地毯式栽植密度小。品种生长势强,土质好,肥力高,底肥足,苗壮,管理水平高,能较好发挥个体的潜在生产能力的密度宜小;反之,株型小,长势较弱的品种,幼苗质量差,土壤肥力及管理水平不高,可适当密些。适当密植,有利于丰产,密度过大,对防病不利,尤其是开花期遇雨较多时,病害较重。

据江苏省农业科学院试验,壮苗(鲜重30 g以上)栽植密度以每亩6 000株为宜;一般苗(鲜重10～20 g)每亩8 000株为宜(表9-1)。北方地区栽植密度每亩在6 000～10 000株范围内选定。一般宽1.2～1.5 m的平畦,每畦栽4～6行,行距20～25 cm,株距20～25 cm。垄栽时,垄宽50～55 cm,每垄栽2行,行距25 cm,株距15～20 cm。带状单行栽植,行距60 cm,株距20 cm,每亩栽5 000～5 500株。带状宽窄行栽植,宽行行距60 cm,窄行行距20 cm,株距20 cm,每亩栽8 000～8 500株。

191

表9-1　草莓苗质量和栽植密度对产量的影响　　　　　　　　　　　　kg

项目	密度/(株/亩)			
	4 000	6 000	8 000	10 000
大苗	1 050.0	1 934.1	1 934.2	1 845.4
中苗	1 148.6	1 583.8	1 851.2	1 801.8
小苗	1 014.1	1 151.6	1 007.5	1 575.0

来源:段辛梅等(1987)。

5.田间除草技术

(1)中耕除草:草莓属多年生草本植物,根系浅,喜湿润疏松的土壤。中耕有利于土壤通气和增加土壤微生物的活动,促进有机物的分解,从而丰富土壤养分,促进根系和地上部的生长。中耕同时消灭杂草,减少病虫害。早春中耕还能减少水分蒸发,提高地温,创造根系生长的良好条件。中耕是保证草莓优质高产的一项重要技术措施。

中耕常常在栽植成活后、早春撤除防寒物及清扫后、雨后、浇水后、采收后和杂草发生期进行。一年全园一般进行中耕7～9次。

①在定植成活后的9月进行浅中耕,有利于发根,积累养分,同时整平地面。对老草莓园,这次中耕以清除杂草为主。结合中耕,生产田内可排除匍匐茎,缺苗的地方补齐苗。繁殖圃内则借此机会在匍匐茎上压土,选留壮苗和摘除多余的匍匐茎。

②在10月,结合追肥和灌水,进行松土除草,除去病株弱株,给根系生长和花芽分化创造良好的条件。

③在上冻前的11月中旬,结合施肥浇水,进行浅中耕除草,并做好防寒工作。

④在翌年开春,3月中下旬,草莓返青以后,首先清除覆盖物和草莓越冬死亡的植株,清理时要注意防止损伤植株的顶芽。结合追肥浇水,进行一次细致的浅中耕工作。

⑤在4月上中旬,草莓开花前灌水后进行中耕。

⑥在5月中旬,果实成熟前灌水后中耕松土,结合拔去株间的杂草,以及进行垫草铺地膜等工作。

⑦在6月中下旬,果实采收后进行中耕。首先清除垫草或地膜,清除病弱株,摘除匍匐茎,然后追肥、浇水和中耕。

⑧在6月以后,由于降水集中,天气炎热,杂草生长旺盛,要及时进行2～3次中耕,中耕以清除杂草为主。

中耕次数和时间因不同草莓园的具体情况而定。在杂草少、土壤疏松的新草莓园,次数可少些,全年可进行5～6次,以做到园地清洁,不见杂草,排灌畅通,土壤疏松为准。

中耕深度以不伤根、又除草松土为原则,一般3～4 cm为宜。春季和秋季,根系生长旺盛,中耕宜浅;早春和果实采收后,土壤板结,根系生长缓慢,可适当深些,采后可加深到8 cm左右,此时伤根后能促发新根;果实成熟前行间深,近株浅;雨季适宜浅耕,以清除草荒为主。

(2)化学除草

①移栽前土壤处理。可用48%氟乐灵乳油2 200～2 500 mL/hm²,兑水750 kg

定向喷洒土壤,喷后混土,以防光解。

②茎叶处理。茎叶处理剂可有效防除禾本科杂草及阔叶杂草,使用时期为杂草出齐苗后。

第一,防除禾本科杂草。可选用的药剂有 15% 精稳杀得 670 mL/hm²、10.8% 高效盖草能乳油 450 mL/hm²、5% 精禾草克乳油 750 mL/hm² 等。在气温低、土壤墒情差时施药,除草效果不好;在气温高、土壤墒情好、杂草生长旺盛时施药,除草效果好。

第二,防除阔叶杂草。草莓地防除阔叶杂草须慎重,要针对草莓的生长发育时期,选用不同除草剂,并调整除草剂用量。草莓栽后到越冬前,可用 24% 克阔乐 300 mL/hm² 兑水 450 kg 均匀喷雾,能有效防除马齿苋、板枝苋、灰绿藜等阔叶杂草;草莓采后田间的阔叶杂草,可用 24% 克阔乐 375 mL/hm² 兑水 450 kg 喷雾。当禾本科杂草与阔叶杂草混生时,克阔乐和精稳杀得要错开施用,二者避免混施,否则会产生药害。

6.田间管理技术

(1)水分管理:草莓是需要水分最多的浆果植物,对水分要求较高,整个生育期均要求足够的水分。在降水较少的地区,灌溉水能补充土壤中水分的不足,促进植株的正常生长,增大果实,提高产量。浇水是草莓高产稳产的重要因素。但土壤水分过多,也不利于草莓的生长发育。浇水要根据土壤、天气、植株生长发育状况来进行。砂质土壤保水能力差,注意保持水分,土壤干旱时及时浇水,施肥应与浇水结合进行。3—6 月,北方干旱多风,蒸发量大,又是草莓开花结果需水量多的时期,必须浇水保证水分供应。7—9 月,降水较多,这期间土壤温度高,含水量多,一般不需浇水。10 月以后,降水量减少,应适当浇水。草莓定植后,保持土壤和空气的湿度有利于成活。营养生长期水分要满足供应,花芽分化前适当控水,防止生长过旺。春季萌芽和展叶期需水较多,但灌水量不宜过大,以免降低地温,影响根系生长。开花期到果实成熟期是全年生长过程中需水最多的时期,但水分过多,又会引起果实变软,不利贮运,还会导致灰霉病发生蔓延。采收后需要一定的水分。

根据草莓生长发育需求,一般灌水时期和次数主要考虑如下:栽植苗成活后结合施肥浇水;花芽分化后,越冬前 11 月浇水;春季 3 月中下旬,萌芽展叶期浇水;4 月中旬,叶片大量发生和开花期浇水;4 月下旬至 5 月上旬,开花盛期和果实膨大期浇水;5 月中下旬,果实大量成熟期浇水;多年一栽制园,6 月采收后浇水。雨季要注意排水。

①灌水方式。目前主要以滴灌为主,滴灌在草莓园有特殊意义,可以避免浆果沾泥土。据报道,国外草莓园采用滴灌,可增加好果率 15%～20%,节省用水 30%

左右,且操作方便,土壤不易板结。

②灌水量。灌水量要适当,不可过大,否则水分过多,会使土壤通气不好,影响草莓根系生长,且叶片和果实也易感染病害,使果实风味变淡,硬度降低,不利贮运。另外,浇灌距离不宜过长,以免近水处积水。雨水过多时,要及时排除,做到雨停田干。早春为提高地温,灌水量不宜过大。开花结果期,在水分管理上,要掌握小水勤浇,保持土壤湿润的原则,该期要使土壤田间相对持水量达到80%左右,在土壤表面见干时就要浇水。但在果实膨大期要适当控制浇水。果实成熟期,应在每次采果后的傍晚进行,浇水量宜小不宜大,以浇后短时间内渗入土中,畦面不留明水为原则,切勿大水漫灌。高畦栽培浇水时在沟中进行,以不漫过高畦面为原则。

(2)肥料管理技术:草莓施肥以底肥或基肥为主。一年一栽制草莓施足底肥,多年一栽制草莓在施足底肥后,从第二年或第三年起每年要施基肥,施基肥应在秋季结合中耕、培土等工作进行,其施入数量和种类参照底肥。

栽植前已施入大量优质有机肥及速效肥作为底肥,栽后当年或第二年可不施或少施追肥。底肥或基肥不足,要及时进行追肥。追肥主要考虑以下几个时期。

①秋季。幼苗成活后,及时追肥,以促苗早发,促进植株营养生长,为花芽分化奠定基础。施肥时间要适宜,施肥过早,新根刚刚长出,耐肥水弱,易造成烧根;施肥过晚或氮肥过多,易使幼苗徒长,不利于早发壮苗和花芽分化。花芽分化前应停止施用氮肥,并且要控制浇水,进行蹲苗,使苗充实,提高植株体内碳氮比率,促进花芽分化。一般在有两片叶展开时进行追肥,时间在8—9月。为促进营养生长,增加顶花序花数,增强越冬能力,花芽分化后,黄河故道地区约在10月中旬,还可再追一次肥。每亩追施复合肥15~20 kg或尿素7.5~10 kg,氮肥不可太多。施肥方法为浅沟施、穴施或将肥料溶于水中施用,以避免烧苗,提高肥效。施肥后随即浇水,以提高肥效,促进吸收。也可进行叶面喷肥。

②春季。早春在草莓新芽萌发至现蕾期,大约在3月底4月初追肥,主要是促进植株的前期生长,尽快形成足够大的叶面积,增加有效花序数量,促进开花坐果。每亩施高氮复合肥10~15 kg,有条件的可每亩施草木灰75~100 kg。在4月中旬,草莓进入初花期,适时追肥对保证植株生长,提高坐果率,提高果实质量,增加产量有显著作用,追肥以磷钾肥为主,兼施适量氮肥,如磷酸二铵、硫酸钾、尿素或高钾复合肥等。土壤施肥采用沟施或打孔施入,也可进行水肥一体化施肥。草莓从萌芽生长至果实发育期,均可进行叶面喷肥,结合喷药,半月左右1次,喷施氮磷钾肥料的时间与土壤追肥一致,微量元素应有针对性地施用,喷施浓度见表9-2。

表 9-2　草莓根外施肥的肥料浓度

肥料名称	浓度/%	肥料名称	浓度/%
尿素	0.3～0.5	硼砂	0.1～0.25
硫酸铵	0.1～0.3	硼酸	0.1～0.5
腐熟人尿	5～10	硫酸亚铁	0.1～0.4
过磷酸钙	1～3	硫酸锌	0.1～0.5
草木灰	1～5	柠檬酸铁	0.1～0.2
磷酸二氢钾	0.2～0.3	硫酸镁	0.1～0.2

叶面喷施一般前期以喷氮肥为主,花期和采果期以喷施磷酸二氢钾为主,还可针对当地的土壤情况选用微量元素(如锌肥、铁肥等)。据调查,花期前后叶面喷施0.3%尿素或0.3%磷酸二氢钾3～4次,可提高坐果率8%～19%,增加单果重,并改善果实品质。据西北农林科技大学试验,初花期和盛花期喷施0.2%硫酸钙＋0.05%硫酸锰(体积比1:1),比对照增产14%～42%。试验表明,草莓喷施含量38%的硝酸盐稀土一般可增产10%以上,维生素C和糖度及游离氨基酸含量都有增加趋势。在开花期、幼果期和迅速膨大期喷施7～10 mg/kg钛肥,有促进着色、提高品质和增产的作用。喷施时间宜在傍晚叶片潮湿时进行,要以喷叶背面为主。

③夏季。果实采收以后追肥,时间在6月中旬,多年一栽制或结果后准备用作扩大繁殖苗的草莓园,果实采收后更需要追肥,以弥补结果造成的营养消耗,保持植株健壮生长,增强生长势,促进匍匐茎的抽生与生长。肥料种类以氮肥为主,配合磷钾肥,每亩追施尿素5 kg或高氮复合肥10 kg。可在离植株根部20 cm处开沟施用。

追肥次数要据土壤肥力、植株生长发育状况等情况确定。底肥和基肥充足,植株生长健壮,可少施,否则次数宜多。一般应重点抓住花芽分化前、萌芽前、开花前、采果后等时期。

(3)植株管理技术

①摘除匍匐茎。匍匐茎是草莓的营养繁殖器官,但在生产园中,过多的抽生匍匐茎,会消耗母株大量的养分,如果任其生长,势必削弱母株的生长势,影响花芽分化,严重影响产量,并对植株越冬抗寒能力有较大影响,尤其是在干旱年份或土壤条件差的情况下,匍匐茎长出后,其节上形成的叶丛不易发根,生长依靠母株供应营养,影响更大。据报道,摘除匍匐茎后,一般能增产五至六成。另据试验,在同样情况下,摘除匍匐茎的草莓植株,叶片大而多,能增产1.6倍,越冬成活率提高50%左右。

栽植制度和栽植方式不同,对匍匐茎的处理也不同。密度适宜的草莓园,匍匐茎一律除去,栽植较稀的园区,留一些靠近母株的健壮幼苗,以达到密度要求,有利于提高产量。在育苗田里,母株后期发生的匍匐茎以及早期形成的匍匐茎苗上延伸的匍匐茎,要及时摘除。因为匍匐茎苗布满整个田地后,后期抽生或延伸的匍匐茎就无处扎根而悬空生长,不但消耗母株养分,还使早期已扎根的匍匐茎苗及母株的生长受影响。

6月上旬至9月上旬是匍匐茎的发生盛期,应每隔20 d左右摘除匍匐茎一次,共摘除3~4次。一年中进行的时期与次数应合理安排,及时摘除。为减少植株管理用工,避免对土壤多次践踏,可尽量把摘匍匐茎与除老叶、病叶,中耕除草等工作结合在一起进行,同时进行3~4次。

②摘叶。在一年中,草莓新叶不断发生,老叶不断枯死。在生长季节,当发现植株下部叶片呈水平着生,并开始变黄,叶柄基部也开始变色时,说明老叶已失去光合作用的机能,应及时从叶柄基部去除,同时摘除病叶。据报道,草莓新叶与老叶制造的物质不同,老叶具有形成较多抑制花芽分化的物质,及时摘除,对促进花芽分化、改善光照条件和节约养分是很重要的。特别是越冬老叶,常有病原体寄生,在长出新叶后应及早除去,以利通风透光,加速植株生长,减少病虫害。

另外,在草莓采收后,割除地上部分的老叶,只保留植株上刚显露的幼叶,每株只留2~3片复叶。一般割叶后20 d左右,新叶陆续长出,植株很快恢复。这一措施可减少匍匐茎的发生,刺激侧芽多发新茎,增加植株的顶芽生长点,从而增加花芽数量,促进当年增产。同时可减少摘除匍匐茎的用工,对病害较严重的园区,割叶后可减少病害的发生。割叶后,要加强肥水管理,促进新叶生长。

③疏花疏果。每株草莓一般有2~3个花序,每个花序着生3~30朵花。先开的花结果好,果实大,成熟早,随着花序级次的增多,果实变小,畸形果增多。高级次的花开的晚,往往不能形成果实而成为无效花,即使形成果实,也由于果实太小,而成为无效果。据研究,草莓的产量主要由前三个级序上的果组成,占总产量的90%以上。因此,要进行疏花,在开花前,花蕾分离期,最迟不晚于第一朵花开放,疏去高级次花蕾,一般每个花序上保留最大的1~3级花果,每花序结果不超过12个。

疏果是在幼果青色的时期,及时疏去畸形果、病虫果。疏果是疏花的补充。

通过疏花疏果,减少植株养分消耗,有利于集中营养,坐果整齐,增大果个,大小均匀,提高果实品质,提高商品果率,还可防止植株早衰,使果实成熟期集中,减少采收次数,节约采收用工。

④垫果。草莓植株矮小,随着果实增大,果序下垂,果实触及地面,易被泥土、肥水污染,影响着色和品质,又易引起腐烂和病虫害。因此,露地栽培不采用地膜覆盖的草莓园,应进行垫果,开花后2~3周,在草莓株丛间铺草,垫于花序下面,每

亩需用碎稻草或麦秸 100～150 kg,或把切成 15 cm 左右的长草秸围成草圈,将 2～3 个花序上的果实放在草圈上,采果完毕后撤除,比地膜覆盖效果还好。垫果不仅有利于提高果实商品等级,对防止灰霉病也有一定效果。

(4)植物调节剂应用技术:植物生长调节剂是指通过化学合成或微生物发酵等方式生产出的一些与天然植物激素有类似生理和生物学效应的,可以影响和调节植物生长发育的非营养性的生理活性物质,如生长素类、赤霉素、细胞分裂素、乙烯利、生长延缓剂和生长抑制剂等。在草莓生长过程中常用的生长调节剂主要有以下 3 种。

①赤霉素。草莓喷施 10 mg/kg 赤霉素,可抑制休眠,提早开花、结果,提早成熟。用相同浓度的赤霉素水溶液,在草莓生长前期喷施 2 次,可增加匍匐茎的发生量。据试验,花期和坐果期喷施 100 mg/kg 赤霉素能提高产量,增加糖度。国外有的喷施赤霉素,用以促进花序形成,诱导单性果实发育,减轻因授粉不良造成的损失,并使浆果提前上市。

②细胞分裂素。细胞分裂素能刺激草莓植株的细胞分裂,促进叶绿素的形成和蛋白质的合成,从而使大量营养物质输送到果实里面,使果实充分发育,增加产量。在草莓定植成活后的营养生长期,喷施 600 倍液的细胞分裂素 1～2 次,以促进植株枝叶生长,提高越冬性,达到冬前壮苗的目的。初春植株展叶(枝叶返青)时,喷施一次 600 倍液的细胞分裂素,使新叶旺盛生长,及早更新老叶,为早开花结果奠定基础。当植株进入花序显露初期,进行花期喷施,以后每隔 7～10 d 喷施一次,浓度为 800～1 000 倍液,花期喷施 4～5 次,最好在 14:00 以后喷施。孟祐成的研究显示,草莓花期喷施细胞分裂素,刺激草莓花序数目增加,提高早春草莓花蕾的抗寒能力,提高单果重,增产幅度达 18.9%～24.1%。

③多效唑(pp333)。多效唑是一种植物生长抑制剂,在草莓生产中其作用是抑制匍匐茎的发生和植株的营养生长,促进生殖生长,合理使用有明显增产效果。据试验,在匍匐茎发生的早期,喷施浓度以 250 mg/kg 为宜。但若施用不当,抑制过度,则会造成减产。因施用多效唑使生长受抑制的植株,喷施 20 mg/kg 赤霉素,1 周后可解除抑制作用。

国内用于草莓的生长调节剂还有萘乙酸(NAA)、青鲜素(MH)等。国外还使用乙烯诱导草莓浆果集中成熟,以便于机械采收。

(5)多年一栽制草莓间苗、培土与清园更新

①间苗。间苗限于多年一栽草莓园应用。植株上瘦弱的不能形成花芽开花结果的新茎即营养茎。新梢过多,也影响生长与结果,应及时间苗疏除,以减少养分消耗,使植株健壮生长。在初秋按定植时的植株行距,每窝留苗 1 墩,把多余的苗

197

丛全部挖除。留下最健壮的匍匐茎苗。

②培土。草莓定植后,根状茎不断产生新茎分枝,生长部位逐年上移,使3~4年生草莓园里的根状茎暴露在地面,须根外露,影响植株生长发育对养分的吸收,严重的导致植株干枯死亡,或在越冬期因低温而冻死。所以,多年一栽制草莓园,尤其是垄栽草莓,应在果实采收后,在初秋新根大量发生之前,结合中耕除草,进行培土,以利新根发生。培土高度以露出苗心为标准。培土时可顺便施些有机肥,用土盖住对促进新根产生和吸收养分,保证来年增产十分有利。

③清园更新。一年一栽制草莓园果实采收后,可直接把茎叶耕翻入土,作为后茬绿肥。每亩草莓鲜茎叶500 kg左右,鲜茎叶含氮量为0.59%,相当于施纯氮2.95 kg。草莓鲜茎叶还含有磷、钾等其他营养元素。

多年一栽制草莓园,由于地力消耗大,病虫害多,杂草发生量大,清园时应把草莓茎叶集中焚烧。如换种旱作,耕地时应把土壤中的草莓根全部捡净,播种前最好进行土壤消毒,以消灭病虫杂草。

(6)越冬防冻技术:草莓生长至深秋,便逐渐进入休眠期。草莓根系能耐-8 ℃的地温和短时间-10 ℃的气温,温度再下降就会发生冻害,严重时造成植株死亡。北方栽培草莓越冬要注意防寒,主要是进行保温覆盖。越冬覆盖防寒又保墒,利于植株生长。如果不认真进行保温覆盖,越冬后植株虽未冻死,但表现为萌芽晚,生长衰弱,产量明显降低。而在良好的防寒条件下,草莓叶片冬季仍能保持绿色,并继续生长和制造养分,翌春生长快,开花早,果实成熟早,产量高。

①越冬覆盖时间。在初冬,当草莓植株经过几次霜冻低温锻炼后,温度降到-7 ℃前进行,即土壤"昼消夜冻"时覆盖最适合。覆盖时间一般在11月。过早,气温尚高,会造成烂苗;过晚,会发生冻害。在覆盖防寒物前先灌一次防冻水,防冻水一定要灌足灌透。灌防冻水时间在土壤将要进入结冻期,辽宁地区大约在11月初,北京地区约在11月上中旬。灌水后1周,进行地面覆盖。

②覆盖材料。覆盖材料因地制宜,可用各种作物秸秆、树叶、软草、腐熟马粪、细碎圈肥土等。如用土覆盖最好先少量覆一层草,再覆土,以免春季撒土时损伤植株,覆盖材料尽量不要带有种子的杂草,否则会带来草荒。覆盖厚度以当地气候条件及覆盖材料的保温性能而定,一般3~5 cm,并要将全畦植株盖严。每亩用草200~300 kg。覆盖最好分2次进行,浇完封冻水后,先盖上一部分材料,过几天再全部盖严,以防气温回升伤苗。

在积雪稳定地区或密植草莓园,株丛稠密,可以架设风障防寒,而不进行地面覆盖。风障每隔10~15 m设一道,用高粱秆、玉米秸、芦苇席等做风障材料,障高2~2.5 m。也可在园地周围设风障。

③覆盖物撤除。覆盖物撤除,在翌年春季开始化冻后分2次进行。第一次可在平均气温高于0℃时进行,撤除上层已解冻的覆盖物,以便阳光照射,提高地温,尤其是冬季雨雪过多的情况下,更要及时除去,以蒸发过多的水分,有利于下层覆盖物的迅速解冻。第二次可在地上部分即将萌芽时进行,过迟撤除防寒物,易损伤新茎。覆盖物全撤完,待地面稍干后,进行一次清扫,将枯茎烂叶及残留物集中清除,以减少病虫害的发生。

采用地膜覆盖,不但能保护草莓安全越冬,保墒增温,且能使越冬苗的绿叶面积达80%以上,果实早熟7~10 d,增产19%左右。但果实成熟期,在气温高的地区,果实会有灼伤现象。此外,由于覆盖后花期提前,在有晚霜危害的地区,易受霜害影响,需要注意保护。地膜可用0.008~0.015 mm厚的聚乙烯透明膜。国外采用黑色膜或绿色膜比透明膜的效果好。在草莓浇封冻水后,待地表稍干,整平畦面,使畦面土壤细碎无土块,然后按畦的走向覆盖地膜,地膜要拉紧,铺平,与畦面紧贴,膜的四周用土压严,中间再压小土堆,以防风吹透膜。采用地膜覆盖,膜上面再加覆盖物,效果很好。在冬季长、气候寒冷干燥、有积雪的黑龙江省,采用在植株上直接覆盖10 cm厚的麦秆或茅草,其上再覆盖塑料薄膜,比先盖薄膜后覆麦秆的效果好。但翌春必须及时分次撤除覆盖物,待气温比较稳定后全部撤完。

(7)间作套种技术

①间作套种的概念。间作和套作都是作物种植在耕地平面上的分布方式。一个生长季内,在同一块田地上分行或分带间隔种植两种或两种以上生育期相近作物的种植方式称间作。在草莓生产田的行或畦间栽种另一种作物为草莓的间作,这时草莓是主栽作物,其他作物是间作物。也可以在其他种植作物中间作草莓,这时草莓是间作物。从管理方便考虑,草莓一般不宜间作。因草莓植株小,果实采收早,倒是可以以其他作物为主,草莓作为间作物。

在前季作物生育后期,在其株、行间播种或移栽后季作物的种植方式称为套作。在草莓生长的前期或后期,行间或畦间栽植另一种作物,前一种作物利用后一种作物生长前期较大的空间进行生长,或后一种作物生长于前一种作物的后期。一种作物收获前立即栽种另一种作物,前后茬衔接非常紧密。草莓既可作为前茬作物,也可作为后茬作物。

②间作套种的意义。第一,间作和套作通过不同作物在生育时间上的互补特性,充分利用生长季节,延长群体光合时间和增加群体的光合势,增加单位面积的产量;第二,合理的间作和套作,利用不同时空分布特点的作物组成复合群体,如植株一高一矮,叶片一宽一窄,生理上一阴一阳,最大叶面积出现时间一早一晚等,这些生物学上的互补性,有利于提高群体光能利用率;第三,采用高矮作物间作套作,

199

改善通风条件,加速二氧化碳(CO_2)的交流和扩散,影响空气湿度,减少病虫害发生;第四,间作套作使单一的生物相变成了复杂的生物相,因而有利于抗击自然灾害和不良生态环境。

③间作套种注意事项。间作和套作必须要合理。合理的间作和套作应该使作物之间有较强的互补性,因而提高单位面积的产出量。第一,不同作物共生期间的生长发育互不影响。一般是间作物生长期短,吸收养分较少,大量需肥水期与主栽作物错开,不争夺养分。第二,充分利用土地和空间。一般间作物较矮小,耐阴,不影响主栽作物光照。第三,具有可持续性。前茬作物有利于保护环境,有利于增肥地力,至少不破坏土壤,不增加后茬作物的病虫害,前后茬作物无共同的病虫害。第四,投资少,成本低,管理方便,经济效益高。

④间作套种模式主要有以下6种。

A. 果树与草莓间作套种。草莓属于果树,草莓园当然也是果园。在其他果园中种植草莓,或在草莓园中种植其他果树,都属于果树的混栽。果树绝大多数是木本,草莓是草本,在生物学特性与栽培技术上与木本果树有较大不同,而更接近于蔬菜,所以习惯上的果园主要指木本果园,也有的将在木本果园中混栽草莓称为间作。

幼年木本果园,树体小,行间空地较多,间作草莓能够提高土地利用率。种植草莓管理容易,无争夺劳动力矛盾。通过以短养长,增加收入。果园间作草莓还可以改善果园局部小气候,有利于木本果树的生长,木本果树有遮阴降温作用,有利于减轻高温季节酷热对草莓幼苗生长的抑制。同时防止土壤冲刷,减少杂草危害,增加土壤肥力。

种植时,草莓与木本果树间要保持一定距离,木本果树留足树盘,一般距树 $0.3 \sim 0.5$ m。随树体长大,草莓种植面积随之减少。果树进入结果期,停止种植草莓。对木本果树与草莓要按各自的要求分别加强管理。

苹果、梨、海棠、柑橘幼年园均可在行间栽植草莓。草莓也可在桑园中间作。桃园中不宜种植草莓,因桃蚜可传播草莓病害。桃树根系较浅,分布范围大,物候期早,生长量大,花期与草莓有一定重叠,两者对肥水的要求高峰期和管理也有一定矛盾和影响。幼龄葡萄园行间可以种植草莓,葡萄与草莓都属浆果,草莓是开花最早、果实成熟最早的果树,葡萄盛花前,草莓已经采收完,两者生育期错开。葡萄根系深广,草莓根系浅,主要需肥期与吸肥层次不同。葡萄修剪较重,且发芽较晚,不影响草莓生长前期的通风透光,草莓具有一定的耐荫性,后期葡萄遮阳对草莓的生长影响不会太大,对一些不耐高温暴晒的品种如春香、达娜等还很有利。

以上栽植形式的草莓均可以根据具体情况与生产目的进行地膜覆盖、架设小拱棚进行保护地生产,以提早上市,拉开上市时间,提高经济效益。

B. 草莓育苗田套作春大豆和玉米。这是长江流域的一种套作形式。草莓专用育苗田于4月下旬起垄定植母株,垄宽3～4 m,在垄两边各栽1行草莓。随即在垄间种大豆和玉米,间种带宽2～2.5 m,采用春大豆品种,并在大豆行间稀播紧凑型玉米品种。草莓生长前期,匍匐茎及匍匐茎苗在垄面上覆盖比例小,玉米不影响草莓生长,且玉米具有一定的遮阳作用,能减轻夏季烈日对草莓匍匐茎的灼伤,还抑制杂草生长。当大豆植株的青豆荚可以采收时,草莓匍匐茎已伸进大豆行株间,应随时拔除青大豆植株,直至7月中下旬全部拔完黄熟大豆植株。在采收青豆荚的同时,玉米植株上的嫩玉米也开始采收,直到8月上旬收完黄熟玉米。草莓不断生长,至9月接近爬满整个垄面。

C. 草莓套作棉花。江苏、河南、四川等省的棉区,都有这种套作形式。草莓选择植株较矮的早熟品种,或进行地膜覆盖栽培。草莓春季正常管理,5月中下旬采果高峰过后,在草莓中间种植棉花,或把棉花营养钵苗移栽至草莓行间。草莓收获结束后,把草莓植株处理掉,或选择植株移入育苗田育苗,或将地上部铲除,根茬留在土中作为肥料,并用原来覆盖草莓的地膜覆盖棉田。草莓与棉花分别按正常程序与要求进行田间管理。棉花黄萎病菌也能侵染草莓,所以在黄萎病高发区,草莓不宜与棉花套作。

D. 草莓套作生姜。山东省五莲、日照市东港区、莒县、诸城等地有草莓套作生姜的习惯,经济效益也比较可观。草莓每亩施有机肥5 000 kg、复合肥60 kg、硫酸钾15 kg,然后耕翻耙平作畦,畦宽1.5 m。10月上旬,选草莓4～5叶大苗,带土坨移栽,植株行距20 cm×60 cm。每亩5 556株,定植后浇水,3 d后再浇一次,连浇3～4次。草莓苗长出新叶后,每亩再撒施复合肥25 kg左右,然后中耕浇水。11月中旬覆盖地膜,翌年3月上旬在地膜上抠洞放苗。春季应及时浇水,防治病虫害。4月下旬果实九成熟时采收上市。选优质良种姜块作种,4月1～5日开始利用土坑或温室催芽,催芽注意调控温度。前期(芽眼膨大)约10 d,温度20～22 ℃;中期(芽眼露白尖)约10 d,温度22～25 ℃;后期(姜芽长出0.5～1.5 cm)约10 d,温度22～25 ℃。相对湿度保持在70%～75%。芽长0.5～1.5 cm即可播种。生姜正常播种期为4月15日前后,与草莓套作,播种期晚15 d。5月初(立夏前)在草莓行间开沟施肥种姜,沟深5 cm,植株行距14 cm×60 cm,一芽一株,覆土2～3 cm,每亩用姜种50 kg左右。播种后20 d左右出苗,草莓收获后剪除匍匐茎,清理老叶,只保留基部叶片(草莓每2年更新一次),清除地膜,提苗肥每亩施复合肥30 kg。当姜苗"三股权"时,结合培土,每亩施豆饼100 kg,复合肥30～40 kg。立秋后,每亩追施尿素30 kg,同时叶面喷施磷酸二氢钾300倍液。姜出苗率达60%～70%时,要浇水,苗期浇水要少,立秋后要多浇勤浇。注意中午不要浇水,涝时要及时排水。

201

按生姜一般栽培要求及时防治病虫害。

E.草莓套作西瓜和晚稻。这是浙江省宁海等地采用的一年三熟制栽培模式。平均每亩产草莓 658 kg,西瓜 1 580 kg,晚稻 512 kg。比传统的小麦—早稻—晚稻种植制度,净收入增加 299.8%。草莓于 10 月中旬,最晚于 11 月中旬前栽植,注意越冬保苗,12 月下旬覆盖地膜。翌年 4 月上旬开始采果,在 5 月下旬结束。西瓜于 4 月上旬育苗,5 月上旬套入草莓行间,7 月中下旬收获,有七八成熟时即采收,以不误农时。晚稻 7 月下旬移栽,10 月中旬收获。

F.草莓套作蔬菜或粮食。山东省烟台郊区多年一栽制草莓园,采用二年一倒茬大畦小背与蔬菜套作栽培法。草莓畦宽 66 cm,背宽 24 cm,每畦栽 3 行,株距 15 cm,每亩栽 12 000 株左右。第一年果实采收后将中间行刨掉,套作蔬菜或粮食;第二年果实采收后,全部刨掉换茬。这种方式能连续获得两个高产年,第一年利用密植创高产,第二年是自然高产年,连续两年草莓产量每亩为 1 250～1 500 kg。

草莓可与多种蔬菜进行间作和套种。如冬季在草莓行间作套作菠菜、大蒜(收青苗)、大葱和甘蓝等。草莓不宜与茄科植物,如番茄、茄子和辣椒以及烟草等间作,因为这些作物有共生的黄萎病。草莓灰霉病也危害黄瓜、莴苣和辣椒等作物,这些作物也不宜与草莓间作。因此,草莓的间作和套作,应根据不同作物的生长发育特点、病虫害防治、投资成本等综合考虑,做到充分利用土地和空间,合理安排茬口,实现不同作物共生期间的生长发育互不影响,有利于培肥地力,保护生态环境,不会增加后茬作物的病虫危害而影响品质和产量。

(8)轮作技术

①轮作的意义。轮作是指在同一田地块上,有顺序地轮换种植不同作物的种植方式。与轮作相反,在同一块田地上连年种植相同作物的种植方式称为连作,即重茬。连作不利于作物的生长,在同一园地土壤上,前作果树使后作果树受到抑制的现象,称为果树的连作障碍。连作障碍的原因有生物的、化学的和物理的。轮作可以消除或减轻连作障碍的发生,使草莓持续高产优质高效。

第一,轮作可以减轻病虫草害。许多病虫草害都是通过土壤感染的,每种病害的病原菌都有一定的寄主,害虫也有一定的专食性和寡食性,有些杂草也有相应的伴生者或寄生者。据河北省满城县调查,第二年重茬种植草莓地发病率可达 89.2%,植株发病率 55%～91.6%,第三年发病率 100%,植株发病率 90%～100%。草莓重茬种植发病后,减产达 50%～90%,严重者甚至绝产。轮作能减轻这些病虫害的发生。例如,粮菜轮作、水旱轮作,可以控制土传病害;种植葱蒜类蔬菜之后再种大白菜,可以减轻软腐病的发生。

第二,轮作可以均衡利用营养,实现种地与养地相结合。草莓与其他作物要求养分的种类和数量不同,吸收利用的能力也不同。轮作能避免土壤养分的偏耗,提高土壤养分利用率,减少缺素症的发生,避免某些有害盐类和有害物质积累造成危害。另外,连作引起的作物根际土壤微生物菌群和土壤酶活性变化,也影响养分的状态与吸收,从而影响作物产量。

第三,轮作可以改善土壤的理化性状。作物的残茬、落叶和根系是补充土壤有机质的重要来源,不同作物补充有机物的数量和种类不同,质量也有区别。因此,轮作能调剂土壤有机物供应的种类和数量。根系的形态不同,对不同层次土壤的穿插挤压作用不同,因而对改善土壤物理性状的作用不同。

第四,轮作可以避免毒害作用。轮作还避免某些作物通过向环境排出化学物质,而对同种或另一种作物造成直接或间接危害。不同作物根系的分泌物不同,有的分泌物有毒害作用。番茄、黄瓜和西瓜等蔬菜根系分泌物能引起自毒作用。大豆根系分泌氨基酸较多,使土壤噬菌体增多,它们分泌的噬菌素也随之增多,从而影响根瘤的形成和固氮能力,这也是大豆连作减产的重要原因。

轮作可以促进土壤中对病原物有拮抗作用的微生物的活动,从而抑制病原物的滋生。另外,前茬作物根系分泌的霉菌素,可以抑制后茬作物病害的发生。如甜菜、胡萝卜、洋葱、大蒜等根系分泌物可抑制马铃薯晚疫病的发生。

第五,轮作可以提高光能利用率,提高土地利用率,提高复种指数,提高经济效益。

②草莓轮作形式。

A. 一年一栽制草莓园。一年一栽制草莓园的轮作有两种情况:一是年内轮作,即一年之内草莓收获后接着种植另一种作物。这样不论是以种植草莓为主,还是草莓与粮食并重的地区,均可连年种植草莓。这种形式有:蔬菜园种草莓,即蔬菜与草莓轮作倒茬;草莓和水稻轮作,秋季(9月上中旬)水稻收获后,整地作畦,种植草莓。草莓采收后,把植株翻入田内作绿肥,灌水沤制7 d后,再整田插水稻秧;草莓和中稻、甘薯轮作,这种方法已在四川、贵州等地推广应用。5月上中旬草莓采果后,立即翻压鲜茎叶作为绿肥。中稻于6月初插完,8月上旬收割后,接种甘薯,11月种植草莓。若不种甘薯,也可种植萝卜等蔬菜。

二是年间轮作,即不同年份分别种草莓和其他作物。种植草莓为主的地区,草莓连年种植一般不超过2～3年,其他地区可一年一轮作。如河北省正定县草莓产区,不少人采用草莓与小麦轮作的方法,小麦收获后整地种植草莓,草莓收获后整地种小麦。且在畦埂上适时播种玉米,玉米收获后,才开始秋季旺盛生长。第二年草莓收获后翻掉植株,在另一块地上再重新种植。

B. 多年一栽制草莓园。也有两种情况,一是全区轮作,草莓连续收获多年后,

203

全部清除或耕翻掉,再种植其他作物,不能连作;二是分区轮作,把土地划分成若干小区,不同的小区间逐年进行轮作。根据国外栽培经验,在专业生产的草莓园里或是在大面积混栽的果园里,适宜施行分区轮作。其轮作方法是:第一区,种植牧草或绿肥,6月以前深耕休闲,秋季栽植草莓;第二区,为草莓结果第一年;第三区,为草莓结果第二年;第四区,为草莓结果第三年;第五区,为草莓结果第四年,采果后将老苗挖掉,深耕后播种牧草或绿肥;第六区,为牧草、绿肥或粮食作物。

7. 草莓病虫害防治技术

(1)草莓土传病害(红中柱根腐病、黄萎病、青枯病、线虫病)和盐渍化障碍等:见第八章。

(2)草莓常见病害与常用药剂:见表9-3。

表9-3　草莓常见病害与常用药剂一览表

病害种类		药剂名称	倍数	药剂名称	倍数	备注
真菌性病害	叶斑病、褐斑病、轮纹病、炭疽病、白粉病、蛇眼病、芽枯病	10%苯醚甲环唑 WG	600～800	60%吡唑·代森联 WG	800～1 200	
		30%苯甲·丙环唑 EC	1 500	70%代森锰锌可 WP	600～800	
		25%苯甲·嘧菌酯 EC	1 500	70%甲基硫菌灵 WP	600～800	
		40%氟硅唑 EC	1 500	75%百菌清 WP	600～800	
		430 g/L 戊唑醇 SC	5 000			
	灰霉病	50%咯菌睛 SC	2 500～3 000	400 g/L 嘧霉胺 SC	1 000	
		50%乙霉威·多菌灵 WP		25%啶菌噁唑 EC	600～800	
		50%腐霉利 WP		50%农利灵 WG	500～600	
病毒性病害		4%嘧肽霉素水剂		1%香菇多糖水剂、		
		6%寡糖·链蛋白 WP		60%马呱乙酸铜性片剂		
		20%盐酸吗啉胍粉剂				

注:EC:乳油;WG:水分散粒剂;WP:可湿性粉剂;SC:悬浮剂。

(3)草莓常见虫害与常用药剂:见表9-4。

表9-4　草莓常见虫害与常用药剂一览表

虫害种类		药剂名称	倍数	药剂名称	倍数	备注
双翅目	蚜虫绿盲蝽	21%噻虫嗪 SC		10%吡虫啉 WP		喷雾
		2.5%高效氯氟氰菊酯 EC		25%吡蚜酮 SC		
		4.5%高效氯氰菊酯 EC		70%啶虫脒 WG		
		25 克/升联苯菊酯 EC				
蜱螨目	红蜘蛛	10%阿维螺螨酯 CS		10%四螨哒 SC		
		12%阿维乙螨唑 SC		1.8%阿维甲氰 EC		
		25%三唑锡 WP		5%阿维菌素 EC		
		5%噻螨酮 EC				

续表 9-4

虫害种类		药剂名称	倍数	药剂名称	倍数	备注
鞘翅目	蛴螬	3％辛硫磷颗粒： 0.5％噻虫胺颗粒剂：	75～120 kg/hm² 45～60 kg/hm²	4％二嗪磷颗粒剂	45～60 kg/hm²	移栽前结合 耕地撒施
柄眼目	蛞蝓	6％四聚乙醛颗粒剂	3.0～6.0 kg/hm²	80％四聚乙醛 WP	1 000 倍	喷雾

注：EC：乳油；WG：水分散粒剂；WP：可湿性粉剂；SC：悬浮剂。

（4）露地草莓病虫害综合防治方案

①施药原则。预防为主，综合防治。首先，"预防为主"是我国植保工作的指导思想，病虫害防治方案的制定和实施，各类防治措施的综合运用，病虫害防治技术水平和效果的衡量，都要以预防作用的体现程度来做出评价。要判断"预防为主"体现程度，先要弄清"防"与"治"的区别界限："防"就是在病虫害大量发生为害以前采取措施，使病虫害种群数量较稳定地被控制在足以造成作物损害的数量水平之下，体现在稳定、持久、经济和有效地控制病虫害的发生以及避免或减少对生态环境的不良影响。而"治"仅是要求做到在短期内控制病虫害的为害，指采取措施控制病虫害大量发生为害之前。

其次，所谓"综合防治"是对病虫进行科学管理的体系，是从农业生态总体出发，根据病虫和环境之间的相互关系，充分发挥自然控制因素的作用，因地制宜，应用必要的措施，将病虫控制在经济受害允许水平之下，以获得最佳的经济、生态和社会效益。因此，综合防治应从农业生态系统整体观点出发，以预防为主作前提，创造不利于病虫发生而有利于作物及有益生物生长繁殖的条件。在设计综合防治方案时，必须考虑所采取的各种防治措施，对整个农业生态环境的影响，这就是从全局观点（或生态观点）来理解。同时，应以综合观点，去认识各种防治措施各自的优点和局限性，任何一种方法都不是万能的，不可能期望单一的措施解决所有的问题，而且也不是各种措施的简单累积。必须因时、因地、因病虫制宜，协调运用各项必要的防治措施，达到取长补短，充分发挥各项措施最大效能，取得最好的防治效果。

最后是经济观点和安全观点，综合防治的目的是控制病虫种群数量，防治病虫的目的是保护草莓生产，使农产品的数量和质量不受影响，因此，把病虫害压低至经济允许水平之下，这就达到了防治目的，而不是要求把病虫害绝灭。

②露地草莓农业综合防治措施如下。

A. 轮作。正确的轮作，可提高地力，给草莓生长创造良好的条件，提高草莓的抗病虫能力。

B. 深耕。移栽前，结合施肥进行深耕，耕深一般达到 25～30 cm，如此深耕能

打破犁低层,增加土壤耕层的空隙度,提高土壤有益微生物的活性,改善草莓生长环境,促进草莓的根系发育,提高草莓的抗病虫能力。

C.清洁田园。杂草常常是病虫的越冬场所或寄主,从而成为病虫为害农作物的桥梁。遗株和枯枝落叶中往往潜藏不少病虫,所以清洁田园对防治病虫有很大作用。

D.测土配方合理施肥。测土配方施肥是以养分归还(补偿)学说、最小养分律、同等重要律、不可代替律、肥料效应报酬递减律和因子综合作用律等为理论依据,以确定不同养分的施肥总量和配比为主要内容。现代草莓栽培的测土配方施肥方法主要采取的是目标产量法,包括养分平衡法和地力差减法,即根据草莓产量的构成,由土壤本身和施肥两个方面供给养分的原理来计算肥料的用量。先确定目标产量,以及为达到这个产量所需要的养分数量,再计算作物除土壤所供给的养分外,需要补充的养分数量,最后确定施用多少肥料。如此进行科学施肥,可以减少肥料的不合理施用,提高肥料的利用率。

③化学防治。草莓病虫害化学防治的阶段和方案见表9-5。

表 9-5　草莓病虫害化学防治的阶段和方案

阶段		靶标	方案
缓苗后至显蕾阶段	病害	叶斑病、褐斑病、轮纹病、炭疽病、蛇眼病、芽枯病等	1.药剂和施用方法见表 9-3;2.间隔期 7～10 d;3.轮换施用推荐药剂;4.配合施用木醋液水溶性肥料 200～300 倍效果更佳
	虫害	蛞蝓	发现有蛞蝓时使用表 9-4 推荐药剂
		绿盲蝽	发现有虫害发生时,单独或和杀菌剂混合使用表 9-4 推荐药剂
开花后至采收阶段	病害	叶斑病、褐斑病、轮纹病、炭疽病、蛇眼病、白粉病、灰霉病等	1.药剂和施用方法见表 9-3;2.间隔期 7～10 d;3.轮换施用推荐药剂;4.配合施用 0.2% 磷酸二氢钾效果更佳
	虫害	蛞蝓	发现有蛞蝓时使用表 9-4 推荐药剂
		绿盲蝽、蚜虫	发现有虫害发生时,单独或和杀菌剂混合使用表 9-4 推荐药剂
		红蜘蛛	发现有红蜘蛛发生时单独喷雾使用表 9-4 推荐药剂

第二节 草莓设施栽培模式

一、草莓设施栽培的类型

草莓设施栽培的形式多沿用日本的习惯用语,分为促成栽培和半促成栽培。

1. 促成栽培

(1)促成栽培的基本含义:促成栽培是选用休眠较浅的品种,定植后直接保温,辅助植物生长调节剂(赤霉素等)和人工延长光照等措施,促进花芽分化,防止植株进入休眠,促进植株生长发育和开花结果。通过采用促进花芽分化和抑制休眠的技术,温室促成草莓成熟期可提早到 11 月下旬至 12 月上旬,采收期长达 4—6 个月。

(2)促成栽培的类型:促成栽培因设施不同,可分为塑料大棚促成栽培和日光温室促成栽培。

2. 半促成栽培

(1)半促成栽培的含义:半促成栽培是选用深休眠期或休眠中等的品种,当植株生长至基本通过生理休眠,但还处于休眠觉醒期时,人为地创造条件,如采取高温、植物生长调节剂(赤霉素等)调节等处理措施,解除休眠,还可以经过一定时间的低温,达到一定的低温积累量,然后人为地打破休眠。还有的同促成栽培一样,创造条件促进花芽分化。使其自然休眠解除后再进行保温,并提供其生长发育需要的环境条件,这样植株就能正常生长和开花结果。

(2)半促成栽培的类型:半促成栽培因品种、打破休眠的方法以及保温期的不同而有多种形式。

①在日本有普通半促成栽培、冷藏苗半促成栽培、高山育苗半促成栽培、人工补光半促成栽培和遮光处理半促成栽培。

②我国半促成栽培多以设施类型而定,有塑料大(中、小)拱棚半促成栽培和日光温室半促成栽培等。

二、草莓栽培设施类型

现代草莓栽培的设施是指采用各种材料建造成具有一定空间结构,又有较好的采光、保温和增温效果的设备。我国地域广阔,有些地方冬季最低气温在 0 ℃以下,特别是北方有些地区最低温度在 $-50\sim-20$ ℃,露地栽培根本无法进行正常生产,采用保护地设施栽培,能够创造草莓生长发育的各种条件,进行"超时令"或"反季节"草莓生产,使草莓提前或延后成熟,以满足人们生活的需要。

现代草莓促成栽培对设施有严格的要求,所用设施因地而异,不是任何设施都能进行草莓促成栽培的。在我国北方宜采用高效节能日光温室塑料大棚,在冬季基本不加温的情况下,使草莓上市期从 12 月开始一直延续到翌年 3 月。而在长江流域进行草莓促成栽培,宜采用塑料大棚,内部再加小拱棚,地膜覆盖,有条件的可增加保温被等覆盖物。

半促成栽培所用设施,北方多为普通日光温室塑料大棚、塑料棚(大、小、中拱棚),南方多采用塑料薄膜大中拱棚。

1. 塑料棚

塑料棚是塑料薄膜拱棚的简称,是将塑料薄膜覆盖在特制的支架上而搭成的棚。与温室相比,塑料棚具有结构简单,建造和拆装方便,一次性投资较小的优点,在生产上应用普遍。根据塑料棚的大小和管理人员在棚内操作是否受影响等因素,塑料棚可分为小棚、中棚和大棚。各种棚的划分很难有严格的界限,各地标准也有差异,下面的规格仅供参考。

(1)塑料小拱棚

①基本结构。棚高 1 m 以下,宽 3 m 以下,长度不限,多为 10～30 m,面积多在 100 m² 以内,管理人员不能在棚内操作,只能将薄膜揭开在棚外操作。

根据棚面的形状不同,小拱棚有拱圆形、半拱圆形和双斜面形之分。生产上应用最多的类型是拱圆形小拱棚,它是将架杆弯成弓形,两端插入土中,按一定距离排列,上覆塑料薄膜,棚面呈近半圆形。也可外用压杆或压膜线等固定塑料薄膜。为提高防风保温能力,还可设置风障和夜间加盖草帘等。为防止拱架弯曲,必要时可在拱架下设立柱。

②塑料小拱棚棚内环境特点如下。

A. 温度。小拱棚空间较小,蓄热和保温能力差。气温增加速度较快,增温能力可达 15～22 ℃,晴天比阴天增温快,高温季节容易造成高温危害。降温速度也快,在夜间不覆盖草苫,阴天或低温时,棚内外温差仅为 1～3 ℃,遇寒流易发生冻害,加盖草帘保温能力可提高到 6～12 ℃。

从季节变化看,冬季是小拱棚温度最低的时间,春季逐渐升高。小拱棚温度的日变化与外界基本相同,一天中,棚内最高温度一般出现在 13：00 左右,日出前温度最低。由于棚体较小,棚温的日变化幅度比较大。夜间不盖草苫保温时,晴天昼夜温差一般为 20 ℃ 左右,最大可达 25 ℃ 左右;阴天时昼夜温差比较小,一般为

6 ℃左右,连阴天差别更小。

小拱棚内气温分布很不均匀,在密闭情况下,中心部位地表附近温度最高,两侧温度较低,水平温差可达 7～8 ℃。而从棚的顶部放风后,棚内各部位的温差逐渐减小。

小拱棚内地温变化规律与气温相似,但不如气温剧烈。从日变化看,白天土壤吸热增温,夜间放热降温。晴天日变化大于阴雨天,土壤表层大于深层。一般棚内地温比露地高 5～6 ℃。从季节变化看,北京地区 1—2 月 10 cm 平均地温为 4～5 ℃,3 月为 10～11 ℃,3 月下旬达 14～18 ℃,秋季地温有时高于气温。

B.光照。小拱棚透光性能较好,春季棚内的透光最低在 50% 以上,光照强度达 5 万 lx 以上,但光照强度低于露地。盖膜初期无水滴和无污染时,透光率达 70% 以上,以后透光率会逐渐降低。光照强度的日变化明显,晴天日变化较大,阴天较小。小拱棚较低而窄,光照分布比较均匀,东西向的小拱棚内,南北侧地面光照量的差异一般只有 7% 左右。正确揭盖草苫对棚内温度控制极其重要,不覆盖草苫时,光照时间与露地相同;覆盖时受揭盖草苫时间的早晚影响,棚内的光照时数和温度变化较大。光谱成分取决于塑料薄膜的性质、天气状况及太阳高度角的变化。

C.湿度。密闭情况下,小拱棚内空气相对湿度高于露地,一般为 70%～100%。湿度日变化规律与气温日变化相反,白天气温升高,湿度下降;夜间气温下降,湿度上升。相对温度日变化幅度比较大,一般白天的相对湿度为 40%～60%,平均比外界高 20% 左右,夜间相对湿度为 90% 以上,凌晨达 95% 以上。晴天湿度低,阴天湿度高。

小拱棚中部的湿度比两侧高,地面水分蒸发快,容易干旱,而蒸发的水蒸气在棚膜上聚集后沿着棚膜流向两侧,常造成两侧地面湿度过高,导致地面湿度分布不均匀。通风可降低相对湿度,浇水则提高相对湿度。

(2)塑料中拱棚

①基本结构。塑料中棚跨度为 6 m,高度 2 m 左右,肩高 1～1.5 m。跨度为 4.5 m 时,高度 1.8 m 左右,肩高以 1 m 左右为宜。跨度为 3 m 时,高度 1.5 m,肩高以 0.8 m 为宜。长度可根据需要及地块长度确定。

塑料中拱棚的棚体大小、结构的复杂程度、建造的难易程度和费用以及环境条件等特点,均介于小拱棚和塑料大棚之间。可以看作是小拱棚与大棚的中间类型。

常用的塑料中拱棚主要为拱圆形结构。按所用材料的不同,可分为竹片结构、钢架结构、竹片与钢架混合结构,以及管架装配式塑料中拱棚,如 GP-Y6-1 型和 GP-Y4-1 型塑料中拱棚等。

②塑料中拱棚棚内环境特点。基本上介于小拱棚与塑料大拱棚之间。需要指

209

出的是,中拱棚空间比大拱棚小,升温快,热容量少,提高延后生产效果不如大拱棚。但与小拱棚一样,便于覆盖保温,如果夜间覆盖草苫等,保温效果优于大拱棚。

（3）塑料大拱棚

①基本结构。高2～3 m,宽8 m以上,长30 m以上,面积300 m²以上。管理人员可以在棚内方便地操作。塑料大拱棚主要由立柱、拱杆、拉杆、压杆、棚膜等部分组成。

A.立柱。指下部埋入地下,垂直于地面的柱子。其主要作用是支撑拱杆和棚面,防止上下浮动及变形。在竹拱结构的大拱棚中,立柱还有拱杆造型的作用。立柱主要用水泥预制柱,部分大棚用竹竿、木棍、钢架等作为立柱,柱粗5～8 cm。立柱纵横呈直线排列,竹拱结构塑料大拱棚立柱较多,一般间距2～3 m,中间柱高,向两侧逐渐变低,形成自然拱形。钢架结构塑料大拱棚立柱较少,一般只有边柱或不设立柱。竹木结构的大拱棚立柱较多,使棚内遮阴,作业不方便,可采用"悬梁吊柱"式大拱棚,即将纵向立柱减少,而用固定在拉杆上的小悬柱代替。小悬柱高30 cm左右,在拉杆上的间距为0.8～1.0 m,拱杆间距一致。

B.拱杆。拱杆是大拱棚的骨架,主要作用是决定大棚棚面造型,还起支撑棚膜的作用。拱杆主要用竹竿、毛竹片、钢梁、钢管和硬质塑料管等材料。拱杆按大拱棚跨度要求两端插入地中,其余部分横向固定在立柱顶端,成为拱形,一般每隔0.8～1 m设一道拱杆。

C.拉杆。指与拱杆垂直纵向放置的材料,可以纵向连接拱杆,固定压杆,使大棚骨架连成一个稳固的整体。拉杆一般用直径3～4 cm的竹竿、钢梁、钢管等材料。

D.压杆(线)。指位于棚膜之上的材料,起固定、压平、压紧棚膜的作用。压杆可用竹竿、大棚专用压膜线、粗铅丝、尼龙绳等材料。多用8号铁丝和专用压膜线,压在两根拱杆之间,两端设地锚,固定后埋入大棚两侧的土壤中。

E.棚膜。即塑料薄膜,是起设施栽培作用的部分。可用0.1～0.12 mm厚的聚氯乙烯、聚乙烯薄膜,以及0.08～0.1 mm厚的醋酸乙烯薄膜。目前生产上多使用无滴膜、长寿膜、耐低温防老化膜等多功能膜。大棚宽度小于10 m,顶部可不留放风口。宽度大于10 m,难以靠侧风口对流通气,需在棚顶设通风口。可将棚膜分成2～4块,相互搭接在一起,重叠20～30 cm,以后从搭接处扒开缝隙放风。接缝位置通常在顶部及两侧距地面1 m左右处。

F.门窗。大棚两端各设大门,供人员出入,门的大小要考虑作业方便与保温。大棚顶部可设出气天窗,两侧设进气侧窗,即上述的通风口。

②塑料大拱棚类型。

A.按棚顶形状分为拱圆形和屋脊形,我国生产上绝大多数为拱圆形。

B.按建造材料分为竹木结构、钢架结构、混合结构和管材组装结构等。

竹木结构大棚用横截面(8~12)cm×(8~12)cm的水泥柱作为立柱,用直径5 cm左右的竹竿或宽5 cm、厚1 cm的竹片作为拱杆,0.8~1 m设一道拱杆。竹木结构大棚建造成本比较低,但拱杆寿命比较短,需定期更换,且立柱较多,遮阴多,作业不方便。

钢架结构大棚主要使用8~16 mm的圆钢以及1.27 cm或2.54 cm的钢管加工成双拱圆形铁梁拱架,钢梁的上弦用规格较大的圆钢或钢管,下弦用规格小一些的,上下弦间距20~30 cm,中间用8~10 mm圆钢连接,拱梁间距一般1~1.5 m,架间用10~14 mm圆钢相互连接,钢架结构大棚坚固耐用,棚内无柱或有少量支柱,空间大,便于作物生长和人工作业,也便于安装自动化管理设备,但用钢材较多,成本较高,钢架本身对塑料薄膜也易造成损坏。

混合结构大棚每隔2~3 m设一钢梁拱架,用钢筋或钢管作为纵向拉杆,间距约2 m,将拱架连接在一起。钢架间纵向拉杆上每隔1~1.2 m焊一短的立柱,在短立柱的顶端架设竹拱杆,与钢拱架相同排列。混合结构大棚特点介于钢架结构与竹木结构大棚之间。

管材组装结构大棚由一定规格的薄壁镀锌钢管或硬质塑料管材,加上相应的配件,按照组装说明进行固定连接而成。这类大棚结构设计比较合理,可大批量工厂化生产,具有重量轻、强度好、耐锈蚀,易于安装拆卸等优点。管材组装结构大棚棚内采光好,作业方便,规格型号较多,便于选择。但目前造价尚高。

③塑料大棚的光照特点如下。

A.光照强度。塑料薄膜大棚内的光照强度低于自然界的光照强度。由于用料粗大,遮光多,其采光能力不如中小棚强。白天阳光照射到棚面时,除了被棚面吸收和反射掉的一部分外,70%以上进入棚内。进入大棚内的光量多少,与膜的性质和质量有关。无滴膜优于普通膜,新膜优于老化膜,厚薄均匀一致的膜优于厚度不匀的膜。进入棚内的阳光大部分被地面、建材吸收和反射。光照强度与棚架类型有关,单栋钢架结构相对光照强度为72%,单栋竹木结构为62.5%,连栋钢筋混凝土结构为56.5%。塑料大棚没有外保温设备,不论直射光、散射光,各部位都能透过,接受太阳光条件优于日光温室。

大棚内的光照强度随季节和天气的变化而变化,外界光照强,棚内的光照也相对增强。自冬至夏,随着太阳高度角的增大而增强。晴天棚内的光照明显强于阴天和多云天气。

大棚内垂直方向上光照强度是由上向下逐渐减弱,棚架越高,上下差别越大,近地面的光照也越弱。棚内光照强度的垂直分布受棚内湿度和作物种类、高度、密

211

度及叶片形态等影响。

大棚内水平方向上光照强度,一般南部大于北部,四周高于中央,东西两侧差别较小。南北延长的大棚内,上午东侧光照强度大,西侧小,下午相反,全天两侧相差不大,但东西两侧各与中间夹有一弱光带。南北延长的大棚背光面较小,光照分布比较均匀,东西之间的透光率相差2%,而且便于通风。东西延长的塑料大棚内,平均光照强度高于南北延长的塑料大棚,透光率高2%~8%,背光面相对较大,水平分布明显不均,棚内南北部位透光率差别大,可达20%~23%。

B.光照时间。由于塑料大棚比较高大,薄膜之上一般不能加覆盖物,其光照时间的长短及季节性变化与露地相同。

C.空气温度。大棚温度的变化规律是,外温越高棚内温度越高,外温越低棚内温度越低。季节温差明显,昼夜温差大,晴天温差大,阴天棚内温差不显著,变化比较平稳。

大棚内温度的日变化趋势与露地基本相同,但白天气温高,夜间低,昼夜温差大于露地。大棚的贯流放热规律与日光温室基本一致,但没有日光温室的保温条件。白天太阳升起后,棚内的气温迅速升高,中午可超过40℃,午后光照减弱,散失的热量超过所得的热量,棚内气温随之下降。夜间由地面向棚内空中辐射,一部分长波辐射向外界散热,另一部分返回棚内。棚面水滴形成,放出潜热。由于没有太阳辐射,只有土壤热量的横向传达和地下传导,而外界温度又低,热传导加快,虽然薄膜的热传导率较小,但因为太薄,传导散热量大,温度下降快,因此昼夜温差大,白天易受高温危害,夜间容易发生霜冻。

大棚内最低气温一般出现在凌晨,日出前1~2 h,比外界稍迟或同时出现。持续时间也短,棚内气温回升快。日出后棚内温度上升,1~2 h内气温迅速升高,8:00—10:00上升最快,晴天密封状态下,平均每小时上升5~8℃,有时高达10℃以上。棚内最高温度出现在12:00—13:00,比外界稍早或同时出现。14:00以后气温下降,平均每小时下降2~3℃,日落前下降最快。夜间气温持续下降。

大棚内温度的日变化与季节、天气、棚体大小等有密切关系。春季一般棚温可达15~36℃,最高可达40℃以上,夜间通常比露地温度高3~6℃。棚内昼夜温差幅度变化情况,12月下旬至翌年2月中旬在10~15℃之间,因为外界温度低,日照时数少;3—9月昼夜温差可达20~30℃,这时容易造成高温危害。晴天升温显著,降温也快,昼夜温差大;阴天上午气温上升慢,下午降温也慢,日变化比较平稳。大棚内存在"温度逆转"现象,即棚内最低气温低于棚外温度的现象。此现象各季都可能发生,但以春季明显,危害最大。当有冷空气南下入侵,在偏北大风后第一个晴朗微风的夜间,棚内最低气温可比棚外低1~2℃,温度逆转始于22:00

至日出后棚内气温回升为止。在白天是阴天偏北大风,夜间是云消风停的天气条件下,温度逆转现象最明显,棚内气温最低。

大棚内气温存在明显的四季变化,但四季通常都高于露地。冬季天数比露地缩短30～40 d,春秋季天数比露地分别增长15～20 d。在我国北方,12月下旬至翌年1月下旬,棚内气温最低,多数地区旬平均气温在0 ℃以下,严寒冬季大棚密闭,土地封冻,但冻层比露地减少50%以上,春季提早化冻。2月上旬至3月中旬棚温回升,旬平均气温可达10 ℃以上。3月中下旬外界温度尚低时,棚内温度可达15～35 ℃,比露地高1.5～2.5 ℃;最低为0～3 ℃,比露地高2～3 ℃。随着外界温度的升高,棚内温差逐渐加大。3月中旬至4月,最高气温达40～50 ℃,棚内外温差可达6～20 ℃,如不及时通风,棚内容易出现高温危害。5—7月外界气温高,大棚通风降温为常态。7—8月高温高湿季节,由于大放风,棚内温度可比外界低2～4 ℃。如密闭,可比露地高15～20 ℃。8—9月温差不明显,9月上旬以后棚内最高气温低于30 ℃,最低气温15 ℃以下。10月中旬棚内最高气温30 ℃左右,最低气温15～16 ℃,并且逐渐下降。10月下旬至11月上旬,棚内最高气温20 ℃左右,夜间棚内温度3～6 ℃,相继降至0 ℃左右,如遇西北风常随寒流降温和发生霜冻。

塑料大棚内气温水平分布不均匀,南北延长的大棚内,午前东部高于西部,午后西部高于东部,温差为1～3 ℃。无论白天夜间,棚中部、中南部温度最高。白天中北部温度最低,夜间则西北、东南部较低。日平均气温趋势与白天基本一致,中部、东南部温度高,边缘尤其是北部温度最低。在靠近棚膜的边缘处1～2 m处,出现一个低温带,这便是所谓的"边际效应",该低温带内气温一般比棚中央低2～3 ℃。放风时,放风口附近温度较低,中部较高。在有作物时,上层温度较高,地面附近温度较低。

D. 土壤温度。塑料大棚覆盖面积大,棚内空间大,地温上升以后比较稳定,并且变化滞后于气温,保温效果优于中小棚。

从日变化的规律看,晴天日出后,地温迅速升高,15:00左右达到最高值,以后开始下降。随着土层加深,最高地温出现的时间依次延后。阴天时棚内温度变化较小。从季节变化的规律看,大棚在4月中下旬的增温效果最大,夏季因作物遮光,棚内外地温基本相同。秋冬季节棚内地温略高于露地。10月以后增温效果减少,土温逐渐下降。从地温的分布区域看,大棚周边地温低于中部。

塑料大棚浅层地温的日变化与气温变化基本一致,地面温度的日较差可达30 ℃以上,5～20 cm地温的日较差小于气温日较差。晴天时日较差变化大,阴天时变化小。在土壤温度较低时,地面温度的日较差可大于气温的日较差,最高、最低气温出现的时间偏晚2 h左右。早春,午前5～10 cm处的地温往往低于气温,但傍晚则高于气温。浅层地温高于气温的情况能维持到次日日出之后。最低气温一般出现在凌晨,但这时地温高于气温。棚内浅层地温的水平分布也不均匀,中央部位的地温比周边部位的高。

塑料大棚内地温也随季节变化而变化。棚内外浅层土壤温度的季节变化趋势是一致的。从10月到翌年5月,棚内浅层土温比棚外高5 ℃左右。10月至11月上中旬,棚内地温仍可维持在10～20 ℃。11月中旬以后,棚内温度下降,土壤逐渐冻结。至翌年3月土壤温度回升至10～20 ℃。4—6月,随外界温度的升高和作物旺盛生长,地温缓慢回升,一般维持在20～24 ℃。棚内温差越来越小。6月棚内地温可达30 ℃,但比棚外露地低。一般秋季早晨5 cm地温低于10～15 cm地温,但中午和傍晚5 cm地温则又高于10～15 cm地温。春季5 cm地温比10 cm地温回升快,我国北方地区一般5 cm处的地温稳定在12 ℃以上,时间比10 cm地温稳定在12 ℃提早6 d。

E.空气湿度。塑料大棚内空气中的水分来自土壤水分的蒸发和作物的蒸腾。塑料薄膜的密封性好,水分不易外散。为了保温,一般通风量很小,水蒸气在棚内积累,形成了一种比较稳定的高湿环境。一般大棚内空气的绝对湿度和相对湿度均显著高于露地。通常绝对湿度是随着棚内温度的升高而增加,随着温度的降低而减小。而相对湿度是随着棚内温度的降低而升高,随着温度的升高而降低。棚温为5 ℃以下时,每提高1 ℃,相对湿度下降5%;棚温5～10 ℃,每提高1 ℃,相对湿度下降3%～4%。棚温20 ℃,相对湿度为70%;棚温升到30 ℃,相对湿度可降至40%。晴天、有风天空气相对湿度降低,夜间、阴雨天棚温降低,空气相对湿度升高。浇水以后,相对湿度增大,放风以后,相对湿度下降。

白天空气相对湿度多在60%～80%,夜间一般达90%以上。早晨日出前,大棚内的相对湿度往往高达100%,随着日出后棚内温度的升高,空气相对湿度逐渐下降,最低值出现在13：00—14：00。在密封情况下相对湿度达70%～80%;在通风条件下,相对湿度可降到50%～60%。午后随着气温逐渐降低,空气相对湿度又逐渐增加。白天湿度变化比较剧烈,夜间变化比较平稳。绝对湿度是随着午前温度的逐渐升高,棚内蒸发和作物蒸腾的增大而逐渐增加。在密闭条件下,中午达到最大值,而后逐渐降低,早晨降至最低。

棚内相对湿度的水平分布特点是周边部位比中央部位高约10%,这与气温分布正好相反,与不同部位气流流速有关。

一年中大棚内空气湿度以早春和晚秋最高,夏季由于温度高和通风换气,空气相对湿度较低。阴、雨天棚内的相对湿度大于晴天。

F.气流运动。塑料大棚的气流运动有两种形式:一种是基本气流,由地面升起,汇集到棚顶;另一种是回流气流,当基本气流沿着棚顶形成与棚顶平等的气流,不断向最高处流动,最后折向下方流动,补充了基本气流上升后形成的空隙。

基本气流运动的方向,容易受外界风向的影响,其方向与风向相反,风力越大,影响越大。密闭时基本气流的速度低,平均值为 $0.28\sim0.78$ m/s,最低小于 0.01 m/s。大棚放风后,基本气流受外界风速影响,流速很快提高,流经作物叶层的新鲜空气也增多。大棚内不同部位,基本气流的流速也不同,大棚中心部位及两端的流速都低。因此,这些部位地面蒸发和作物蒸腾水分不易散失,相对湿度较高,叶片结露时间长,往往成为病害发源地。大棚两侧扒缝放风,气流速度较快,病害就轻。春天外界温度较低时,棚内外温差大,不宜开门通风,也不宜放底脚风,因为基本气流的上升运动,使地表空气形成负压,吸引底脚风进入棚内贴地表运动,风速风量大、温度低而伤害作物。

G. 二氧化碳(CO_2)。据中国农业科学院农业气象研究所 1978 年春测定,大棚内二氧化碳的浓度,在 18:00 闭棚后逐渐增加,至次日日出时升到最高峰。日出后尚未通风,由于植物的光合作用,二氧化碳浓度急剧下降,通风前达到最低值。通风后浓度回升,但仍比室外大气中的浓度低。所以大棚内二氧化碳含量在白天是亏缺的。日落后,二氧化碳的浓度又逐渐提高,至次日早晨又达到最高值。大棚内二氧化碳浓度日变化较大,露地则无此变化。

大棚内二氧化碳浓度的水平分布也是不均匀的,中部高,边缘低。白天气体交换率低且光照强的部位二氧化碳浓度低,作物群体内比上层低。但夜间或光照很弱的时刻,由于作物的呼吸作用释放出二氧化碳,因此作物群体内部气体交换强的区域二氧化碳浓度高。

H. 有毒气体。大棚中常见的有毒气体主要有氨气(NH_3)、二氧化氮(NO_2)、乙烯(C_2H_4)、氯气(Cl_2)等,其中氨气(NH_3)、二氧化氮(NO_2)气体主要是一次性施用大量有机肥、铵态氮或尿素产生的,尤其是土壤表面施用大量的未腐熟有机肥或尿素。乙烯(C_2H_4)、氯气(Cl_2)主要是从不合格的农用塑料制品中挥发出来的。大棚是半封闭系统,上述有毒气体容易积累,以至达到危害作物的程度。

2. 日光温室塑料大棚

(1)基本结构:温室一般是指具有屋面和墙体结构,增温和保温性能良好,可以在严寒条件下进行农业生产的保护设施的总称。常用的温室主要由墙体、后屋面、前屋面、立柱以及保温覆盖物等几部分组成。

①墙体。墙体包括后墙和东、西侧墙,一般由土、草泥或砖石等构成。玻璃温室以及硬质塑料板材温室则为玻璃墙或塑料板墙。草泥或土墙通常做成上窄下宽的"梯形墙",一般基部宽 $1.2\sim1.5$ m,顶部宽 $1\sim1.2$ m。砖石墙一般建成"夹心

墙"或"空心墙",宽度 0.8 m 左右,内填充蛭石、珍珠岩或炉渣等保温材料。

后墙高度 1.5~3 m。侧墙前高 1 m 左右,后高同后墙,脊高 2.5~3.8 m。

②后屋面。普通后屋面主要由粗木、秸秆、草泥以及防潮薄膜等组成。秸秆为主要的保温材料,一般厚 20~40 cm。砖石结构温室的后屋面多由钢筋水泥预制柱或钢架、泡沫板、水泥板和保温材料等构成。后屋面的主要作用是保温以及放置草苫等。

③前屋面。由屋架和透明覆盖物组成。

A.屋架。屋架的主要作用是前屋面造型,以及支持薄膜和草苫等。有半拱圆形和斜面形两种基本形状。竹竿、钢管及硬质塑料管、圆钢等建材多加工成半拱圆形屋架,角钢、槽钢等建材则多加工成斜面形屋架。按结构形式不同,一般将屋架分为普通式和琴弦式两种。

B.透明覆盖物。主要作用是白天使温室增温,夜间起保温作用。使用材料主要有塑料薄膜、玻璃和聚酯板材等。

塑料薄膜成本低,易于覆盖,并且薄膜的种类较多,选择余地也较大,是目前主要的透明覆盖材料。所用薄膜主要为深蓝色聚氯乙烯无滴防尘长寿膜和聚乙烯多功能复合膜。

玻璃的使用寿命长,保温性能也比较好,但费用较高,并且自身重量大,对拱架的建造材料种类、规格以及建造质量等要求也比较严格,目前已较少使用。

聚酯板材主要有玻璃纤维强化聚酯板(FRP 板)和聚碳酸酯板(PC 板)。聚酯板材的相对密度轻、保温好、透光率高、使用寿命长,一般可连续使用 10 年以上,在国际上呈发展趋势,我国聚酯板材温室近几年也有了一定的发展。

④立柱。普通温室内一般有 3~4 排立柱。按立柱所在温室中的位置,分别称为后柱、中柱和前柱。后柱的主要作用是支持后屋面,中柱和前柱主要是支持和固定拱架。立柱主要为水泥预制柱,横截面规格为(10~15) cm×(10~15) cm。一般埋深 40~50 cm。后排立柱距离后墙 0.8~1.5 m,向北倾斜 5°左右埋入土中,其他立柱则多垂直埋入地里。钢架结构温室以及管材结构温室内一般不设立柱。

⑤保温覆盖物。主要作用是在低温期保持温室内的温度,主要有草苫、保温被、塑料薄膜等。

A.草苫。成本低,保温性好,是目前使用最多的保温覆盖材料。其主要缺点是使用寿命比较短,一般连续使用时间只有 3 年左右。另外,草苫的体积较大,不方便收藏,也容易被雨雪打湿,降低保温性能。草苫主要有稻草苫和蒲草苫两种,以前者应用较普遍。温室用草苫一般厚 3 cm 以上,宽 1.2~2 m,长依前后屋面而定。随着农业科学技术的飞速发展和农村经济条件的不断提高,草苫将逐步退出应用市场。

B. 保温被。当前日光温室塑料大棚的保温覆盖物多数应用具有防水、抗冻、保温、内衬保护等复合功能的保温覆盖材料,也称保温被。保温被一般一面采用防水材料,中间为防寒毡和棉被,使用寿命 5～6 年。保温被具有以下特点:第一,防水。保温被经过防水、防老化等特殊工艺处理,使其具有了很好的防水、防炽、防风雪等性能。第二,蓬松度好,保温性佳。保温被由于采取特殊的加工工艺,使其能够保持非常好的蓬松度。一般重量为 2～3 kg/m² 的保温被厚度在 15 mm 左右,经检测保温率可达到 85％以上,保证了保温效果。实际应用试验表明:在低温多湿地区,保温被较稻草苫覆盖温度提高 2～3 ℃,雨雪天提高 4～5.5 ℃;在严寒地区,保温被较草苫可提高 2 ℃,最高可达 3 ℃。第三,抗拉性能好,适用于多种卷绕方式。目前日光温室塑料大棚保温材料的卷绕方式多为侧卷和顶卷两种方式,侧卷和顶卷对保温材料的损伤较为严重。由于保温被具有两层抗拉层,大大增强了其抗拉能力,同时因其特殊的加工工艺,保证了内层物料不滚粘。因此延长了保温被的使用寿命。

217

C. 塑料薄膜。主要是幅宽 8 m 以上的普通聚乙烯薄膜,也可用由温室上撤下的旧棚膜代替,以降低成本。宽幅薄膜作为温室的辅助保温材料,通常覆盖在草苫的上面,在加强保温的同时,也能防止草苫被雨雪打湿,综合保温效果比较好,一般可提高温度 2～4 ℃。

(2)日光温室塑料大棚类型:日光温室塑料大棚的发展是由低级、初级到高级,由小型、中型到大型,由简易到完善,由单栋温室到几公顷的连栋温室群。温室结构形式多样,类型繁多。

日光温室完全靠自然光作为能源进行生产,或只在严寒季节进行临时性人工加温,生产成本比较低,适于冬季最低温度 −15～−10 ℃以上或短时间 −20 ℃左右的地区。日光温室有普通型日光温室和改良型日光温室两种类型。普通型日光温室前屋面采光角度比较小,增温、保温能力不及改良型日光温室,保温能力一般在 10 ℃左右,在严寒地区,只能用于春秋生产。改良型日光温室,也称为冬暖型日光温室、节能型日光温室,其前屋面采光角度大,白天增温快,墙体厚,保温能力强,一般保温能力可达 15～20 ℃,在冬季最低温度 −15 ℃以上或短时间 −20 ℃左右的地区,可用于冬季生产。

①按温室屋面的数量分为单栋温室和连栋温室。单栋温室按透明屋面的型式分为单屋面温室和双屋面温室。连栋温室有两个以上的屋面。

②按屋面的形状分为拱圆形温室和斜面形温室。拱圆形又有圆面型、抛物面型、椭圆面型、圆-抛物面组合型。斜面形又有单斜面、二折式、三折式等。

常用的单栋单屋面温室,即冬暖式大棚,是采用圆-抛物线组合型屋面,其综合性能最好,应用也最多。

③按骨架的建筑材料分为竹木结构温室、钢筋混凝土结构温室、钢架结构温室、铝合金结构温室等。

④按透明覆盖材料分为玻璃温室、塑料薄膜温室和硬质塑料板材温室等。

(3)温室条件:日光温室的热能来源,完全靠太阳辐射。太阳光线不但提高室内温度,还是果蔬进行光合作用制造养分和生命活动的能源。果蔬进行保护地生产的冬季,早春正是北半球日照时间短、光照弱的时期。所以,建造日光温室必须采光设计科学,保温措施有力。下面以单屋面单栋塑料薄膜温室为主,说明温室的环境条件特点。

①光照强度。日光温室内的光照强度,取决于温室外的自然光照的强弱和温室的透光能力。自然光照强度随季节、地理纬度和天气条件而变化。室内光照强度与自然光照强度的变化具有同步性,但因影响因素较多,两者的变化不成比例,由于温室有很多不透风的部分遮光,塑料薄膜的吸收和反射作用、内面的凝结水滴、尘埃的污染、薄膜的老化等影响,致使温室内的光照强度明显小于室外。室内 1 m 以上高度的光照强度为室外自然光照强度的 $60\% \sim 80\%$。不透明部分如后墙、后屋面、东西侧墙、立柱、横梁、拱架等,都影响光线的射入。阳光投射到不透明的物体上,会在相反方向上形成阴影,阴影又随太阳高度变化和位置的移动而变化。东西侧墙的阴影主要在早、晚。早晨在东北角形成弱光区,随太阳升起,弱光区面积逐渐缩小,到中午前后完全消失;午后在西北角形成弱光区,随着太阳的西沉,弱光区面积逐渐加大。立柱、横梁、拱架的遮光会形成在地面上不停移动的阴影。阳光照射到前屋面的塑料薄膜上,一部分被薄膜吸收,一部分被反射掉,剩余的光线进入温室。保护地内的太阳辐射能或光照强度与外部太阳辐射能或光照强度的比值叫透光率。透光率与薄膜的种类、光线入射角有关。薄膜内外的水滴、灰尘会大大降低透光率。聚氯乙烯比聚乙烯易老化,聚氯乙烯薄膜使用 2 个月后其透光率可由 90% 降到 55%,防尘农膜比一般农膜透光率高 30% 以上。

日光温室的光照强度分布与室外光照强度分布有明显的差异。温室内东西方向上,由于侧墙的遮阳作用,午前西部光照强,东部低于西部,午后西部低于东部。午前和午后分别在东西两端形成两个三角形弱光区,它们随太阳在空中位置的变化而收缩或扩大,正午消失。温室中部是全天最好的区域,所以应尽量增加温室的长度。温室中部光照强度的垂直分布是从上到下递减,在塑料屋面附近,相对光照强度为 80%,距地面 $0.5 \sim 1.0$ m 处为 60%,距地面 0.2 m 处为 55%。以中部为界,温室内南部或前部为强光区,北部或后部为弱光区。在强光区内,南北水平方向上光照强度差别不大,尤其在中柱前 1 m 至温室前沿,是光照条件的最佳区域,其中 1 m 高度以下,光照强度的水平差异极小,0.5 m 以下相对光照强度大多在 60％左右,上部光照强度在同一高度上自南向北稍有减弱。在弱光区水平方向与垂直方向上的光照强度差别却很明显。水平方向上主要表现为自南向北明显差异,光照强度为每米 1 lx,在垂直方向上表现为上下弱而中间强。

　　②光照时间。日光温室内的光照时间,除受自然光照时间的制约外,在很大程度上受人工措施的影响。冬季自然光照时间短,温室环境的主要矛盾是温度。为了保温,温室前屋面进行覆盖,草苫和保温被等早盖晚揭,人为地延长黑夜,缩短了光照时间。遇到降雪天气,揭保温材料时间更晚,见光时间更短。所以,温室冬季日照时间比室外短。12 月至翌年 1 月,室内光照时间一般为 6～8 h。进入 3 月,室外气温已高,应把主要矛盾转到光照上,尽量加长光照时间,在管理上改为适时早揭晚盖,室内光照时间可达 8～10 h。

　　③热量平衡。保护地内的热量来源有两个途径:一是太阳辐射能,二是人工辅助加温。不加温时,太阳辐射是唯一热源。白天太阳光进入温室,照射在地面、墙壁、骨架和作物上,少部分反射掉,大部分被吸收,又以长波辐射,即热的形式被释放和传导。温室得到的热量与支出的热量是相等的,这种关系称为日光温室的热量平衡,也称热量收支。热量平衡的规律白天和黑夜不同,白天进入温室的热量,大部分被地面及其他物体吸收,其中一部分向地下传导,使地温升高,并把热量贮藏在土壤中,同时在土壤中进行传导,这种现象称为土壤传导。土壤传导在上下层垂直方向上热传递量很小,但在水平方向上由于室内外土壤温差较大,把部分热量传递到室外土壤中,称为土壤传导失热。据报道,土壤传导失热占失热的 5％～10％。地面得到的热量,有一部分和室内反射辐射,使空气温度升高。室内热量还以辐射、传导、对流的方式透过保护设施表面向室外释放,这个过程称为贯流放热,也称为透射放热或表面放热。减少贯流放热的有效途径是降低维护结构的导热系数。表面放热的大小除与覆盖物和围护结构所用材料的特性有关外,受外界的风速、内外温差的影响较大,一般风速越大放热越快,内外温差超大,损失的热量也越多。还有一部分热量在通风换气过程中,以对流形式向室外传出,这种现象称为缝隙放热。包括人为放风和缝隙的空气流动。它与放风次数、缝隙大小和风速有关。日光温室的墙体有缝隙、后屋面与后墙交接处不严、前屋面薄膜有孔洞时,都会以对流方式把热量传到室外,特别是进出口处放热量最大。热量的支出主要有以上几个方面。温室内还存在着由于土壤水分蒸发、作物叶片的蒸腾、水分凝结造成的热交换现象。

　　④空气温度。塑料薄膜日光温室内外气温有明显的季节变化和日变化,室内

温度始终明显高于室外温度。采光越科学,保温越有力,外界温度越低,室内外温差就越大。室内外温差最大值出现在寒冷的 1 月,以后随外界气温的升高,通风量加大,室内外温差逐渐缩小。各地观测的资料表明,在北方温室内 1 月的平均气温与室外 1 月的平均气温接近。12 月至翌年 4 月的月平均气温与广州、南宁等地的露地气温接近,相当于创造了亚热带地区的温度环境(表 9-6)。

表 9-6   温室内外及不同地区月平均温度比较表(1994 年)   ℃

项目		12 月	1 月	2 月	3 月	4 月	平均
露地	南宁	14.7	12.8	14.1	17.6	22.0	16.5
	广州	15.2	13.3	14.4	17.9	21.9	16.5
	熊岳	−5.0	−7.1	−4.3	0.9	13.9	−0.3
温室内	熊岳	16.1	14.2	16.5	17.8	21.5	17.2
温室内外温差	熊岳	21.1	21.3	20.8	16.8	7.6	17.5

温室内气温日变化较露地显著。白天接受大量太阳辐射能,热量支出较少,则温度上升较快且数值较高;夜间只有热量的散失没有收入,温度不断下降,温度低。温室在晴天的上午升温快,午后降温也快,夜间降温慢。最低温度一般出现在刚揭保温覆盖物之后,大约在 8:30。寒冷季节揭开保温覆盖物后气温略有下降,但很快回升,9:00—11:00 上升速度最快。在不放风的情况下,上午每小时上升 5~8 ℃,12:00 之后,气温仍在上升,但变得缓慢起来,13:00 达最高值。之后逐渐下降,15:00 后下降速度最快。覆盖后,室内短时间内气温会回升 1~2 ℃,而后非常缓慢下降,一夜间下降 4~7 ℃。

温室内气温日变化除了与一天的不同时间段有关外,还受天气变化影响,晴天天气,温室内平均气温增加较多。多云、阴天特别是连阴天,温室内增加较少。另外,温室内气温变化还取决于管理技术措施和地温状况,保温效果好的温室下降幅度小。

温室内各部位气温因位置不同而有差异,垂直分布和水平分布都不均匀。在密封情况下,温室内气温在一定高度范围内随高度的增加而上升,栽培畦上方上下温差可达 5 ℃。0.5 m 以下的气温较低,层间分布十分复杂。白天通常从地面向上气温剧烈下降,20 cm 处达到最低值。该层内气温垂直梯度较大,而且以 14:00 时差距最大。20 cm 以上,气温随高度增加而缓慢上升。温室中部向前 1 m 处,在垂直方向上实际存在一个低温层。1 月低温层在 1 m 高处,2 月低温层在 2 m 高处。低温层气温比其他部位低 0.5 ℃。从水平分布看,距北墙 3~4 m 处温度最高,由此向北向南呈递减状态。高温区附近气温在南北方向上差异不大。在前沿附近和后坡之下,气温梯度较大,可达 1.6 ℃。白天南高北低,夜间则北高南低。

在东西方向上,近门端气温低于无门的一端。晴天最高气温出现在13：00左右,比室外气温稍有提前。阴天时最高气温通常出现在云层薄而散射光较强的时刻。前坡下最高气温比后坡下明显偏高。最高气温温室上部比下部高5 ℃以上。温室最低气温从南向北递减,后坡下的最低气温比距前沿1 m处的最低气温高1 ℃。温室的气温日较差明显高于室外,12月至翌年4月平均比室外高3~4 ℃。气温日较差晴天大,阴天小。温室内,从中部向南日较差逐渐增大。形成温室前后日较差不同的原因是前部最高气温高于后部,但最低气温却低于后部。

⑤土壤温度。温室内的地温显著高于室外。由于采取有利的保温措施,室内外温差在室外温度最低时达25 ℃以上,室内地温可保持在12 ℃以上,这种现象称为"热岛效应"。地温的水平分布,5 cm深处地温以中部最高,向南向北递减,前沿底部最低,后坡下地温低于中部,比前沿高。据测定,1月中部地温比南、北两端0.5 m处分别高7 ℃和5 ℃左右。东西方向上地温差异较小,靠侧墙和靠门处低。近门附近,地温差异较大,局部可达1~3 ℃。地温垂直分布,阴天深层高于浅层,浅层靠深层地温向上传导。晴天白天随着气温升高,阳光照射地面,使地表温度升高,随深度增加温度递减。黑夜和阴天以10 cm深地温最高,向上、向下递减。在一天中,地温最高值和最低值出现时间随深度而不同。地表最高温度出现在13：00,5 cm最高温度出现在14：00,10 cm最高温度出现在15：00左右。最低值通常出现在刚揭草苫和保温被之后。8：00—14：00为室内地温上升时段,14：00至次日8：00为下降时段。14：00地温与次日8：00地温的差可以表示地温的增高特性。地温的日较差以地表最大,随深度的增加而减小,20 cm深处温度变化很小。白天地温以地表最高,夜间地温以10 cm深处最高。

⑥空气湿度。日光温室内空气的绝对湿度和相对湿度一般均大于露地。空气湿度大,会减少作物蒸腾量,作物不易缺水。由于温室空间较小且密闭,不容易与外界环境对流。室内空气中水分由土壤蒸发和作物蒸腾而产生,空气中相对湿度变化主要由温度、土壤湿度决定。空气相对湿度夜间大于白天,低温季节大于高温季节,阴天大于晴天。浇水后最大,浇水前最小。放风前大,放风后下降。一般晴天白天空气湿度为50%~60%,夜间达90%以上,接近饱和。阴天白天可达70%~80%,夜间达到饱和状态。在一天中,空气相对湿度在揭苫后大约10 min内最高,以后随着温度的升高逐渐下降,13：00—14：00降到最低值,以后逐渐上升,盖苫后很快升高,夜间高且变化小,有时在冷界面和植株叶面凝结成水滴。

⑦二氧化碳浓度。植物吸收二氧化碳进行光合作用,而呼吸作用排出二氧化碳。当植株周围空气中二氧化碳的浓度降到一定值时,叶片表现为既不排出也不吸收二氧化碳,此时环境中二氧化碳的浓度称为"二氧化碳的补偿点"。当空气中

二氧化碳的浓度升到一定值时,叶片吸收二氧化碳的能力不再增加,此时二氧化碳的浓度称为"二氧化碳的饱和点"。在自然条件下,大气中二氧化碳的含量为0.03%,温室栽培主要在低温季节,一般与外界空气交换较少,其内部二氧化碳条件与外界有较大差异。温室中的二氧化碳,除空气中固有的外,还与作物呼吸作用、土壤微生物活动以及有机物分解等释放出的二氧化碳量有关。

白天,随着光合作用的进行,二氧化碳浓度逐渐下降,下降速度随着光照条件和作物生长发育状况而变化。阳光充足,作物健壮,光合作用旺盛,二氧化碳浓度迅速下降。有时在见光后,1~2 h就能下降到二氧化碳补偿点以下。放风之前二氧化碳浓度出现最低值。通风之后,外界空气进入室内,消耗的二氧化碳得到补充,达到内外基本平衡状态。到了中午,浓度又会下降,低于大气中二氧化碳的浓度,即使放风也是这样。夜间,光合作用停止,由于植物的呼吸作用和土壤中有机物的分解,室内二氧化碳浓度增高,日出前二氧化碳浓度明显高于室外,夜间可达0.1%。

⑧有害气体及其危害。保护地内可能产生的有害气体有氨气(NH_3)、二氧化硫(SO_2)和乙烯(C_2H_4)等。室内氨气主要来源于未经腐熟的鸡粪、猪粪、马粪和饼肥等。这些肥料发酵过程中,产生大量的氨气,如不及时排除,则在室内积累,形成氨气危害。此外,施用碳酸氢铵或撒施尿素,都容易引起氨气中毒。氨气中毒最先发生在生命力旺盛的叶缘,氨气从气孔侵入。受害叶片呈水浸状,颜色变淡,逐渐变白或淡褐色,叶缘呈灼烧状,严重时呈绿白色而全株枯死。

二氧化硫气体产生的原因与氨气相同,主要是因施用了没有腐熟的动物粪便造成,当二氧化硫通过植物叶片上的气孔进入叶子后,被叶肉吸收,转变成亚硫酸根离子,然后又可转变成硫酸根离子,由于在植物体内 SO_2 转变成 SO_3^{2-} 的速度要比 SO_3^{2-} 转变成 SO_4^{2-} 快得多,所以当高浓度的二氧化硫进入植物体内后,会造成高浓度的 SO_3^{2-} 的积累,而 SO_3^{2-} 对植物的毒性比 SO_4^{2-} 扩大30倍,从这一意义上分析,二氧化硫对植物造成的损害,实际上是由其还原作用所引起的。

乙烯(C_2H_4)是果实成熟期间形成的一种植物激素,由于具有促进果实成熟的作用,并在成熟前大量合成,所以它是成熟激素。乙烯能抑制茎和根的增粗生长、幼叶的伸展、芽的生长、花芽的形成。

三、草莓设施栽培技术

1.草莓半促成栽培技术

(1)土壤处理与消毒技术:见第八章。

(2)施肥技术:半促成栽培是在低温和短日照的条件下,促进植株生长发育,并使植株连续开花结果的栽培方式。所以既要苗壮，又要地肥，再加上必要的栽培技术，这样才能达到预期的效果。在定植前半个月清理前茬作物后，就要整好地。结合整地，施足有机肥，以培养地力。一般每亩施充分腐熟的优质圈肥 3 000～5 000 kg、多功能农用微生物菌剂（＞2 亿/g）200～300 kg，施肥后耕翻土壤，使土肥充分混合。

（3）移栽技术

①定植时间。草莓普通半促成栽培定植时间的主要决定因素是气候条件，一是在草莓花芽分化以后，要尽可能早定植；二是根据当地的气候条件，定植的自然气温以 15～17 ℃为宜。而花芽分化决定于日照长度和温度，所以归根结底受气候的影响。定植时期的迟早对草莓坐果与产量影响很大，与畸形果的发生也有密切关系。定植过早，尚未进行花芽分化，或即将结束花芽分化的不安定时期，移栽断根容易引起过早现蕾而形成畸形果，影响品质和产量；定植过晚则气温和地温都已降低，草莓休眠期来临，新根生长会受到抑制。普通半促成栽培的定植时期，北方地区大约在 10 月上旬，南方地区大约在 10 月中下旬，即 10 月 15—25 日。

②定植方法。土壤整平后作畦，高畦宽 60～70 cm，高 15～20 cm，垄沟宽 30～40 cm。起苗前一天，假植圃充分浇水。植株摘除病叶、老叶和侧芽，留 4～5 片叶即可。带土起苗，用小铲切成正方体，尽量少伤根系。要定向栽苗，使苗的新茎弓背朝向畦的两侧，以便花序伸向畦两侧，每畦栽 2 行，行距 25～28 cm，株距 15～20 cm，每亩栽 6 000～8 000 株。如果定植苗较小，栽植密度可适当加大。也可采用"计划密植"法，即先密植后间苗，定植密度为每亩 1 万～1.2 万株，待第一批果实采收后，将生长不良株、感病株、徒长株、过密株间去，每亩保留 6 000～7 000 株。这样可提高前期产量，增加经济效益，但需要定植苗数量大，增加了劳动强度。

③栽后管理。定植后要及时浇水，沉实地面，保持土壤湿润，促进根系的生长，保证成活率。浇第一次缓苗水时，一定不要浇清水，一般每要冲施植物源生物刺激素（木醋液氨基酸水溶肥）5～10 kg，第一次浇水后，一般每隔 3～7 d 浇水一次，有条件可安装喷灌或滴灌设备，保持土壤处于湿润状态。从定植到保温前的草莓生长发育和露地栽培完全一样，管理上也一样。主要任务是使植株生长发育健壮，在自然条件下顺利通过自然休眠，基本满足其低温要求。保温前结合追肥浇封冻水。

（4）保温管理技术：草莓半促成栽培的棚室保温时间要根据品种的特性、当地的气温条件、生产的目的、保温设施等来确定。应结合实际情况，掌握时机，使各方面相互配合，适时保温。

草莓不同的品种休眠期对低温的需求量不一样。从定植到保温的一个月期间，草莓生长发育和露地栽培一样，在自然条件下通过休眠。这样一旦覆膜保温便进入真正的半促成栽培。扣棚保温过早，休眠浅，温度尚高，植株容易生长过旺；扣棚过晚,外界温度低,休眠程度深,如果低温量不足,尽管设施过早保温,植株仍处于矮化状态。相反,低温量过多,植株生长旺盛,易产生疯苗。从理论上讲,保温赶时间最好在腋花芽分化的时间。假若保温过早,草莓休眠浅,环境温度较高,就会造成植株生长过旺,而且还会抑制腋花芽的形成,变成匍匐茎抽生;如保温过晚,外界温度低,草莓进入深休眠,即使给予高温条件,植株也难以在短期内恢复正常发育状态,导致成熟期推迟。此外,由于草莓花芽分化需短期低温和短日照,而分化后则需要高温和长日照来促进其花芽发育,如果在顶花芽分化刚开始时保温,虽然促进了顶花序的发育,但腋花芽分化被推迟,造成顶花芽和腋花芽果实成熟期相差过大,达不到高产高效的目的。

以早熟为目的,保温宜早,在夜间气温低于 15 ℃时应及时覆膜。如以丰产为目的,可稍迟一些,不影响腋花芽的发育即可。北方地区扣棚可在 11 月上中旬至 12 月,沪杭等地为 10 月中下旬。

保护地栽培设施不同,其保温性能差别较大,因而用作半促成栽培其保温适期也有所不同。以河北省满城县为例,日光温室扣棚保温期以 12 月中旬至 1 月上旬为宜。中小拱棚在不加外覆盖物的情况下,应避开 1 月至 2 月上旬的严寒期,扣棚保温期可延迟至 2 月中旬开始。

为保持地温和增进产品品质,扣棚以后应立即覆盖地膜,也可提前先覆盖地膜。

(5)温湿度管理技术:草莓在不同的物候期需要不同的环境条件,半促成栽培保温后,设施内的温湿度直接影响草莓生长发育和产量、质量。大棚内的湿度与温度密切相关,温度低时,相对湿度就大,温度高时,相对湿度就小。因此温湿度管理是一项极其重要而又细致的工作。

①保温开始至现蕾期。保温以后,要及时将盖在地膜下的植株通过破膜提到地膜上面。保温初期的温度,要求相对较高,以加强光合作用,促进植株生长,防止矮化,并使花蕾发育充实均匀。在不发生烧叶的情况下,就应密封设施保温。适宜温度白天为 28~30 ℃,夜间为 9~10 ℃,最低 8 ℃。当白天气温超过 40 ℃时应及时通风降温。夜间温度达不到要求,须再加盖草帘等保温措施。在保温开始后的 10~15 d 内,只要设施内土壤墒情良好,便可保持较高的空气湿度,一般不用放风。

②现蕾期至开花期。当有 2~3 片新叶展开时,温度要逐渐降低。一般通过通风换气降温,日光温室通过顶部放风,塑料大棚通过肩部放风,中小拱棚通过两个棚头放风。现蕾期白天温度保持 25~28 ℃,夜间保持 8~10 ℃,白天不能有短时间 35 ℃以上的高温。土壤含水量不应低于最大持水量的 70%,要求空气湿度 40%~60%。这个时期正处在草莓花粉分子形成期,对温度变化极为敏感,容易造成低温

或高温障碍,这个时期放风管理要十分细致。

③开花期。保温25 d左右,新叶展开3～4片时开始开花。开花期适宜温度白天为23～25 ℃,夜间为8～10 ℃。正在开放的花朵对温度极为敏感,当气温为30～35 ℃及以上时,花粉发芽力低下,授粉能力降低,在近0 ℃以下时,则雌蕊受害变黑不结果。花药开裂的最适湿度为20%,而花粉萌发以40%的空气湿度为宜。空气湿度过高不利于花药开裂。湿度低于或高于40%,花粉萌发率均会降低。设施在密闭情况下,空气湿度早晚均可接近100%。因此,一定要进行覆盖地膜栽培,垄沟也应盖上旧地膜或撒施碎麦秸或花生壳等,以降低空气湿度。开花期放风管理要精细进行,防止出现过高过低温度,控制好棚室内空气湿度。

④果实膨大期。果实膨大期温度要求低些,适宜温度白天为20～25 ℃,夜间为5～8 ℃,地温保持在18～22 ℃为宜。气温低于地温的时间长了,茎叶繁茂,开花晚。夜间温度大于8 ℃,果实着色快,但易长成小果。所以,在接近果实成熟时,要经常通风换气调节温度,白天保持在20 ℃左右,夜间保持在5 ℃左右。在冬季低温时期,要努力保持最低温度在2～3 ℃以上。这个时期温度高,则果实小,采收早;温度较低,则果实大,采收迟。所以,温度管理可根据市场需求灵活掌握。果实膨大期要求充足的土壤水分供应,但对空气湿度并无严格要求。空气湿度大,易导致病害发生,尤其是灰霉病,应结合药剂防治,加大通风换气,保持适宜的温湿度。

(6)赤霉素处理技术:采用赤霉素处理,具有抑制草莓矮化,打破休眠,提早现蕾开花,促进叶柄、果柄伸长等效果。因此,在半促成栽培中,各种栽培方式都有必要进行赤霉素处理。如果保温后植株生长旺盛,叶片肥大鲜绿,也可不喷赤霉素。

处理时间在草莓开始生长后至现蕾以前。处理浓度和用量因品种而异,休眠较浅的丰香、丽红等品种,喷洒浓度8 mg/L,每株喷5 mL,一般1次即可。而对休眠较深的宝交早生等品种,则喷洒浓度为10 mg/L,每株喷5 mL,相隔10 d左右,再用相同浓度与用量喷第2次。在北京地区,12月下旬进行第一次处理,翌年1月上旬进行第二次处理。因为赤霉素在高温时效果大,所以宜选在晴朗高温天气进行。注意喷在心部叶片上。

(7)肥水管理:保温前草莓已进行多次追肥浇水,加之有地膜覆盖,所以保温前期,肥水管理并不是重点。如果前期追肥不足,幼苗生长较弱,在保温开始后10～15 d,可追施1次氮肥。保温管理期间,蒸发和蒸腾量大,如果土壤水分不足,棚内干燥,则影响新叶叶柄伸长,叶片小而卷曲,初蕾的萼片先端或叶片褐变枯死,这种现象在覆膜后7～10 d内最容易发生。因此,要注意浇水,有条件最好用管道渗漏,以免垄沟灌水加大棚内湿度,引起草莓病害。果实膨大期至采收期,植株需肥需水量增多,是肥水管理的关键时期,应根据植株长势,结合浇水追肥1～2次,一般在第一茬果采收后要行补肥。追肥以氮磷钾复合肥为宜,每次每亩 $10\sim15$ kg。可掀开膜,在畦的两侧开沟施入后,再将膜盖好,也可在畦面打孔干施后浇水,还可以配成液肥随水浇施。大棚草莓施用稀土微肥有促进早熟的作用,喷施浓度为 0.3%,在初花期和盛花期各喷 1 次。果实膨大至成熟期除结合追肥浇水外,还要经常在畦面浇小水,保持土壤湿润,促进果实膨大。

(8)植株管理:植株萌芽生长,顶芽萌发,侧芽也萌发,萌芽过多,易消耗营养,影响果实前期增大,所以要把后期发生的侧芽和过多的侧芽及早摘除,尤其是宝交早生等品种。同时将地膜孔洞处的土壤进行疏松,防止死秧。

半促成栽培草莓每株能发出 $5\sim6$ 个花序,在结果期需要 $10\sim15$ 片叶来制造养分。对多余的基部叶片,要随新叶的展开及时摘除,摘除老叶、病叶一般进行 $2\sim3$ 次。应及时摘除出现较晚且成长较弱的侧芽,摘除侧芽时一并摘除老叶,有利于集中养分,提高果实质量。

(9)疏花疏果:疏花疏果是半促成栽培中一项必不可少的工作。草莓植株结果能力有限,而半促成栽培中的环境不佳,低温弱光使植株光合产物减少。栽培中应根据品种的结果能力和植株的长势来决定留果数。过多的花序要疏去,一般第一花序留果 $8\sim12$ 个,第二花序留果 $6\sim8$ 个,各花序去掉高级次小花,去掉畸形果、病果。

半促成栽培也需辅助授粉,可参照促成栽培部分进行。

(10)病虫害防治

①土传病害(根腐病、红中柱根腐病、青枯病、线虫病及盐渍化障碍等)安全高效防治技术,见第八章。

②常见病虫害防治同露地栽培部分。

2.草莓促成栽培技术

(1)土壤处理与消毒技术:见第八章。

(2)施肥技术:定植前要施足底肥。结合整地每亩施充分腐熟的有机肥 $3\,000\sim5\,000$ kg,多功能农用微生物菌剂(>2 亿/g)$200\sim300$ kg,施肥后耕翻土壤,使土肥充分混合。

(3)移栽技术

①定植时间。促成栽培定植时间宜早,可在顶花序花芽分化后 $5\sim10$ d 定植。高山育苗,如果山下气温尚高,应在顶花序花芽分化后 15 d 后,下山定植。草莓根系在地温 20 ℃左右生长最好,南方地区 10 月上中旬是根生长的适温期,故可在 9 月下旬至 10 月上旬定植。

②苗木准备。促成栽培土壤质地不同,用苗标准也不一样。黏土地最好用大

苗,要求有 8 片叶,根茎粗在 1.5 cm 以上,单苗重在 40 g 以上;砂壤土可用中苗,要求有 6～8 片叶,根茎粗 1.2～1.5 cm,苗重 25～30 g。

③定植方法。要带土定植,尽量少伤根。做到随起随栽。假植圃育苗,定植前 4～5 d 浇水,浇水后第二天,用小铲将苗带土切成方块土坨,土坨之间注意不要密接,并用遮阳网稍遮阳,这样不易散坨,有利于发根。塑料钵育苗则随栽随脱去塑料钵,这样不会损伤根系,成活率极高。选择在阴天移栽,尽量避开高温天气,更利于幼苗成活和缓苗。采用高畦定植,每畦栽两行,行距 30～35 cm,株距 15～20 cm,每亩栽 6 000～8 000 株。注意定植方向,应把草莓根茎的弓背朝向高畦的两侧,将来花序抽向畦两侧,且通风透光,果实着色良好,减少病虫害,提高果实品质,同时采收也方便。定植深度要按照"浅不露根,深不埋心"的原则,深浅适宜。过深,苗心被土埋住易烂心死苗;过浅,根颈外露不易发新根。

④栽后管理。定植后顺畦沟浇透水,切忌浇清水,可选择浇木醋液氨基酸水溶或腐殖酸水溶肥,每亩浇 5～10 kg。同时,浇水时一定要将苗的土坨渗透。隔 2～3 d 再浇水一次,然后浅中耕,促进发根。不带土移栽的苗,除及时浇水,保持湿润,促使成活外,还可在棚室上覆盖遮阳网,这样根系恢复快,苗成活率高。

定植后到保温以前的这段时期,是植株地上部和地下部迅速生长的时期,根系逐渐扩大,叶面积大量增加,所以要做好施肥浇水、摘老叶、摘腋芽、中耕除草、铺地膜等工作。缓苗后视土壤干燥程度,大约每周浇水一次,有喷灌和滴灌设施的,要经常向叶面喷水或向行间滴水,保持土壤湿润。地膜覆盖时间以 10 月下旬为宜,过早地温升高,伤害根系,也影响第二花序的分化。过晚植株就要进入休眠期,会影响覆盖效果。地膜选用透明地膜或 0.03～0.05 mm 的黑色不透明地膜。两种地膜各有利弊:透明地膜升温快,成本低,但容易滋生杂草;黑色地膜提高土温效果不如透明膜,成本也高,但能有效防止杂草生长。

(4)温度管理技术:草莓促成栽培中最重要的工作之一是调控温度。覆盖塑料薄膜后,温度调控主要通过揭盖草苫、放风、临时加温、内设多层覆盖等措施来进行。在保温期,草莓对温度总的要求是前期高、后期低。

①保温开始至现蕾期。保温开始初期,温度要求相对高一些,白天保持在 28～30 ℃,超过 35 ℃时要放风。夜间保持在 12～15 ℃,最低不低于 8 ℃。这样可以防止植株休眠矮化,并促进花芽的发育,发出新叶。原来在保温前缩短的叶柄,向四周张开的叶,能很快伸长,站立起来。这时如果温度低,叶柄不再伸长,仍然四下张开,呈萎缩状态,对生长发育不利。

②现蕾期至开花前。进入现蕾期,温度略有下降,白天保持在 25～28 ℃,夜间保持在 10 ℃。这个时期夜温不能超过 13 ℃,否则会使腋花芽退化,雌雄蕊发育受

227

阻。因此,此时的温度既要有利于第一花序的发育,也要利于腋花芽,即第二花序的分化。

③开花期。开花期草莓花器对温度反应敏感,白天适温 23～25 ℃,夜间适温 8～10 ℃。这样既有利于开花,也有利于开花后的授粉受精。花粉发芽最适温度为 25～30 ℃,低于 20 ℃和高于 40 ℃都受影响。此期温度过低,花药不能自然裂开飞散花粉,造成授粉受精不良,会增加畸形果比例。

④果实膨大期。随着果实增大到采收,温度逐渐降一点,以促进果实膨大,减少小果率。白天保持在 20～25 ℃,夜间保持在 6～8 ℃为宜。进入果实采收期,白天保持 20～23 ℃,夜间保持 5～7 ℃。温度调节也应根据市场需求,合理调节果实采收期,以取得更好的经济效益。

促成栽培草莓不同发育时期的湿度指标要求与半促成栽培相同。请参照有关内容。

(5)赤霉素处理技术:促成栽培结果期长,早期结果量大,植株容易衰弱和矮化。赤霉素处理有促进生长、诱导花芽分化、打破休眠、防止植株矮化、促进叶柄和花序的抽生、提早成熟等作用。喷施赤霉素的时间在保温开始以后,植株第二片心叶展开时进行。深休眠的品种在保温后 3 d 即可处理。休眠较深的全明星要在现蕾期再喷施一次。赤霉素在较高温度下效果明显,所以喷施时间宜选择在天气晴朗的高温下进行,喷施后将温室控制在白天 30～32 ℃,这样 3 d 即可见效。喷施用量因品种而异,浅休眠的品种,如丰香、春香等,只喷一次即可,浓度为 5～10 mg/L,每株用量 5 mL。休眠深的全明星喷施 2 次,浓度为 10 mg/L,每株 5 mL,用量过大会造成徒长。重点要喷在植株的心叶部位。

(6)肥水管理:促成栽培保温后是施肥的重要时期。草莓保温以后,正是花芽发育期,随后很快现蕾、开花、结果。12 月开始采收,翌年 2 月中旬第一花序坐果到采收结束,但腋花序又抽生并开花结果,植株负担重,缺肥缺水极易造成植株早衰矮化。据日本学者研究,春香草莓从 9 月定植到翌年 5 月,每株的肥料吸收量分别为氮(N)2.5 g、磷(P_2O_5)0.6 g、钾(K_2O)3.0 g,定植到收获始期以及到收获盛期时,肥料的吸收量分别占总吸收量的 1/3 和 2/3,施肥进行 6～8 次,时间在覆盖地膜前、果实膨大期、开始采收期、盛收期、采后植株恢复期、早春腋花芽现蕾期、果实膨大期、开始采收期等。一般生长前期每 20 d 追肥一次,后期每月追肥一次。地膜覆盖前每亩施氮磷钾复合肥 8～10 kg,直接撒于畦面,轻轻中耕松土,配合浇水。地膜覆盖后,用滴灌设备滴液肥,用 400～500 倍的氮磷钾复合液肥,少施勤施,每亩灌液肥 1 500～3 000 kg。

保温开始后,棚室内容易缺水。因温度高,植株蒸腾量大,土壤容易干燥。需要注意的是,棚室内由于棚膜内侧和地膜内到处是水珠和水滴,土壤也很潮湿,表面上不缺水,但实际上植株根系分布层的土壤可能已经缺水。确定是否缺水或需要浇水,可通过早晨观察叶面水分来决定。如果在叶片边缘有水滴,即出现泌溢或吐水现象,可认定水分充足,根系功能旺盛。相反则表示缺水或根系功能差。草莓促成栽培重要的灌水期分别为保温开始前后、果实膨大期、收获最盛期过后,一般保温前和保温后覆盖地膜前各浇一次水,以后应结合追肥浇水。装有滴灌设备的大约每周滴水一次,经常保持土壤处于湿润状态。

(7)植株管理:草莓保温后,生长旺盛时容易发生较多的侧芽和部分匍匐茎,特别是一些容易发生侧芽的品种,应及时处理。摘除时除主芽外,再保留 2～3 个侧芽,其余全部摘除。匍匐茎全部摘除。同时要经常摘除下部老叶、病叶、黄叶。

(8)花果管理:草莓植株每个花序有较多的花,开花过多,消耗营养多,使果实变小。疏花、疏果可以集中养分促进留下果实的整齐增大。植株留果的多少要根据品种的结果能力和植株的生长发育状况而定。一般第一花序保留 12～15 个果,第二花序保留 6～8 个果,摘除病果、畸形果和后期形成的花序上的高级次小花小果。

(9)辅助授粉:保护地栽培的环境不利于草莓的授粉。正值冬季或早春,温室内温度低、湿度大、日照短、昆虫少,影响花药开裂及花粉飞散,授粉不良,易产生各种畸形果,严重影响草莓品质和产量。要创造良好的授粉条件,除注意通风换气,降低空气湿度外,主要的还是利用蜜蜂进行辅助授粉。实践表明采用蜜蜂授粉的温室草莓,坐果率明显提高,果实增产 30%～50%,畸形果数只有无蜂区的 1/5。

放蜂前 10～15 d,棚室内彻底防治一次病虫害,尤其是虫害。蜂箱放进后一般不能再施农药,尤其禁用杀虫药。在草莓开花前一周,将蜂箱移入棚室内。一般按一个棚室一箱,一株草莓一只蜜蜂的比例放养,蜂箱出口朝着阳光入射方向,放置时间宜在早晨或黄昏。蜜蜂在气温 5～35 ℃时出巢活动,生活最适温度为 15～25 ℃。蜜蜂活动的温度与草莓花药裂开的最适温度 13～20 ℃相一致。室温长期在 10 ℃以下时,蜜蜂减少或停止出巢活动。要创造蜜蜂授粉的良好环境,室温不能太低,当室温超过 30 ℃时应及时放风换气。在生产上应注意了解蜜蜂的生活习性,创造蜜蜂授粉的良好环境,尽量减少蜜蜂死亡率。

(10)病虫害防治技术

①土传病害(根腐病、红中柱根腐病、青枯病、线虫病及盐渍化障碍等)安全高效防治技术,见第八章。

②常见病虫害防治同露地栽培部分。

229

第三节　草莓无土栽培技术

一、无土栽培的概念及意义

1.无土栽培的概念

根据国际无土栽培学会的规定,凡是不用天然土壤而用基质或仅育苗时用基质,在定植以后不用基质而用营养液灌溉的栽培方法,统称为无土栽培。无土栽培也称为营养液栽培,是指以水、草炭或森林腐叶土、蛭石等介质作为植株根系的基质固定植株,作物根系能直接接触营养液的栽培方法。营养液可以代替土壤,向作物提供良好的水、肥、气、热等根际环境条件,使其能够正常生长发育,完成从苗期开始的整个生命周期。目前作为商业性生产的无土栽培都是在保护设施内综合调控环境下进行的,我国常用的栽培设施有玻璃温室、日光温室、塑料大棚、防雨棚及遮阳网覆盖等。所以,无土栽培也是保护地栽培或设施栽培中的特殊模式。

2.无土栽培的意义

(1)产量高,品质好:无土栽培能充分发挥作物的生产潜力,可以人为调控营养液浓度,使产量成倍增长;可以使果实营养含量增加,改善外观,提高品质;由于无土栽培病虫害轻,可少用或不用农药,环境条件清洁卫生,便于生产绿色草莓。

(2)节约水分和养分:无土栽培避免了水分的渗漏,比传统土壤栽培节水50％～70％;避免营养元素的土壤固定和流失,比土壤栽培节肥50％～80％,且不像土壤栽培那样由于各种元素的损失不同而使元素间含量失衡,而是通过人为配制营养液使营养元素保持平衡,提高了肥料的利用率。

(3)避免土传病害及连作障碍:草莓的一些严重的病害均可通过病残体和土壤传播。无土栽培不需要土壤,也没有留在土壤中的病株残体,失去病源。由于无土栽培设施系统的清洗、消毒及基质的更换非常方便,避免了土壤栽培盐分积累、病虫害加重、根系抑制生长的分泌物的增加等原因造成的连作障碍的发生。因此采用无土栽培是解决保护地连作障碍的最佳途径。

(4)不受地区限制,充分利用空间:无土栽培摆脱了土地的束缚,在许多沙漠、荒原、海岛或难以耕种的地区,都可以采用无土栽培。无土栽培也不受空间限制,可以在保护地内进行立体种植,也可以利用楼房的平顶进行种植,无形中扩大了栽培面积,改善生态环境。

（5）省工省力，易于管理：无土栽培不需中耕、翻地、锄草等作业，省工省力。浇水追肥同时进行，管理十分方便，如果全程采用电脑控制，会更省工、省力，更方便。

（6）利于实现农业现代化：无土栽培摆脱了自然环境的制约，可以按照人的意志进行生产，是一种受控农业。有利于实现机械化、自动化，从而逐步走向工业化、现代化。

除以上优点外，无土栽培还有以下特点：一次性投资高，技术性强，对管理人员素质要求高，必须有充足的能源保证，运行成本较高，等等。

二、无土栽培的类型

1.根据营养来源不同

分为无机营养无土栽培和有机营养无土栽培两种类型。

（1）无机营养无土栽培：无机营养无土栽培草莓需要的营养主要来自各种无机盐的混合溶液。这种方法历史悠久，大多数作物已有较为确定的营养液配方，同时栽培方式多样化，栽培程序也规范化。但也存在着一些问题：第一，营养液配方变动大，不易掌握；第二，各种无机盐的用量要求准确，先后混合顺序要求严格，营养液管理技术要求较高，技术性较强，推广难度大；第三，需要专门的无机盐、栽培设施和灌溉设施，生产投资大，成本较高；第四，产品中的硝酸盐含量较高，产品不符合绿色食品要求；第五，排出的废弃液中，硝酸盐浓度偏高，对环境污染严重，等等。因此目前这种方法发展步伐放慢，在无土栽培中所占的比例越来越小。

（2）有机营养无土栽培：作物所需营养主要或全部来自有机肥。在整个栽培过程中，只需要定期施入有机肥和浇清水，管理比较简单。有机营养无土栽培是20世纪后期新兴起的一种全新的无土栽培形式。其设备简单，肥料来源广泛，可就地取材，生产成本低，施肥、浇水简便易行，整个管理过程与土壤栽培基本相似，技术简单，易于推广。另外，该法生产的产品中的硝酸盐含量较低，产品符合绿色食品的要求，同时排出的废弃液中硝酸盐含量极低，不会对环境造成污染。因此，有机营养无土栽培又被称为"有机生态型无土栽培"。

2.按栽培基质的有无

分为无基质栽培和有基质栽培两种类型。

（1）无基质栽培：是指除了育苗时采用固体基质外，定植后不用基质而仅用营养液的栽培方法。根据营养液供给方式不同又分为水培、气培和水气培。

①水培。草莓定植后，根系直接浸泡在营养液中，由流动着的营养液为草莓提供营养。水培主要有营养液膜法、深液流法、动态浮根法、浮板毛管法等。营养液

231

膜法是草莓无基质栽培常用的主要方法。

②气培。也称雾培或喷雾栽培、气雾栽培,它是将作物悬挂在一个密闭的栽培装置(槽、箱或床)中,利用喷雾装置将营养液雾化,使根系在封闭黑暗的根箱内,悬于雾化后的营养液环境中。

③水气培。是水培与气培的中间型。水气培既具有水培营养充分特点又具有气培氧气充足的优势,两者结合形成了一种既管理方便又能使作物快速生长的新型无土栽培模式。在日本常用水气培技术来栽培各种巨型的蔬菜,这种方法让作物一部分根系浸泡在营养液中,一部分根系间歇性地处于气雾环境中,或者结合动态水位法,使根系处于浸露交替雾化结合的根域环境中。具有控制简单、管理方便,植株生长快的特点,可作为研究与挖掘作物增产潜能一种较为理想的方法。有条件的地方,可以通过水气培的栽培模式,栽植巨型南瓜树、番茄树、空中番薯等观赏性作物,开展生态农业观光旅游。

(2)有基质栽培:将草莓栽植在固体基质上,用基质固定植株并从中吸收营养和氧气。

(3)基质的作用

①固定植株。基质的主要作用是支持固定植株根系,使植株在基质中扎根生长时,不致沉埋和倒伏。

②保持水分。能够作为无土栽培作用的固体基质都有一定的持水能力。例如泥炭可以吸收保持相当于本身重量 10 倍以上的水分,在灌溉间歇期间也能满足作物对水分的要求,不致失水而受害。

③通透空气。作物的根系进行呼吸作用需要氧气,固体基质的孔隙中存有空气,可以供给作物根系呼吸所需的氧气。

④提供营养。在保持水分的同时,把水中的营养供给植物根系。

⑤使根系避光。将根系埋住,避免光线照射。

⑥缓冲作用。缓冲作用可以使根系生长的环境比较稳定,即当外来物质或根系在新陈代谢过程中产生的一些有害物质危害作物根系时,基质的缓冲作用会使这些危害化解。具有物理化学吸附功能的固体基质一般都具有缓冲作用,如蛭石、泥炭等就具有这种功能。

(4)基质要求:无土栽培对基质物理和化学性质有一定的要求。

①具有一定大小的粒径。它会影响容重、孔隙度、空气和水分的含量。比较理想的基质粒径为 0.5～1.0 mm。

②具有良好的物理性状。基质必须疏松、保水、保肥,并且透气。总孔隙度＞55％,容重 0.1～0.8 g/cm³,空气容积 25％～30％,基质的水分比 1:(2～4)为宜。

③具有稳定的化学性质。本身不含有害成分，不使营养液发生化学变化。pH 6～7最好，缓冲能力越强越好。

在无土栽培中，可使用单一基质，也可将几种基质混合使用。因为单一基质的理化状况并不一定完全符合以上要求，混合基质如搭配的好，理化性状可以互补，更适合草莓生长发育要求。

（5）无土栽培的基质类型：根据基质主要成分可分为有无机基质和有机基质。

①有机基质。主要包括草炭、锯木屑（锯末）、树皮、炭化（或奶牛场垫铺）稻壳、食用菌生产的废料、甘蔗渣、椰子壳纤维等，有机基质必须经过发酵后，才可安全使用。

A. 草炭。是应用最广泛、效果较理想的无土栽培基质。它是一种无菌、无毒、无公害、无污染、无残留的纯天然绿色有机物质。含丰富的氮、钾、磷、钙、锰等多种元素，保水力强，但透气性差，偏酸性，一般不单独使用，常与木屑、蛭石等混合使用。

B. 锯木屑（锯末）。锯木屑是木材加工的下脚料。各种树木的锯木屑成分差异很大。一般锯木屑的化学成分为：含碳48%～54%、戊聚糖14%、纤维44%～45%、木质素16%～22%、树脂1%～7%、灰分0.4%～2%、氮0.18%、pH4.2～6.0。锯木屑的许多性质与树皮相似，锯木屑作为无土栽培基质，在使用过程中结构良好，一般可连续使用2～6茬，每茬使用后应加以消毒。作为基质的锯木屑不应太细，小于3 mm的锯木屑所占比例不应超过10%，一般应有80%在3～7 mm之间。

C. 棉籽壳（菇渣）。种菇后的废料，消毒后可用。

D. 炭化稻壳。稻壳炭化后，用水或酸调节pH至中性，体积比例不超过25%。

②无机基质。主要包括岩棉、煤渣、珍珠岩、蛭石、陶粒等。

A. 岩棉。岩棉是一种由60%的辉绿石、20%的石灰石、20%的焦炭混合，然后在1 500～2 000 ℃的高温炉中熔化，将熔融物喷成直径为0.005 mm的细丝，再将其压成容重为80～100 kg/m³的片，然后再冷却至200 ℃左右时，加入一种酚醛树脂以减小表面张力，使生产出的岩棉能够吸持水分。岩棉的外观是白色或浅绿色的丝状体，孔隙度大，可达60%，吸水力强。在不同水力下，岩棉的持水容量不同。岩棉吸水后，会依其厚度的不同，含水量从下至上而递减；相反，空气含量则自上而下递增。新的未用过的岩棉pH较高，一般在7.0以上，但在灌水时需加入少量的酸，1～2 d后pH就会很快降下来。岩棉在中性或弱酸弱碱条件下是稳定的，但在强酸强碱条件下纤维会溶解。岩棉具有化学性质稳定、物理性状优良、pH稳定及经高温消毒不带病原菌等优点。

B. 珍珠岩。珍珠岩是由一种灰色火山岩（铝硅酸盐）加热至1 000 ℃时，岩石

233

颗粒膨胀而形成的。它是一种封闭的轻质团聚体,容重小,为 0.03～0.16 g/cm³,其中空气容积约 53%,持水容积为 40%。珍珠岩没有吸收性能,pH 为 7.0～7.5。珍珠岩是一般较易破碎的基质,在使用时粉尘污染较大,使用前最好先用水喷湿,以免粉尘纷飞。珍珠岩容重小且无缓冲作用,孔隙度可达 97%。

C. 蛭石。蛭石为云母类硅质矿物,它的颗粒由许多平行的片状物组成,片层之间含有少量水分。当蛭石在 1 000 ℃的炉中加热时,片层中的水分变成蒸气,把片层爆裂开,形成小的、海绵状的核。蛭石容重很小(0.09～0.16 g/cm³),孔隙度大(达 95%)。蛭石的 pH 因产地、组成成分不同而稍有差异,一般均为中性至微碱性,也有些是碱性的。蛭石的阳离子代换量(CEC)很高,并且含有较多的钾、钙、镁等营养元素,这些养分是作物可以吸收利用的。蛭石的吸水能力很强,每立方米可以吸收 100～650 kg 水。无土栽培选用的蛭石的粒径应在 3 mm 以上,用作育苗的蛭石可稍细些(0.75～1.0 mm)。蛭石透气性、保水性、缓冲性均好。

D. 石砾。来源于河边石子或石矿场岩石碎屑。由于其来源不同,化学组成差异很大。一般选用的石砾以非石灰性的(花岗岩发育形成的)为好,如不得已选用石灰质石砾,可用磷酸钙溶液进行处理。石砾的粒径应选在 1.6～20 mm 的范围内,其中总体积的一半的石砾直径为 13 mm 左右,石砾较坚硬,不易破碎。选用的石砾最好为棱角不太锋利的,否则会使植物茎部受到划伤。石砾本身不具有阳离子代换量,通气排水性能良好,但持水能力较差。

E. 煤渣。煤渣容重为 0.7 g/cm³;总孔隙度为 55%,其中通气孔隙容积 22%、持水孔隙为 33%;含氮 0.183%,速效磷 23 mg/kg,速效钾 203.9 mg/kg;pH 为 6.8。煤渣如未受污染,不带病原菌,不易产生病害,含有较多的微量元素,如与其他基质混用,种植时可以不加微量元素。煤渣容重适中,种植作物时不易倒苗,但使用时必须粉碎,并过 5 mm 筛。适宜的煤渣基质应有 80% 的颗粒在 1～5 mm 之间。

F. 膨胀陶粒。膨胀陶粒又称多孔陶粒或海氏砾石,它是用陶土在 1 100 ℃的陶窑中加热制成的,容重为 1.0 g/cm³。膨胀陶粒坚硬,不易破碎。膨胀陶粒作为基质,其排水和通气性能良好,每个颗粒中间有很多小孔可以持水。膨胀陶粒常与其他基质混用,膨胀陶粒在连续使用后,颗粒内部及表面吸收的盐分会造成通气和供应养分上的困难,且难以用水洗去。

基质可以单独使用,也可以混合使用。有机与无机基质混合使用,可提高使用效果。

(6)基质选用与处理

①基质的选用原则。基质的选用原则可以从两个方面来加以考虑。一是适用

性,基质的适用性是指选用的基质是否适合种植作物的要求。一般来说,基质的容重在0.5左右,总孔隙度在60%左右,大小孔隙比在1:(2～4),化学稳定性强,酸碱度接近中性,没有有毒物质存在,都是适用的。基质的适用性还体现在当基质的某些性质有碍作物生长,但这些性质是可以通过采取经济有效的措施予以消除的,则这些基质也属于适用的。二是经济性。从各国无土栽培发展来看,都十分重视基质的经济性。选用什么材料作为基质,应立足当地实际,充分发挥当地的资源优势,可以大大降低栽培成本,提高经济效益。我国可供选用的基质种类较多,各地可以根据自己的实际情况,选择适当的基质材料。另外,基质的选择还应考虑生产条件和技术条件,如果生产单位的条件较好,可以选用岩棉进行滴管栽培。条件较差时可以选用河沙和蛭石进行盆栽或槽栽。

②基质的消毒。基质进行栽培作物之后,会发生病虫危害,特别是连作,病害更为严重。因此,前作收获后,基质如连续使用,必须进行消毒处理。消毒处理常用的方法有3种,具体如下。

一是蒸汽消毒。这是简便易行、效果明显的一种消毒方法。方法是将基质装入消毒柜和箱内,由通气管通入蒸汽,密闭消毒。一般在70～90 ℃时,消毒15～30 min,就会取得较好的效果。

二是化学药剂消毒。化学药剂消毒不及蒸汽效果好而安全。常用的药剂和方法如下。

A.甲醛。一般将40%甲醛原液稀释50倍,用喷壶将基质均匀喷湿,覆盖塑料薄膜24～36 h后,经风干2周后使用。

B.氯化苦。氯化苦是一种良好的熏蒸消毒剂,对土壤病虫害有较好的杀灭效果。消毒前先把基质堆放30 cm高,长与宽应适合塑料薄膜覆盖。在基质上,每隔30 cm² 打一深10～15 cm的孔,每孔注入氯化苦5 mL,随即将孔堵住,第一层放完药后,再在其上堆同样厚的基质一层,打孔放药,如此反复放2～3层,随后覆盖塑料薄膜,经7～10 d熏蒸消毒后,去塑料薄膜并摊晾基质7～8 d,即可使用。

C.溴甲烷。对基质中一般病害及线虫有良好的消毒作用。方法是将基质堆起,用塑料管将药喷于基质上,随喷随调匀基质,基质用药100～150 g/m³。基质放药以后,盖膜3～5 d,随后晾晒2～3 d即可使用。

三是太阳能消毒。夏季高温季节,在温室或大棚中把基质堆成20～25 cm的堆,长、宽根据具体情况而定。培堆的同时喷湿基质,使其相对含水量超过80%,再用透光较好的塑料薄膜盖堆。槽培可直接在槽内基质上浇水,并盖膜或密封温室,暴晒10～15 d,消毒效果良好。

③基质的其他处理方法。基质使用过久,有大量的盐分积累残留在内,影响以

235

后使用效果。再利用时,应采用清水浸泡或用清水冲洗,以消除基质中过多的盐分。

④基质的装填。无机营养无土基质一般装填至栽培槽的九分满。

三、无土栽培的设施条件

无土栽培需要一定的设施,最基本的设施应包括两部分:一是无土栽培保护设施,如温室、塑料大棚等,此内容已在设施栽培中介绍;二是无土栽培的栽培设施,这些设施及设备材料等组成无土栽培的系统,包括栽培床、基质、灌溉系统和自动化控制系统等。

1. 栽培床

栽培床是作物根系生长的地方,主要分为栽培槽和栽培袋两种。

(1)栽培槽:栽培槽内盛装栽培基质和营养液,在其槽内种植作物。永久性栽培槽多用水泥预制,或用砖石作框,水泥抹面防止渗漏,也有的是用铁片加工制成。临时性栽培槽多以砖石作框,内铺垫一层塑料薄膜防渗。也有一些临时性栽培槽使用木板、竹片等作框,或在地面上用土培成槽或挖土成槽,在其槽内铺设一层塑料薄膜防渗漏。

栽培槽有不同的规格类型,按其形状分为平底槽、"⌒"底槽、"W"底槽和"V"形槽 4 种类型。平底槽营养液分布均匀,多用于水培。栽培槽内宽 20～80 cm。栽培槽的有效深度为 15～20 cm,水培用槽一般深 15 cm,固体基质用槽深 20 cm 左右。栽培槽的长度应根据灌溉能力、温室结构以及人工操作所需走道等因素而定。

(2)栽培袋:栽培袋是用 0.1～0.2 mm 的黑色、乳白色或黑白双色等不透明的塑料薄膜加工制成一定大小和形状的塑料袋,袋内盛装基质。栽培时,在袋上切 10 cm 直径的孔,于孔中定植作物,并由定植孔滴入营养液或清水。在底部斜向排水沟一侧切开几道 1 cm 左右长的小缝,作为排水孔。栽培袋一般制成长形枕头状,长 90～100 cm,直径 35～40 cm,装基质后厚 10 cm 以上。

2. 灌溉系统

灌溉系统的主要作用是将营养液或水浇灌到栽培床中。一般将灌溉系统分为滴灌系统和微喷灌系统。滴灌或微喷灌系统一般由供液装置、输液管道及滴液装置 3 部分组成,具体内容见第八章。

3. 无土栽培营养液的组配

营养液是无土栽培的核心,必须认真地了解和掌握它,才能真正掌握无土栽培技术。营养液是将含有各种植物营养元素的化合物溶解于水中配制而成的。其原料就是水和含有各种营养元素的化合物及辅助物质。

（1）营养液组成原则

①营养液必须含有植物生长所必需的全部营养元素。

②含各种营养元素的化合物必须是根部可以吸收的状态，也就是可以溶于水的呈离子状态的化合物。通常都是无机盐，也有一些是有机螯合物。

③营养液中各营养元素的数量比例是符合植物生长发育要求的、均衡的。

④营养液中各营养元素的无机盐类构成的总盐分浓度及其酸碱反应是符合植物生长要求的。

⑤组成营养液的各种化合物，在栽培植物的过程中，应在较长时间内保持其有效状态。

⑥组成营养液的各种化合物的总体，在被根部吸收过程中造成的生理酸碱反应，应是比较平衡的。

（2）草莓无土栽培营养液

①配方。在一定体积的营养液中，规定含有营养元素或盐类的数量称为营养液配方。目前世界上已发表了很多营养液配方，其中以美国植物营养学家霍格兰氏研究的营养液配方最为有名，世界各地的许多配方都是参照其因地制宜地调整演变而来的。草莓无土栽培可选用山崎配方和园试配方见表9-7。

237

表 9-7　无土栽培草莓适用营养液配方

化合物名称	分子式	园试配方			山崎配方
		用量 /（mg/L）	元素含量 /（mg/L）	大量元素用量 /（mg/L）	用量 /（mg/L）
硝酸钙	$Ca(NO_3)_2 \cdot 4H_2O$	945	氮 112,钙 160	氮 243	236
硝酸钾	KNO_3	809	氮 112,钾 312	—	303
磷酸二氢铵	$NH_4H_2PO_3$	153	氮 78.7,磷 41	磷 41	57
硫酸镁	$MgSO_4 \cdot 7H_2O$	493	镁 48,硫 64	钾 312	123
螯合铁	$Na_2Fe\text{-}EDTA$	20	铁 2.8	—	16
硫酸锰	$MnSO_4 \cdot 4H_2O$	2.13	锰 0.5	钙 160	—
氯化锰	$MnCl_2 \cdot 4H_2O$	—	—	—	0.72
硼酸	H_3BO_3	2.86	硼 0.5	镁 48	1.2
硫酸锌	$ZnSO_4 \cdot 7H_2O$	0.22	锌 0.05	—	0.09
硫酸铜	$CuSO_4 \cdot 5H_2O$	0.08	铜 0.02	硫 64	0.04
钼酸铵	$(NH_4)_6Mo_7O_{12}$	0.02	钼 0.01		90.01

两种营养液在应用过程中所不同的是，园试配方 pH 随栽培过程而逐渐升高，

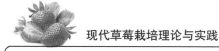

山崎配方 pH 较低而稳定。

②无土栽培的营养液配制。

A.配制原则。营养液的配制,没有绝对的原则。一般是容易与其他化合物作用而产生沉淀的盐类,在浓溶液时不能混合在一起,但经过稀释后可以混在一起,此时不会产生沉淀。在制备营养液的盐类中,以硝酸钙最容易和其他化合物起化合作用,如硝酸钙和硫酸盐混在一起易产生硫酸钙沉淀,硝酸钙的浓溶液与磷酸盐混在一起易产生磷酸钙沉淀。

在大面积生产时,一般是先配成高浓度的母液,然后再稀释应用,这样配制使用方便。大量元素的母液浓度一般比植物能直接吸收的稀释营养液的浓度高 100 倍,微量元素母液浓度比稀释液高 1 000 倍。

配制营养液的水源主要是自来水、井水、河水、雨水,要求水质和饮用水相当。无土栽培最好用软水,用硬水时一般以不超过 $10°(1°=10\ mg\ CaO/L)$,且应测出钙和镁盐的含量,配制营养液时,相应减少钙和镁盐的使用量。水的 pH 以 5.5～7.5 为宜。溶解氧使用前接近饱和。氯化钠含量小于 2 mol/L,重金属和有害元素含量不超过饮用水标准。

B.配制方法。生产上配制营养液一般分为母液、栽培营养液或工作营养液。

称取各种肥料。按配方要求准确称取各种肥料,然后分别放置在干燥的容器内或聚乙烯塑料薄膜上。配方中各类盐的用量均为纯浓度盐的用量,如果所用盐的浓度达不到浓度的要求,应按相应比例增加用量。

调节水的 pH。向贮液池(罐)内注入总水量的 80%,用磷酸、硫酸、硝酸、氢氧化钾等校正水到微酸性(pH 5.5～6.5)。

配制母液。按照配制原则,母液一般分为 A、B、C 三种。A 母液以钙盐为中心,将不与钙产生沉淀的肥料溶在一起而成,浓度较工作浓度浓缩 200 倍。B 母液以磷酸盐为中心,将不与磷酸根形成沉淀的盐溶解在一起而成,浓度较工作浓度浓缩 200 倍。C 母液由铁和微量元素组成,浓度较工作浓度浓缩 1 000 倍。

配制母液用塑料桶,放入称量好的肥料,加水搅拌,直到肥料完全溶解,再倒入贮液罐,加水至母液总量。

配制工作营养液。在贮液罐中,先加入一部分水,将 A 母液加入,再加入一部分水,混合均匀。然后加入 B 母液混合均匀,再加入 C 母液,最后加水至所需量,并充分搅拌均匀。用酸度计或试纸测定溶液的 pH,不适宜时用酸或碱进行调节。

C.配制用具。配制营养液需要的设备用具包括天平、台称、塑料桶、贮液罐、酸度计、pH 试纸、电导仪、量筒、烧杯、玻璃棒、记录用具等。

③无土栽培的营养液施用管理。营养液施用管理主要是指,在栽培作物过程

中,对循环使用的营养液的监测和采取的措施予以调控。作物的根系大部分生长在营养液中,并吸收其中的水分、养分和氧气,从而使其浓度、成分、酸碱度、溶解氧等指标都不断发生变化。同时根系也分泌有机物于营养液中,并且有少量衰老的残根脱落于营养液中,致使微生物也会在其中繁殖。另外,外界的温度也时刻影响着液温。因此,必须对上述诸因素的影响进行监测和采取措施予以调控,使其经常处于符合作物生长发育需要的状态。

A. 营养液浓度的调整。营养液浓度直接影响作物的品质和产量。草莓是一种耐肥力弱的作物,高浓度营养液下根系寿命短,不同品种耐肥性有差异(表9-8)。草莓不同生育期需肥规律不同,生长初期吸肥量很少,一般开花前以低浓度为主,可抑制畸形果和绿腐病的发生。开花后坐果负担重,吸肥量逐渐增多,养分需要量急剧增加,为防止植株生长势衰败,宜增加营养液浓度。随着果实不断采摘,吸肥量也随之增多,特别是对钾和氮的吸收量最多。草莓对肥料的吸收量,随生长发育进展而逐渐增加,尤其在果实膨大期、采收始期和采收旺期吸肥能力特别强,因此在这几个时期要适当增加营养液浓度。草莓适宜电导率(EC)=1.2~2.0 ms/cm。　239

表9-8　草莓不同品种营养液管理浓度(按山崎草莓配方 1 剂量为标准)

品　种　群		宝交早生、丰香、春香等	丽红、明宝等
管理浓度	定植初期	0.4	0.8
	1 周后至盖膜期	0.8~1.0	1.2~1.6
	盖膜至开花	1.2	1.8
	开花期以后	1.6~1.8	2.0~2.4

草莓定植以后,营养液的水分和养分都会被吸收而使其浓度发生变化,这就需要定期补充水分和养分。

水分的补充应每天进行,一天之内应补充多少次,视草莓长势和耗水快慢而定。以不影响营养液的正常循环流动为准。在贮液池内刻上刻度线,定时使水泵关闭,让营养液全部回到贮液池中,如其水位已下降到加水的刻度线,立即加水恢复到原来的水位线。

养分的补充应根据营养液浓度的下降程度而定。浓度的测定,要在营养液补充足够水分使其恢复到原来体积时取样。要经常用电导率测定仪检查营养液浓度的变化。可事先根据测定的标准营养液和一系列不同浓度营养液的电导率(EC),画出电导率值、营养液浓度和母液追加量三者之间的关系图。每次测定工作营养液的电导率值,查出相对应的母液追加量,对营养液进行调整。但是电导率测定仪仅能测出营养液各种离子的总和,无法分别测出各种元素的含量,尤其水培草莓生

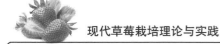

长期长达 8 个月(10 月至翌年 5 月),不能保证营养液中元素的均衡性。因此,有条件的地方,每隔一定时间要进行一次营养液的全面分析,矫正营养成分,或者更换新液。没有条件的地方,也要经常仔细地观察草莓的生长情况,看有无生理病害的迹象,若出现缺素或生理病害,要立即采取补救措施。另外,营养液养分的调整还可根据硝态氮的浓度变化,按配方比例推算出其他元素的含量变化,然后计算出肥料量并加以补充。还可根据水分的消耗量和养分吸收之间的关系,以水分消耗量推算出养分补充量,然后进行调整。

B. 营养液酸碱度的调整。因为各种肥料成分均以离子状态溶解于营养液中,pH 高低直接影响各种肥料的溶解度,从而影响草莓的吸收。尤其在碱性情况下,会直接影响金属离子的吸收而发生缺素的生理病害。草莓要求营养液的 pH 5.5~6.5 为宜。当营养液的 pH 上升时,用酸中和,中和的用酸量必须用实际滴定的结果来确定,不能用 pH 通过理论计算方法确定。每吨营养液从 pH 7.0 调到 6.0 需要 98% 硫酸(H_2SO_4)100 mL,或 63% 硝酸(HNO_3)250 mL,或 85% 磷酸(H_3PO_4)300 mL。根据经验,草莓无土栽培 pH 在 5.0~7.5 范围内,不需调节,如果用酸碱调节,易造成酸碱度急剧升降,反而抑制生长。

C. 营养液温度的调整。温度不仅影响根系的生长、根的生理机能,而且也影响营养液中氧的浓度和病原菌繁殖速度等。草莓根系温度的变化主要受营养液温度变化的影响。营养液的温度应该是根系需要的适宜温度,而根系的适宜温度比地上部适宜温度的范围要小,变化幅度也小,草莓最适根际温度为 8~21 ℃。冬季日光温室内,虽然夜间气温保持在 3~5 ℃,根际温度下降到 7~10 ℃,但只要白天根际温度能升到 18 ℃,并持续 4~5 h,就能保证草莓正常生长。液温管理上要注意调控营养液的最低温和最高温,调控白天和夜间、夏季和冬季的液温差,防止液温急剧变化,忽冷忽热。调整营养液温度的方法很多,如增加营养液的容量、贮液池设在地下,增添增温和降温设备等。如冬季温度偏低时,在池中安装电热器或电热线,配上控温仪进行自动加温。

D. 营养液含氧量的调整。营养液中的氧气含量直接影响根系对养分的吸收;营养液供氧不足会影响根系的正常生长,进而影响根对矿物质元素的吸收,甚至使根系腐烂死亡。尤其是夏季气温高,溶液中含氧量少,营养液往往供氧不足。向营养中补充溶解氧的主要途径有如下几种。

搅拌。此法有一定效果,但技术上较难处理,主要是种植槽内有许多根系,容易伤根。

营养液循环流动。此法效果好,生产上普遍采用。

用压缩空气向营养液内扩散微细气泡。此法效果较好,但主要在小盆钵水培上使用，在大生产线上大规模遍布起泡器困难比较大。

把化学试剂加入营养液中产生氧气，此法效果好，但价格昂贵。

降低营养液浓度。

E.供液时间与供液次数。主要原则是不仅使根系得到充分的营养供应，还能节约能源和经济用肥。无土栽培的供液方式有连续供液与间歇供液两种。基质栽培和棉岩栽培通常采用间歇供液方式，每天供液 1～3 次，每次 5～10 min，视一定时间供液量而定。基质层较厚，供液次数可少些；基质层较薄，供液次数可多些；温度低、光线弱时供液次数可少些。控水蹲苗期，每天供液一次即可，果实膨大期供液次数应增多。

水培可以间歇供液，也可以连续供液。间歇供液一般隔 2 h 一次，每次 15～20 min。连续供液一般是白天连续供液，夜晚停止。

草莓营养液膜法水培每分钟供液 0.2～0.5 L，且连续供液。在根系形成后，可进行每小时供液 15 min 的间断供液方式。岩棉栽培滴灌供液可用水分张力计实测岩棉垫含水量，或根据日平均株吸水量，利用定时器定时供液。

F.营养液的补充与更新。采用循环供液方法时，因为每循环一周，营养液被作物吸收消耗，流量会不断减少，就需要及时补充添加。循环使用的营养液在使用一段时间以后，需要配制新的营养液将其全部更换。更换的时间主要决定于有碍作物正常生产的物质在营养液中累积的速度。这些物质主要来源于营养液配方所带的非营养成分（硝酸钠中的钠）、中和生理酸碱性所产生的盐分和使用硬水作水源时所带的盐分。根系的分泌物和脱落物及由此而产生的微生物分解产物等积累多了，造成总盐分浓度过高而抑制作物生长，也干扰了对营养液养分浓度的准确测量。在生产中，营养液的养分浓度高低，都用电导率来反映，而多余的非营养成分盐类也反映到电导率上，从而出现电导率虽高，但实际的营养成分很低的情况。此时就不能再用电导率来反映营养成分的高低。要确定这种状况是否出现，一般考察营养液电导率的变化情况，是可以估计得到的。营养液的电导率在正常生长的作物对其吸收后必然是降低，如经多次补充养分后，作物虽然仍在正常生长，但其电导率却居高不下，这就有可能在营养液中积累了较多的非营养盐分。要更准确地掌握这种情况，最好是同时测定营养液中主要营养元素的含量，如它们的含量很低，而电导率却很高，即表明其中盐分多属非营养盐，这就需要更换营养液。一般每 20 d 左右必须加以更换，重新配制。当发现营养液中发生藻类，或发生污染时，应及时更换。

G.营养液的消毒。虽然无土栽培根际病害比土培少，但是地上部一些病原菌会通过空气、水以及使用的装置、器具等传染。尤其是在营养液循环使用的情况下,如果栽培床上有一棵病株,就会有通过营养液传染整个栽培床的危险,所以需要对使用过的营养液进行消毒。在国外,营养液消毒最常用的方法是高温热消毒。处理温度为 90 ℃,但需要消毒设备。也有采用紫外线照射消毒的,用臭氧、超声波处理的方法也有报道。

四、现代草莓无土栽培技术

1.无土栽培草莓苗的准备

(1)无土栽培草莓苗的育苗方法:无土栽培草莓的匍匐茎苗获取有两种方式。一是从露地土培母株获取,再集中栽植培育;二是将匍匐茎苗引入盛有基质的塑料钵中,扎根后剪断匍匐茎,再将塑料钵苗集中在一起进行培育。

无土栽培草莓的苗常在 7 月上旬至中旬从健壮的母株上采集有 2～3 片叶的匍匐茎苗,洗净根部的泥土,栽植于盛有基质的塑料育苗钵内或植于水培育苗床,进行培养。

为了促进花芽分化,可于 8 月中旬至下旬降低氮素肥料的施用量。即从 8 月下旬将灌溉营养液改为灌溉清水。如果在中断氮肥施用的同时,给根际浇灌井水,造成根际低温,可促进花芽分化。

无土栽培草莓的苗具有加速苗的生长,缩短苗期,利于培育壮苗和避免土传病虫害的作用。还可人为控制草莓植株体内的碳氮比,从而实现对花芽分化的人为控制。

定植前将苗的根系用自来水冲洗干净,在加有少量培养液的容器中浸泡 1～2 周,待有新根发生后即可定植。

育苗期间要不断摘除植株上的老叶和新发出的匍匐茎,以减少营养的消耗,使苗根茎粗壮。

(2)无土栽培草莓的壮苗标准:草莓的无土栽培用苗与土壤栽培的用苗不同,对苗龄、苗质要求都比较严格。要求草莓苗的生长势要强,应有 5 片叶以上,根茎粗度在 1 cm 以上,苗重在 30 g 以上,无病虫害。必须采用有机质的无土育苗或水培育苗来培育。

2.草莓基质栽培方法

(1)槽培:槽培是以栽培槽作为栽培床进行无土栽培的方法。为避免栽培过程中受土壤的污染,栽培槽要与地面保持一定的高度,无法保持高度或在地面放置栽培槽时,要用塑料薄膜盖地面进行隔离。另外,为保持槽底积液有足够大小的流动速度,高畦栽培槽时,槽的进液口端要稍高一些,两端保持 1/80～1/60 的坡度。立体设置栽培槽时,上、下层槽应有一定间距,一般以 50～100 cm 为宜。

基质常用沙、炉渣、蛭石、锯末、珍珠岩、草炭与蛭石等混合。一般在基质混合之前,应加入一定量的肥料作为基肥。混合后的基质不宜久放,应立即使用。栽培槽装基质后,布设滴灌系统,营养液可由水泵泵入输液系统,也可把贮液池建得较高,靠重力和压差自动送液。

(2)岩棉栽培:岩棉栽培是将草莓栽植于岩棉块上的栽培技术。岩棉栽培用岩棉块除上、下两面外,岩棉块的四周要用黑色的塑料薄膜包上,以防止水分蒸发和盐类在岩棉块周围积累,冬季还可提高岩棉块的温度。

定植用的岩棉块一般长 70～100 cm、宽 15～30 cm、高 7～10 cm,装在塑料袋内。将许多岩棉种植块集合到一起,组成种植畦,即可进行大规模生产。定植前先将温室内土地整平,为增加冬季的光照,可铺设白色塑料薄膜,以利用反射光及避免土传病害。放置岩棉块时,要稍向一面倾斜,并在倾斜方向把包岩棉的塑料袋钻2～3 个排水孔,以便多余的营养液排出。用滴管把营养液滴入岩棉块中,使之浸透,然后就进行定植。定植后把滴管固定在岩棉块上,让营养液从岩棉块上往下滴,保持岩棉块湿润。当根系扎入岩棉以后,可以把滴管头插到岩棉块上,以保持根茎部干燥,减少病害。

(3)立体栽培:按所用材料的硬度,立体栽培分为柱状栽培、长袋状栽培和立柱式盆钵无土栽培。

①柱状栽培。栽培柱采用石棉水泥管或硬质塑料管,在管四周按螺旋位置开沟,植株种植在孔中的基质中。也可采用专用的无土栽培柱,栽培柱由若干个短的模型柱构成。每一模型柱上有几个突出的杯状物,用于种植植株。

②长袋状栽培。长袋状栽培是柱状栽培的简化。是用聚乙烯袋代替硬管,其他与袋状栽培相同。用 0.15 mm 厚的聚乙烯膜制成的栽培袋,直径 15 cm,长一般为 2 m,装满基质后将上下两端扎紧,悬挂在温室中。在袋周围开一些小孔,种植植株。

无论柱状栽培还是长袋状栽培,栽培柱或栽培袋均挂在温室上部的结构上,行距 0.8～1.2 m,水和营养的供应,由安装在每个柱或袋顶部的滴灌系统进行。

③立柱式盆钵无土栽培。将定型的塑料盆钵填装基质后上下叠放,栽培孔交错排列,供液管自上而下供液。

3. 草莓水培方法

(1)营养液膜法(NFT):是将草莓种植在浅层流动的营养液中的水培方法。营养液膜法不用固体基质,所用液层 0.5～1 cm 深,不断循环流动,植株放置于栽培槽的底部,其重量由槽底承载。根系平展于槽的底面,一部分浸在浅层营养液

243

中,另一部分则暴露于种植槽内的湿气中。既保证了不断供给作物水分和养分,又解决了根系呼吸氧气的需求。

营养液膜法的设施主要由种植槽、贮液池、营养液循环流动装置3个主要部分组成。种植槽要有一定的坡度,使营养液从高端流向低端比较顺畅。槽底要平滑,以免积液。贮液池一般设在地平面以上,容量应足够供应全部种植面积。供液系统主要由水泵、管道、滴头及流量调节阀门等组成。此外,还可根据生产实际,选择配置一些其他辅助设施,如浓缩营养液罐及自动投施装置,营养液加温、冷却、消毒装置等。

(2)深液流法(DFT):是指植株根系生长在较为深厚并且是流动的营养液层的一种水培技术。种植槽中盛放5～10 cm或者更深厚的营养液,将作物根系置于其中,同时采用水泵间歇开启供液使得营养液循环流动,以补充营养液中氧气并使营养液中养分更加均匀。

深液流法水培设施由种植槽、定植网或定植板、贮液池、循环系统等4部分组成。其特点表现在:营养液循环流动,以增加营养液的溶存氧以及消除根表有害的代谢产物的局部累积,消除根表与根外营养液和养分浓度差,使养分能及时送到根部,更充分地满足作物的养分需要。营养液的液层较深,根系伸展在较深的液层中,每株占有的液量较多,因此,营养液浓度、溶解氧、酸碱度、温度以及水分存量都不易发生急剧变化,为根系提供了一个较稳定的生长环境。植株悬挂在营养液的水平面上,使植株的根茎离开液面,而所伸出的根系又能接触到营养液,由于根茎被浸没于营养液中就会腐烂而导致植株死亡,故应做好悬挂植株的工作。

(3)浮板毛管法(FCH):浮板毛管法是在吸收深液流法(DFT)和营养液膜法(NFT)优点的基础上,由浙江省农业科学院和南京农业大学研究开发的。它是在营养液较深的栽培床内放置浮板的一种水培方法,有效地克服了NFT的缺点,根际环境条件稳定,液温变化小,根际供氧充足,不怕因停电影响营养液的供给,节能,管理方便。

浮板毛管法由栽培床、贮液池、循环系统和控制系统4部分组成。栽培槽由聚苯板连接成长槽,一般长15～20 m、宽40～50 cm、高10 cm,安装在地面同一水平线上,内铺0.8 mm的聚乙烯薄板。槽内营养液深3～6 cm,液面漂浮浮板,浮板为1.25 cm厚的聚苯板,宽12 cm,浮板上盖一层无纺布漂浮在营养液面的表面,无纺布两侧伸入营养液内,通过毛细管作用,使浮板始终保持湿润状态。草莓根系一部分伸入营养液中吸收肥水,另一部分生长在无纺布的上下两面,在湿气中吸收氧气。槽的盖板即定植板,为2.5 mm厚打孔的聚苯板,其上按栽植株行距打孔,固定植株。栽培床一端安装进水管,另一端安装排液管。进水管处顶端安装空气混合器,增加营养液的溶解氧量。贮液池与排水管相通,营养液的深度通过排水口的垫板来调节。

4.无土栽培草莓管理技术

(1)无土栽培的定植技术:草莓的无土促成栽培的定植时期为9月下旬。当栽培床确定后,即可将于苗床上培育的秧苗移栽到种植床内,可按株行距15 cm×20 cm定植。定植后的管理主要是白天遮阳,减少叶面蒸发,促进成活。定植后先灌2~3 d清水,随后再改为营养液。定植以后的管理技术按照所采用的不同的无土栽培的方法进行。

(2)植株管理参照现代草莓设施栽培部分。

(3)病虫害防治参照现代草莓设施栽培部分。

第四节　现代草莓绿色栽培技术

245

一、绿色食品的概念及意义

1.绿色食品的概念

绿色食品是特指遵循可持续发展原则,产自优良生态环境,按照特定标准和生产方式进行生产,实行全程质量控制,经专门机构认证,许可使用绿色食品标志的无污染的安全、优质、营养类食品。之所以称为"绿色",是因为自然资源和生态环境是食品生产的基本条件,由于与生命、资源、环境保护相关的事务国际上通常冠之以"绿色",为了突出这类食品出自良好的生态环境,并能给人们带来旺盛的生命活力,因此,将其定名为"绿色食品"。绿色食品是食品的重要一类。

2.绿色食品生产的意义

(1)有利于人们的身体健康:食物是维持人类生存和发展的基本物质条件,也是维护国家安定,维持社会发展的根本要素。绿色食品具有较高的营养价值,是人们生活的必需品。随着全社会文明程度和人们生活水平的提高,人们对生活的质量要求也越来越高,对食品安全的要求也越来越严格。绿色食品不但能满足人们对食品的一般要求,还能克服环境污染及药物残留等通过食物链危害人类的弊端,保证食物安全,有利于身体健康。

(2)有利于农业的可持续发展:发展绿色食品,符合国家"绿色发展、低碳发展、循环发展"的战略部署,符合"产出高效、产品安全、资源节约、环境友好"的现代农业发展方向,越来越受到各级政府的高度重视。所谓可持续发展农业是一种兼顾了产量、质量、效益和环境等综合因素的农业生产模式,是在不破坏环境和资源、不损害后代人们利益的前提下,实现当代人对农产品供需平衡的农业发展模式。绿色食品生产要求良好的生态环境,有利于环境保护和改善,更合理的开发利用土地、水等资源,有利于农业的可持续性发展。

(3)有利于经济效益的提高:随着人们对绿色食品认识的提高,市场对绿色食品的需求量越来越大。由于绿色食品生产要求的条件与技术较高,具有无污染的特点,其价格不菲,经济效益也随之提高。

(4)有利于满足人们提高生活质量的需求:随着城乡居民收入水平不断提高,食品安全意识普遍增强,食物消费结构正加快由注重数量转向注重质量,追求"绿色、生态、环保"日益成为消费的基本取向和选择标准,绿色食品更加受到广大消费者的欢迎,市场需求呈现加速增长的态势。人们越来越重视生活的质量和自身的健康,注重食品安全和质量,食用无污染、安全、优质的食品逐渐成为一种风尚。

(5)有利于树立我国的国际形象:目前,我国的食品在国际市场上占有率低,价位不高,创汇能力差,究其原因除质量不高外,未能达到绿色食品的标准也是一个重要的原因。绿色农产品的生产,将促进我国对国际环境公约、协定的贯彻和落实。提高我国对人类环境问题的高度负责的政治态度,从而树立我国在国际上的良好形象。

二、绿色食品等级

绿色食品分为两个技术等级,即 AA 级绿色食品和 A 级绿色食品。AA 级绿色食品符合国际有机食品标准要求,A 级绿色食品是我国自己的标准。

1. AA 级绿色食品

指生产地的环境质量符合 NY/T 391 的要求,生产过程中不使用化学合成的肥料、农药、兽药、饲料添加剂、食品添加剂和其他有害于环境和健康的物质,按有机生产方式生产,产品质量符合绿色产品标准,经专门机构认证,许可使用 AA 级绿色食品标志的产品。

2. A 级绿色食品

指生产地的环境质量符合 NY/T 391 的要求,生产过程中严格按照绿色食品生产资料使用准则和生产操作规程要求,限量使用限定的化学合成生产资料,产品质量符合绿色食品产品标准,经专门机构认证,许可使用 A 级绿色食品标志的产品。

三、绿色食品必须同时具备以下条件

(1)产品或产品原料产地必须符合绿色食品生态环境质量标准。强调产品出自良好生态环境,绿色食品生产从原料产地的生态环境入手,通过对原料产地及其周围的生态环境因子严格监测,判定其是否具备生产绿色食品的基础条件。

(2)农作物种植及食品加工必须符合绿色食品的生产操作规程。对产品实行全程质量控制,绿色食品生产实施"从土地到餐桌"全程质量控制。

(3)产品必须符合绿色食品质量和卫生标准。

(4)产品外包装必须符合国家食品标签通用标准,符合绿色食品特定的包装、装潢和标签规定。对产品依法实行统一的标志与管理。为了与一般的普通食品区别开,绿色食品由统一的标志来标识。

《中华人民共和国农产品质量安全法》《中华人民共和国食品安全法》《绿色食品标志管理办法》等的颁布实施,为绿色食品发展奠定了法律基础。农业农村部已发布绿色食品各类标准126项,整体达到发达国家先进水平,地方配套颁布实施的绿色食品生产技术规程已达400多项,绿色食品标准体系更加完善。绿色食品标准包括产地环境质量标准、生产技术标准、产品质量和卫生标准、包装标准、贮藏和运输标准以及其他相关标准,它们构成了绿色食品完整的质量控制标准体系。绿色食品其他相关标准,包括绿色食品生产资料认定标准、绿色食品生产基地认定标准等。绿色食品标志许可审查程序和技术规范在工作实践中得到不断补充和修订,绿色食品企业年检、产品抽检、市场监察、风险预警、淘汰退出等证后监管制度已全面建立和实施,以标志管理为核心的绿色食品制度规范已基本完善。以"质量安全、技术先进、生产可行、产业提升"为基本评价指标,建立绿色食品标准跟踪评价长效机制,进一步提高标准的科学性和实用性。绿色食品质量水平持续提升,产业规模持续扩大,品牌公信力和影响力持续增强。

只要认真贯彻落实《绿色食品标志管理办法》和农业农村部制定的绿色食品标准,开展草莓绿色食品生产基地认定,在露地、保护地、无土栽培等在生产中严格执行产地环境质量标准、生产技术标准、产品质量和卫生标准、包装标准、贮藏和运输标准以及其他相关标准,均可进行绿色食品的生产。

四、草莓绿色栽培要求

草莓栽培的环境指草莓生存地点周围空间一切因素的总和,主要包括温度、光照、水分、空气、土壤等。进行绿色栽培,必须满足草莓对环境条件的要求,生产基地应选择在无污染和生态条件良好的地区,应远离工矿区和公路、铁路干线,避开工业和城市污染源的影响,同时还应有可持续发展的生产能力。

草莓绿色生产产地环境质量标准规定了产地的空气质量标准、农田灌溉水质标准、土壤环境质量标准的各项指标及浓度限值、监测和评价方法,提出了绿色食

247

品产地土壤肥力分级和土壤肥力综合评价方法。制定这项标准的目的：一是强调绿色食品必须产自良好的生态环境地域，以保证绿色食品最终产品的无污染、安全性；二是促进对绿色食品产地环境的保护和改善。

1. 对空气和环境的质量要求

草莓生长发育需要氧气（O_2）和二氧化碳（CO_2），氧气（O_2）和二氧化碳（CO_2）主要来自空气，空气污染能导致果实品质降低，使果实含有毒物质。生产绿色食品对产地空气中的总悬浮颗粒物、二氧化硫、氮氧化物、氟化物等有严格的限制，绿色食品产地空气中各项污染物含量不应超过规定的指标要求（表 9-9）。

表 9-9　空气中各项污染物的指标要求（标准状态）

项目	指标	
	日平均	1 h 平均
总悬浮颗粒物（TSP）/（mg/m³）	≤0.30	—
二氧化硫（SO_2）/（mg/m³）	≤0.15	≤0.50
氮氧化物（NO_x）/（mg/m³）	≤0.10	≤0.15
氟化物（F）	≤7 μg/dm³ 1.8 μg/（dm³·d） （挂片法）	≤20 μg/m³

注：①日平均指任何 1 d 的平均指标。②1 h 平均指任何一小时平均指标。③连续采样 3 d，1 日 3 次，晨、午和晚各 1 次。④氟化物采样可用动力采样滤膜法或用石灰滤纸挂片法，分别按各自规定的指标执行，石灰滤纸挂片挂置 7 d。

2. 对农田灌溉水质的要求

水是草莓生命活动的重要因素，是草莓光合作用、蒸腾作用的原料和营养吸收、运输的介质，是草莓植物体的重要组成部分，水污染和空气污染一样会造成不良的后果。除科学灌水外，生产绿色草莓灌溉用水对有害元素的含量有一定限制，灌溉水中各项污染物含量不应超过规定的指标要求（表 9-10）。

表 9-10　农田灌溉水中各项污染物的指标要求

项目	指标
pH	≤5.5～8.5
总汞/（mg/L）	≤0.001
总镉/（mg/L）	≤0.005
总砷/（mg/L）	≤0.05
总铅/（mg/L）	≤0.1
六价铬/（mg/L）	≤0.1

续表 9-10

项目	指标
氟化物/(mg/L)	≤2.0
粪大肠菌群/(个/L)	≤10 000

注:灌溉菜园用的地表水需测粪大肠菌群,其他情况不测粪大肠菌群。

3. 对土壤环境质量的要求

土壤是草莓栽培的基础,良好的土壤能满足草莓对土、肥、气、热的要求。土壤的污染同水体污染一样,同样带来不良后果。土壤按照耕作方式的不同,分为旱田和水田两大类,每类又根据土壤 pH 的高低分为 3 种情况,即 pH≤6.5,pH 6.5～7.5,pH≥7.5。绿色食品产地各种不同土壤中的各种污染物含量不应超过规定的限值(表 9-11)。

表 9-11　土壤中各项污染物的指标要求

耕作条件	旱田			水田		
pH	<6.5	6.5～7.5	>7.5	<6.5	6.5～7.5	>7.5
镉/(mg/kg)	≤0.30	≤0.30	≤0.40	≤0.30	≤0.30	≤0.40
汞/(mg/kg)	≤0.25	≤0.30	≤0.35	≤0.30	≤0.40	≤0.40
砷/(mg/kg)	≤25	≤20	≤20	≤20	≤20	≤15
铅/(mg/kg)	≤50	≤50	≤50	≤50	≤50	≤50
铬/(mg/kg)	≤120	≤120	≤120	≤120	≤120	≤120
铜/(mg/kg)	≤50	≤60	≤60	≤50	≤60	≤60

注:①果园土壤中的铜限量为旱田中的铜限量的 1 倍。②水旱轮作用的标准值取严不取宽。

4. 对土壤肥力的要求

土壤肥力是土壤能持续供给和调节植物生长发育所需要的水、肥、气、热等生活因素的能力,肥力是土壤的本质。土壤肥力分为 3 级,1 级为优良,2 级为尚可,3 级为较差(表 9-12)。生产绿色食品要增施有机肥,提高土壤肥力。生产 AA 级绿色食品时,土壤肥力要达到土壤肥力分级 1～2 级指标,生产 A 级绿色食品时,土壤肥力作为参考指标。

表 9-12　土壤肥力分级参考指标

项目	级别	菜地	园地
有机质/(g/kg)	1	>30	>20
	2	20～30	15～20
	3	<20	<15

249

续表 9-12

项目	级别	菜地	园地
全氮/(g/kg)	1	>1.2	>1.0
	2	1.0～1.2	0.8～1.0
	3	<1.0	<0.8
有效磷/(mg/kg)	1	>40	>10
	2	20～40	5～10
	3	<20	<5
有效钾/(mg/kg)	1	>150	>100
	2	100～150	50～100
	3	<100	<50
阳离子交换量/(cmol/kg)	1	>20	>15
	2	15～20	15～20
	3	<15	<15
质地	1	轻壤	轻壤
	2	砂壤、中壤	砂壤、中壤
	3	砂土、黏土	砂土、黏土

5.对肥料的要求

(1)农家肥料:指就地取材、就地使用的各种有机肥料。它由含有大量生物物质、动植物残体及排泄物、生物废物等积制而成,包括堆肥、沤肥、厩肥、沼气肥、绿肥、作物秸秆肥、泥肥、饼肥等。农家肥原则上就地生产,就地使用。外来农家肥料应确认符合要求后,才能使用。

①堆肥。指以各种秸秆、落叶、湖草为主要原料,并与人畜粪便和少量泥土混合堆制,经过好气微生物分解而成的一类有机肥料。生产绿色食品的农家肥料无论采用何种原料(包括人畜粪尿、秸秆、杂草、泥炭等)制作堆肥,必须高温发酵,以杀灭各种寄生虫卵和病原菌、杂草种子,使之达到无害化卫生标准(表 9-13)。

表 9-13　高温堆肥卫生标准

序号	项目	卫生标准及要求
1	堆肥温度	最高堆肥温度 50～55 ℃,持续 5～7 d
2	蛔虫卵死亡率	90%～100%
3	粪大肠菌数	10^{-2}～10^{-1}
4	苍蝇	有效地控制苍蝇滋生,堆肥周围没有活的蛆、蛹或新羽化的成蝇

②沤肥。沤肥所用物料与堆肥基本相同,只是在淹水的条件下,经微生物厌氧发酵而成的一类有机肥料。

③厩肥。指以猪、牛、马、羊、鸡、鸭等畜禽的粪尿为主与秸秆等垫料堆积,并经微生物作用而成的一类有机肥料。

④沼气肥。指在密封的沼气池中,有机物在厌氧条件下经微生物发酵制取沼气后的副产品,主要有沼气水肥和沼气渣肥两部分组成。沼气肥卫生标准见表9-14。

表9-14　沼气肥卫生标准

序号	项目	卫生标准及要求
1	密封贮存期	30 d 以上
2	高温沼气发酵温度	(53±2)℃,持续 2 d
3	寄生虫卵沉降率	95％以上
4	血吸虫卵和钩虫卵	在使用粪液中不得检出活的血吸虫卵和钩虫卵
5	粪大肠杆菌	普通沼气发酵 10^{-4},高温沼气发酵 $10^{-2} \sim 10^{-1}$
6	蚊子、苍蝇	有效地控制苍蝇滋生,粪液中无孑孓, 池的周围无活的蛆、蛹或新羽化的成蝇
7	沼气池残渣	经无害化处理后方可用作农肥

⑤绿肥。指以新鲜植物体就地翻压、异地使用或经沤、堆后而成的肥料。主要分为豆科绿肥和非豆科绿肥两大类。

⑥作物秸秆肥。指以麦秸、稻草、玉米秸、豆秸、油菜秸等直接还田的肥料。

⑦泥肥。指以未经污染的河泥、塘泥、沟泥、港泥等厌氧微生物分解而成的肥料。

⑧饼肥。指以各种含油分较多的种子,经过压榨去油后的残渣制成的肥料。如菜籽饼、棉籽饼、豆饼、芝麻饼、花生饼、蓖麻饼等。

以上农家肥料可用于 AA 级绿色食品和 A 级绿色食品生产。

(2)商品肥料:商品肥料是指按国家法规规定,以商品形式出售的肥料。包括商品有机肥、腐殖酸类肥、微生物肥、有机复合肥、无机(矿物)肥、叶面肥、土壤调理剂等。绿色食品生产使用的商品肥料及新型肥料,必须通过国家有关部门的登记认证机构认证及生产许可,质量指标应达到国家有关标准的要求。

6.肥料使用遵循规则

施肥的实质是补充土壤供给作物所需营养元素的不足。生产绿色食品使用的肥料,必须满足作物对营养元素的需要,使足够数量的有机物质返还土壤,以保持和增加土壤肥力及土壤生物活性。所有有机或无机(矿物质)肥料,尤其是富含氮

251

的肥料对环境和作物(营养、味道、品质和抗性)不产生不良后果方可使用。

(1)生产 AA 级绿色食品的肥料使用原则

①必须选用 AA 级绿色食品生产允许使用的肥料种类,包括农家肥料、AA 级绿色食品生产资料肥料类产品,以及上述二者不能满足 AA 级绿色食品生产需要的情况下,允许使用的商品肥料,禁止使用任何化学合成肥料。

②禁止使用城市垃圾和污泥、医院的粪便垃圾和含有害物质(如毒气、病原微生物、重金属等)的工业垃圾。

③各地可因地制宜采用秸秆还田、过腹还田、直接翻压还田和覆盖还田等形式培肥地力。

④利用覆盖、翻压、堆沤方式合理利用绿肥,绿肥应在盛花期翻压,翻埋深度 15 cm 左右,盖土要严,翻后耙匀,压青后 15~20 d 才能进行播种或移苗。

⑤腐熟的沼气液、残渣及人畜粪尿可以用作追肥,严禁施用未腐熟的人畜粪尿。

⑥禁止施用未腐熟的饼肥。

⑦叶面肥料质量应符合表 9-15 的技术要求。按使用说明稀释,在作物生长期内,喷施 2 次或 3 次。

表 9-15 腐殖酸叶面肥料质量指标

营养成分	杂质控制指标
腐殖酸≥8.0% 微量元素≥6.0% 铁、锰、铜、锌、钼、硼(Fe、Mn、Cu、Zn、Mo、B)	镉(Cd)≤0.01% 砷(As)≤0.002% 铅(Pb)≤0.002%

⑧微生物肥料可用于拌种,也可作为基肥和追肥使用。使用时应严格按照使用说明书的要求操作。微生物肥料中有效活菌的数量应符合 NY 227—1994 中 4.1 及 4.2 的规定。

⑨选用无机(矿质)肥料中的煅烧磷酸盐、硫酸钾质量应符合表 9-16 和表 9-17 要求。

表 9-16 煅烧磷酸盐肥料质量指标

营养成分	杂质控制指标
有效五氧化二磷(P_2O_5)≥12% (碱性柠檬酸铵提取)	每含 1% 五氧化二磷(P_2O_5) 镉(Cd)≤0.01% 砷(As)≤0.004% 铅(Pb)≤0.002%

表 9-17 硫酸钾肥料质量指标

营养成分	杂质控制指标
氧化钾（K_2O）50％	每含 1％氧化钾（K_2O） 砷（As）≤0.004％ 氯（Cl）≤3％ 硫酸（H_2SO_4）≤0.05％

（2）生产 A 级绿色食品的肥料使用原则

①必须选用 A 级绿色食品生产允许使用的肥料种类，包括 AA 级绿色食品允许使用的肥料种类，A 级绿色食品生产资料肥料类产品，以及上述二者不能满足 A 级绿色食品生产需要的情况下，允许使用掺和肥（有机氮与无机氮之比不能超过 1∶1）。如果以上肥料种类不能满足生产需要，允许按下面②和③的要求使用化学肥料（氮、磷、钾）。但禁止使用硝态氮肥。

②化肥必须与有机肥配合使用，有机氮肥和无机氮肥之比不超过 1∶1。例如，施优质厩肥 1 000 kg 加尿素 10 kg（厩肥作为基肥，尿素可作为基肥和追肥用）。

③化肥也可与有机肥、复合微生物肥料配合使用。厩肥 1 000 kg，加尿素 5～10 kg 或磷酸二铵 20 kg，复合微生物肥料 60 kg（厩肥作为基肥，尿素、磷酸二铵和微生物肥料作为基肥和追肥用）。最后一次追肥必须在收获前 30 d 进行。

④城市生活垃圾一定要经过无害化处理，质量达到国家规定的技术要求才能使用。每年每公顷农田限制用量，黏质土壤不超过 45 000 kg，砂质土壤不超过 30 000 kg。

⑤秸秆还田，同"生产 AA 级绿色食品的肥料使用原则"，还允许用少量氮素化肥调节碳氮比。

⑥其他使用原则，与"生产 AA 级绿色食品的肥料使用原则"中的④～⑧相同。

7. 草莓绿色栽培对农药的要求

（1）农药种类

①生物源农药。指直接利用生物活体或生物代谢过程中产生的具有生物活性的物质，或从生物体中提取的物质作为防止病虫草害的农药。如农用抗生素防治真菌病害的有：灭瘟素、春雷霉素、多氧霉素（多抗霉素）、井冈霉素、农抗 120、中生菌素等；防治螨类的有浏阳霉素、华光霉素；活体微生物农药真菌剂有：蜡蚧轮枝菌等；活体微生物农药细菌剂有：苏云金杆菌、蜡质芽孢杆菌等。

②动物源农药。包括昆虫信息素（或昆虫外激素），如性信息素；活体制剂如寄生性、捕食性的天敌动物。

③植物源农药。杀虫剂有除虫菊素、鱼藤酮、烟碱、植物油等；杀菌剂有大蒜素；拒避剂有印楝素、苦楝、川楝素；增效剂有芝麻素等。

④矿物源农药。指有效成分起源于矿物的无机化合物和石油类农药。主要有无机杀螨杀菌剂和矿物油乳剂两类。无机杀螨杀菌剂包括硫制剂和铜制剂，硫制剂有硫悬浮剂、可湿性硫、石硫合剂等；铜制剂有硫酸铜、王铜、氢氧化铜、波尔多液等。矿物油乳剂有柴油乳剂等。

⑤有机合成农药。指由人工研制合成，并由有机化学工业生产的商品化的一类农药，包括中等毒类和低毒类有机磷、有机硫等杀虫杀螨剂、杀菌剂，以及部分中低毒性的二苯醚类除草剂等。

（2）绿色草莓生产农药使用原则：随着农业生产的发展，各种作物对农药的依赖性越来越大。据统计，如果不使用农药，由病虫害所造成的损失将达到农产品总收入的 30%～50%。然而，滥用化学农药所产生的严重后果也引起世人瞩目。农药给人类带来的不良后果包括导致病虫抗药性增加，引起病虫害猖獗，污染农产品及环境等。其中又以农药残毒对农产品的污染最不能被人们所接受。

绿色食品生产应从作物-病虫草等整个生态系统出发，综合运用各种防治措施，创造不利于病虫草害滋生和有利于各类天敌繁衍的环境条件，保持农业生态系统的平衡和生物多样性。要优先采用农业综合防治措施，通过选用抗病抗虫品种、非化学药剂种子处理、培育壮苗、加强栽培管理、中耕除草、秋季深翻晒土、清洁田园、轮作倒茬、间作套种等一系列措施，减少各类病虫草害所造成的损失。还应尽量利用灯光、色彩诱杀害虫，机械捕捉害虫，机械和人工除草等措施，防治病虫草害。特殊情况下，必须使用农药时，应当遵守以下准则。

①生产 AA 级绿色食品的农药使用准则。

A. 首选使用 AA 级绿色食品生产资料农药类产品。

B. 在 AA 级绿色食品生产资料农药类不能满足植保工作需要的情况下，允许使用以下农药及方法：中等毒性以下植物源杀虫剂、杀菌剂、拒避剂和增效剂，如除虫菊素、鱼藤根、烟草水、大蒜素、苦楝素、川楝素、印楝素、芝麻素等；释放寄生性、捕食性天敌动物，如赤眼蜂、瓢虫、捕食螨、各类天敌蜘蛛及昆虫病原线虫等；在害虫捕捉器中允许使用昆虫信息素及植物源引诱剂；允许使用矿物油和植物油制剂；允许使用矿物源农药中的硫制剂、铜制剂；经专门机构核准，允许有限度地使用活体微生物农药，如真菌制剂、细菌制剂、病毒制剂、放线菌、拮抗菌剂、昆虫病原线虫、原虫等；允许有限度地使用农用抗生素，如春雷霉素、多氧霉素（多抗霉素）、井冈霉素、农抗120、中生菌素、浏阳霉素等。

C. 禁止使用有机合成的化学杀虫剂、杀螨剂、杀菌剂、杀线虫剂、除草剂和植物生长调节剂。

D. 禁止使用生物源、矿物源农药中混配有机合成农药的各种制剂。

E. 严禁使用基因工程品种(产品)及制剂。

②生产 A 级绿色食品的农药使用准则。

A. 首选使用 AA 级和 A 级绿色食品生产资料农药类产品。

B. 在 AA 级和 A 级绿色食品生产资料农药类产品不能满足植保工作需要的情况下,允许使用以下农药及方法:中等毒性以下植物源农药、动物源农药和微生物源农药;在矿物源农药中允许使用硫制剂、铜制剂;可以有限度地使用部分有机合成农药,并按国家规定的要求执行,且需严格执行以下规定:

应选用上述标准中列出的低毒农药和中等毒性农药;严禁使用剧毒、高毒、高残留或具有三致毒性(致癌、致畸、致突变)的农药;每种有机合成农药(含 A 级绿色食品生产资料农药类的有机合成产品)在一种作物的生长期内只允许使用一次)。应按照国家规定的的要求控制施药量与安全间隔期。

有机合成农药在农产品中的最终残留应符合国家规定的最大残留限量(MRL)255
要求。

C. 严禁使用高毒高残留农药防治贮藏期病虫害。

D. 严禁使用基因工程品种(产品)及制剂。

(3)绿色草莓生产禁止使用的农药

①生产 AA 级绿色食品禁止使用一切有机合成农药。

②A 级绿色食品生产可以有限度地使用部分有机合成农药,严禁使用剧毒、高毒、高残留或具有三致毒性(致癌、致畸、致突变)的农药(表 9-18)。表 9-18 中所列是目前禁用或限用的农药品种,该名单将随国家新出台的规定而修订。

表 9-18　生产 A 级绿色食品禁止使用的农药

种　　类	农药名称	禁用作物	禁用原因
有机氯杀虫剂	DDT、六六六、林丹、甲氧 DDT、硫丹	所有作物	高残留
有机氯杀螨剂	三氯杀螨醇	蔬菜、果树、茶叶	工业品中含有一定数量的 DDT
有机磷杀虫剂	甲拌磷、乙拌磷、久效磷、对硫磷、甲基对硫磷、甲胺磷、甲基异柳磷、治螟磷、氧化乐果、磷胺、地虫硫磷、灭克磷(益收宝)、水胺硫磷、氯唑磷、硫线磷、杀扑磷、特丁硫磷、克线丹、苯线磷、甲基硫环磷	所有作物	剧毒高毒

续表9-18

种 类	农药名称	禁用作物	禁用原因
氨基甲酸酯杀虫剂	涕灭威、克百威、灭多威、丁硫克百威、丙硫克百威	所有作物	高毒剧毒或代谢物高毒
二甲基甲脒类杀虫杀螨剂	杀虫脒	所有作物	慢性毒性、致癌
拟除虫菊酯类杀虫剂	所有拟除虫菊酯类杀虫剂	水稻及其他水生作物	对水生生物毒性大
卤代烷类熏蒸杀虫剂	二溴乙烷、环氧乙烷、二溴氯丙烷、溴甲烷	所有作物	致癌、致畸、高毒
阿维菌素		蔬菜、果树	高毒
克螨特		蔬菜、果树	慢性毒性
有机砷杀菌剂	甲基胂酸锌(稻脚青)、甲基胂酸钙胂(稻宁)、甲基胂酸铁铵(田安)、福美甲胂、福美胂	所有作物	高残留
有机锡杀菌剂	三苯基醋酸锡(薯瘟锡)、三苯基绿化锡、三苯基羟基锡(毒菌锡)	所有作物	高残留、慢性毒性
有机汞杀菌剂	氯化乙基苯汞(西力生)、醋酸苯汞(赛力散)	所有作物	剧毒、高残毒
有机磷杀菌剂	稻瘟净、异稻瘟净	水稻	异臭
取代苯类杀菌剂	五氯硝基苯、稻瘟醇(五氯苯甲醇)	所有作物	致癌、高残留
2，4-D 类化合物	除草剂或植物生长调节剂	所有作物	杂质致癌
二苯醚类除草剂	除草醚、草枯醚	所有作物	慢性毒性
植物生长调节剂	有机合成的植物生长调节剂	所有作物	
除草剂		蔬菜生长期(可用于土壤处理与芽前处理)	

8.绿色草莓食品包装及标签要求

《绿色食品包装通用准则》(NY/T 658—2015)规定了绿色食品包装的基本要求、安全卫生要求、生产要求、环保要求、标志与标签要求和标识、包装、贮存与运输要求。规定了进行绿色草莓食品包装时应按照绿色食品产品包装时应遵循的原则,包装材料选用的范围、种类、包装上的标识内容等。要求产品包装从原料、产品制造、使用、回收和废弃的整个过程都应有利于食品安全和环境保护,包括包装材料的安全、牢固性，节省资源、能源，减少或避免废弃物产生，易回收循环利用，可降解等具体要求和内容。

　　绿色草莓食品标签除要求符合国家《食品标签通用标准》外，还要求符合《中国绿色食品商标标志设计使用规范手册》规定，该手册对绿色食品的标准图形、标准字形、图形和字体的规范组合、标准色、广告用语以及在产品包装标签上的规范应用均做了具体规定。

　　绿色食品标志商标作为特定的产品质量证明商标，由中国绿色食品发展中心在原理家工商行政管理局（现国家知识产权局商标局）注册，其商标专用权受《中华人民共和国商标法》保护。凡具有生产绿色食品条件的单位和个人自愿使用"绿色食品"标志者，须向中国绿色食品发展中心或省（自治区、直辖市）绿色食品办公室提出申请，经有关部门调查、检测、评价、审核、认证等一系列过程，合格者方可获得绿色食品标志使用权。标志使用期为 3 年，到期后必须重新检测认证。这样既有利于约束和规范企业的经济行为，又有利于保护广大消费者的利益。

　　绿色食品标志是指中文"绿色食品"、英文"Green Food"、绿色食品标志图形及这三者相互组合等 4 种形式，注册在食品上，并扩展到肥料等绿色食品相关类产品上。

　　绿色食品标志图形由 3 部分组成：即上方的太阳、下方的叶片和蓓蕾，象征自然生态；标志图形为正圆形，意为保护、安全；颜色为绿色，象征着生命、农业、环保。AA级绿色果品标志与字体为绿色，底色为白色，A 级绿色果品标志与字体为白色，底色为绿色。整个图形描绘了一幅明媚阳光照耀下的和谐生机，告诉人们绿色食品是出自纯净、良好生态环境的安全、无污染食品，能给人们带来蓬勃的生命力。绿色食品标志还提醒人们要保护环境和防止污染，通过改善人与环境的关系，创造自然界新的和谐。图 9-1 展示了已在国家知识产权局商标局注册的 4 种绿色食品商标形式。

绿色食品标志

绿色食品标志、文字组合商标

绿色食品中文标准字体　　　　　　绿色食品英文标准字体

图 9-1　绿色食品商标

　　绿色食品贮藏、运输应遵循绿色食品贮藏、运输标准。该项标准对绿色食品贮运的条件、方法、时间做出了规定。以保证绿色食品在贮运过程中不遭受污染，不改变品质，并有利于环保和节能。

第十章　草莓的采收与加工

第一节　草莓的采收

一、草莓的成熟标准

1.发育天数标准

草莓从开花到果实成熟需要的时间为果实发育天数。在露地栽培条件下,果实发育天数一般为 30 d 左右,但早、中、晚熟品种之间有较大的差异,最短的 18 d,最长的 41 d。同一品种果实发育天数随温度的变化有所不同:平均气温 10 ℃时,果实发育天数为 60 d;平均气温 15 ℃,需要 40 d;平均气温 20 ℃,则需要 30 d;平均气温 30 ℃,20 d 即可成熟。因此,温度高,果实发育时间短,反之,果实发育时间长。另外,草莓的果实发育天数还与日照时数有关,据研究,四季草莓在长日照、高温条件下,果实发育天数为 20～25 d,在短日照的秋季约 60 d。一般温度在 17～30 ℃,有效积温达 600 ℃时果实即可成熟。

2.外观变化标准

草莓浆果成熟的最显著特征是果实着色。草莓果实在发育过程中,颜色会发生一系列的变化,最初为绿色,以后逐渐变白,最后成为红色至深红色,并具有光泽。着色先从受光一面开始,而后是侧面,随后背光一面也着色,有些品种背光一面不易着色。在着色面上,先从果实基部开始着色,顶部后着色。同时,果实着色先表面后内部。随同果实着色,种子也由绿色逐渐变为黄色或红色,即完成成熟过程。只有个别品种的种子在成熟时保持绿色。随着果实的成熟,果实由硬变软,并散发出特有的香味。判断草莓成熟与否的标志是着色面积与浆果的软化程度。成熟度越高,品质风味越好。

3.内部成分标准

果实在发育过程中,果实内部的各种物质成分也在发生变化。

（1）花青素：果实在绿色和白色时没有花青素，进入着色期，花青素含量急剧增加，花青素显出彩色。

（2）糖：草莓果实中的糖，大部分为葡萄糖和果糖等还原性糖，蔗糖等非还原性糖含量较少。随着果实的成熟，含糖量逐渐增加。

（3）酸：草莓果实中的酸，大部分为柠檬酸，其次是苹果酸，二者之间的比例大约为 9∶1。幼果含酸量较高，随着果实的成熟，含酸量急剧减少。未成熟的果实，采收后经贮藏到完全着色，含酸量仍相当高，因而吃起来比较酸。

（4）维生素 C：草莓中的维生素 C，大部分为还原型的，氧化型的比较少。草莓果实中的维生素 C 含量比较高，约为 80 mg/100 g 鲜果。随着果实的成熟，维生素 C 含量逐渐增加，完全成熟时，含量最高，以后随着时间的延长而减少。

二、草莓采收方法

果实采收是草莓生产的最后一个环节，采收质量好坏直接影响其产量、质量和经济效益，应十分重视。草莓成熟后要及时、适时采收。采收过晚，浆果很易腐烂，造成不应有的损失；采收过早，尚未达到果实应有的品质，不利于销售。草莓的采收期应根据不同情况来决定。

1. 采收时间

（1）根据栽培方式：栽培方式不同，草莓的采收期有很大差异。露地栽培在 5 月上旬至 6 月下旬；促成栽培为 12 月中下旬至翌年 2 月中旬；半促成栽培为 3 月上旬至 4 月下旬。

（2）根据品种、用途和销售等特点

①鲜食用。一般鲜食用果以出售鲜果为目的，要力争在采收的当天或第二天清早上市，时间过长会影响草莓的商品价值。草莓的成熟度应以九成熟为宜，即在果面着色部分达 90％左右，果实向阳面尚未成紫红色时采收。如果采收时的外界气温较高，采收时果实的成熟度可适当降低。例如，当日平均温度在 16～19 ℃时，可在八成熟时采收；当日平均温度在 20 ℃左右时，可在七成熟时采收。这样不同时期采收的鲜果，虽然成熟度不同，但到第二天上市时，都能有较好的成熟度，商品价值较高。硬肉型品种，如全明星、哈尼等，以果实接近全红时采收，才能达到该品种应有的品质和风味，也并不影响贮运。供加工果酒、果汁、饮料、果酱、果冻的草莓，要求果实全熟时采收，以提高果实的糖分和香味，便于加工。

②加工用。用于加工整果罐头的，要求果实大小一致，果面着色 70％～80％，即在八成熟时采收，这样果肉硬，颜色鲜。

③远距离运输。远距离运输的果实，在七八成熟时采收。就近销售时，在全熟

时采收,但不能过熟。

(3)根据成熟情况:草莓果实的成熟期持续20~30 d,第一批果实成熟后7~8 d,进入盛果期,必须分批分期采收。果实开始成熟时,每隔1~2 d采收一次,盛果期间可每天采收一次。

(4)根据天气情况:采收草莓宜在清晨露水已干至午间高温来到之前,或傍晚天气转凉时进行。因早、晚的气温低,果实较硬,果梗较脆,容易采摘,并且在采摘及运输过程中不易碰破果皮,有效延长贮藏期。中午前后气温较高,果实的硬度较小,果梗变软,不仅采摘费工,而且易碰破果皮,果皮碰损后,容易受病原菌侵染而腐烂变质,影响草莓的商品价值。采收时间过早,果皮沾有露水或雨后采收,也容易腐烂。

2.采收方法

(1)采收前准备:采收前要做好充分的准备工作,如市场销售的安排,加工厂家的联系,采收及包装用品的准备,采收人员的组织与培训,采收成熟度及果实分级标准的制定,等等。采收草莓的容器一定要浅,底要平,内壁光滑。如果容器较深,采收时不能装得过满,若容器底不平,可事先垫上泡沫布等。目前市场上有一种浅塑料盘,高10 cm左右,宽30~40 cm,长40~50 cm,很适合于草莓采收用。

(2)采收时分级:为便于采收后分级和避免过多倒箱,采收时可进行分人定级采收,即前面的人采收大果,中间的人采收小果,后面的人把等外果全部采完。也可每人带2~3个容器,把不同级别的果实分开采摘。

目前我国还没有统一的草莓分级标准。分级可根据品种、单果重、色泽、果形和果面机械损伤程度等进行。现在常用按重量大小把草莓果实分为4级,即:5~9.9 g为S级;10~14.9 g为M级;15~19.9 g为L级;20 g以上为LL级。

生产上一般把L级和LL级统称为大果,M级为中果,S级称为小果,5 g以下的果无经济价值,为废果或无效果。有的果品加工厂从草莓加工的角度提出,单果重10 g以上为一级果,6~9 g为二级果,5 g以下为三级果。

(3)采收操作技术:采收时用大拇指的指甲和食指的指甲把果柄掐断,把果取下,采一个往容器里放一个,采下的浆果应带有部分果柄,又不损伤花萼,否则浆果易腐烂。采果时不要硬拉,以免拉断果序和碰伤果皮,影响产量和质量。草莓浆果的果皮细胞壁薄,果肉柔嫩,稍有不慎易产生人为损伤,采摘过程中必须轻采、轻拿和轻放,避免过多倒箱。每次采摘时,必须将适度成熟果全部采净,以免延至下次采收时,由于过熟造成腐烂。一名人工一天可采收30~40 kg鲜果,盛果期最高可采收50~70 kg。

第二节　草莓果实包装与运输

一、包装

草莓为高档果品,又是浆果,所以必须做好包装工作。为了减少浆果破损,从采收到加工或销售地点,最好不倒箱。草莓的包装要以小包装为基础,大小包装配套,要注意包装质量。所用容器可因地制宜,如用木箱、纸箱、筐篓和果盘等。

露地采收的草莓,上市量大,售价低,可用纸盒或薄木片盒包装,每盒装 0.5～1 kg。包装较精致可用透明塑料制成形似饭盒的有孔方盒,或用薄木片制成四面有孔的木盒,盒内可装果 250～500 g,在盒内草莓按一定顺序,一定大小和方向,整齐地放置,不宜装得太满,顶部留 1 cm 左右空隙,装果后加盖。然后再把盒装入较大的塑料箱或纸箱,分层放置,箱内最多放 4 层,一层最多放 8 盒。每箱草莓重量以 5 kg 左右为宜,用塑料箱直接装运。这样能保持果品外观,便于出售和短时间保存。

保护地采收的草莓属于高档果品,包装可精致,如小塑料盒规格为 120 mm×75 mm×25 mm,每盒装 150 g 左右,纸箱规格为 400 mm×300 mm×102 mm。每纸箱内装 32 个小塑料盒。

作为加工原料的草莓果实,一般用塑料果箱装运,果箱规格为 700 mm×400 mm×100 mm,每箱装果量不超过 10 kg,一般装果 4～5 层,并要求在浆果以上留 3 cm 空间,以免果箱叠放装运时压伤果实。

二、运输

草莓运输要用小包装,再装入塑料箱运输,每箱草莓重量不超过 5 kg。运输要用冷藏车或带篷卡车,途中要防日晒,行驶速度要慢,遇到沙石路或土路,尽量降低车速,减少颠簸。有的加工厂规定汽车在不同的路面上的速度为 5～20 km/h。用带篷卡车运输,以清晨或晚间气温较低时上路运行为宜。

第三节　草莓果实贮藏技术

一、低温贮藏

草莓是一种难贮藏的水果。据估计,草莓采收后,果实的腐烂率可以达10%以上。这些腐烂的果实绝大多数是由病原菌引起的,还有一部分是由机械损伤造成的。采收后在室温下一般只能存放1~2 d。更长时间的贮藏可根据具体情况选用不同的方法。

低温保存食品是最古老也是目前应用最广泛的一种方法,如果应用适当、合理,低温保存草莓是最好的贮藏方法,其他保存方法可以与之配合使用。在大多数情况下,病原菌的生长速度和产生孢子的数量随温度的升高而加快。在0 ℃下保存草莓贮藏期较长;在10 ℃下保存草莓,可表现出明显的病斑,但病斑的发展较慢;在20 ℃下保存草莓,由于病原菌的侵染,48 h内草莓即全部腐烂。据研究,在12.8 ℃下保存草莓比在1.1 ℃时保存草莓,果实腐烂率增加1倍;在21.1 ℃下保存草莓,腐烂率增加3倍。低温贮藏、运输和出售草莓,既可以抑制病原菌生长及孢子的产生,又可抑制草莓本身的呼吸作用,减少养分消耗,降低腐烂率。

草莓需随采随销。临时运不出去的,可将包装好的草莓放在通风凉爽的库房中,包装箱摆放在货架上,切勿就地堆放。这样临时贮放1~2 d,不至于影响果实的品质。据研究,贮运草莓的最适温度是0~0.5 ℃,允许最高温度是4.4 ℃,但持续时间不能超过48 h。同时空气湿度要保持在80%~90%。草莓较长时间贮藏,需在冷库中进行,草莓采收后,要快速而均匀地预冷,然后低温贮藏。库内贮放果箱需留有空隙,便于空气交换,库温维持在0~2 ℃恒温,可贮放7~10 d,但冷藏时间不能过长,否则风味品质会逐渐下降。如果冷库温度在12 ℃左右,可贮藏3 d,在8 ℃以下能贮放4 d。

二、气调贮藏

气调贮藏是在草莓贮藏中,人为调整和控制食品贮藏环境中气体的成分和比例,以及环境的温度和湿度来延长食品的贮藏寿命,以达到贮藏保鲜的目的。通常是降低氧气的浓度,增加二氧化碳或氮气的浓度。气调贮藏的原理是,采收后的草莓果实虽然脱离植株母体,但仍然是个生命活体,还在不断进行生理呼吸,吸收氧气,释放出二氧化碳。利用果实本身释放出的二氧化碳,快速降低氧气的含量,使果实处于低氧高二氧化碳的环境中。或通过人为地调节气体成分,使果实内部的代谢过程发生变化,呼吸作用以及其他新陈代谢减弱,成熟过程延迟,从而达到延长果实寿命的目的。这对草莓的果实及其他水果都是一样的,但对草莓尤为重要。大量草莓短期贮藏多采用气调法贮藏,即用厚 0.2 mm 的聚乙烯做成帐,形成一个相对密闭的贮藏环境。草莓浆果气调贮藏的适宜的气体成分为:CO_2 3%～6%、O_2 3%、N_2 91%～94%。贮藏时间为 10～15 d,如将气调与低温冷藏相结合,贮藏期会更为延长。气调贮藏时对二氧化碳浓度要进行适当控制,如果达到 10% 时,果实会出现生理障碍,果实软化,风味差,并带有酒味。

三、辐射贮藏

辐射贮藏是利用同位素钴-60 放出的 γ 射线辐射草莓浆果,杀伤果实表面所带的微生物,以减少各种病害的感染,达到贮藏保鲜目的的。应用离子辐射保藏食品技术已受到国内外广泛重视。用 15 万～20 万 rad(1 rad＝0.01 Gy)剂量的 γ 射线辐照的浆果,无论在室温或冷藏条件下,贮藏期都比未处理的延长 2～3 倍。国内有报道,用 20 万 rad γ 射线照射草莓,在 0～1 ℃下冷藏,贮藏期最长可达 40 d。引起草莓果实腐败的病原体一般有灰霉菌、根霉菌、毛霉菌和疫霉菌,用 20 万 rad 剂量照射可显著降低果实的霉菌数量,约减少 90%,同时还消灭了其他革兰氏阴性杆菌。试验表明,辐射对草莓营养成分无影响。辐照前进行湿热加热处理,效果更好,处理温度因品种而异,一般为 41～50 ℃,辐照以 15 万 rad 剂量较适宜。草莓不同品种所用照射量以及辐射效果也有差异。辐射贮藏的效果和传统的低温贮藏差不多,只是辐射贮藏所用的费用更高些,建立辐射源所需的条件也比较严格,且容易发生危险。但辐射食品对人类是无害的。

四、热处理贮藏

对草莓进行热处理是防止果实采后腐烂的一种有效、安全、简单、经济的方法。在空气湿度较高的情况下,草莓果实在 44 ℃下处理 40～60 min,可以使由灰霉病引起的采后果实腐烂率减少 50%。处理 40min 时,果实的风味、香味、质地及外观品质不受影响。热处理与辐射处理一样,其本身没有保护作用,它可以钝化病原菌的生长发育,抑制其初期侵染,一旦处理结束就不再起作用。热处理的作用与空气的相对湿度关系密切,只有在高湿的情况下才能减少果实腐烂。例如,在 44.3 ℃下,空气相对湿度分别是 50%、60% 和 70% 时,对减少果实腐烂均没有作用。但在空气相对湿度为 90% 时热处理 1 h,或相对湿度为 98% 时热处理 0.5 h,果实腐烂率可以减少 65%。另外,热处理时要掌握适宜的温度,温度过低作用不明显,温度过高会使果实造成创伤。一般在44℃时,草莓果实就会受到一定程度的创伤,因此热处理的温度应低于44℃。

五、速冻保鲜

速冻就是利用-25℃以下的低温,使草莓在极短的时间内迅速冻结,从而达到保鲜的目的。草莓速冻后可以保持果实的形状、新鲜度、自然色泽、风味和营养成分,而且工艺简单,清洁卫生。既能长期贮藏,又可远运外销。因此,速冻草莓是一种较好的保鲜方法。在美国的加利福尼亚州,大约有50%的草莓用于速冻。近年来我国的速冻草莓已出口到日本及东南亚一些国家,也在国内销售,草莓的速冻保鲜技术日益引起重视。

1. 速冻保鲜的原理

(1)速冻使草莓果实中的绝大部分水分形成冰晶,由于冻结快速,形成冰晶的速度大于水蒸气扩散的速度,浆果细胞内的水分来不及扩散便形成小冰晶,在细胞内和细胞间隙中均匀分布,使细胞免受机械损伤导致变形或破坏,从而能保证细胞的完整无损。

(2)草莓汁液形成冰晶后,由于缺乏生存用水,沾染在浆果上的细菌、霉菌等微生物生命活动受到严重的抑制,生长和繁殖被迫停止。

(3)低温抑制了浆果内部酶系统的活动,使其不能或很难起催化作用。所以速冻可以起长时间保鲜防腐作用。

2. 速冻草莓原料的要求

(1)品种:不同的草莓品种对速冻的适应性有差别,必须选择适于速冻的草莓品种作为原料。一般要求用果实品质优良、匀称整齐、果肉红色、硬度大、有香味和适宜的酸度,果萼易脱落的品种。

(2)成熟度:用于速冻的草莓成熟度必须一致。果实的成熟度为八成熟时,比较适合速冻,即果面80%着色,香味充分显示出来,速冻后色、香、味保持良好,无异味。而成熟度较差的果实,速冻后淡而无味,而且产生一种异味。过熟的果实,由于硬度低,在处理过程中损失较大,速冻后风味变淡,色深,果形不完整。

(3)新鲜度:速冻草莓必须保持原料新鲜,采摘当天即应进行处理,以免腐烂,增加损失,影响质量。如果当天处理不完,应放在0~5℃的冷库内暂时保存,第二天尽快处理,以确保原料的新鲜度。远距离运输时,需用冷藏车,以防原料变质。

(4)果实大小:速冻要选用均匀一致的整齐果,单果重为7~12 g,果实横径不小于2 cm,过大过小均不合适。因此,大果形品种,一般选用二级序果及三级序果进行速冻,最先成熟的一级序果往往较大,可用于供应鲜食市场。

(5)果实外观:选用果形完整无损、大小均匀、果形端正、无任何损伤的果实。对病虫果、青头果、死头果、霉烂果、软烂果、畸形果、未熟果等均应检出,以确保原料的质量。

3.速冻草莓生产工艺

速冻草莓生产的工艺流程为:验收→洗果→消毒→淋洗→除萼→选剔→水洗→控水→称重→加糖→摆盘→速冻→装袋→密封→装箱→冻藏。

(1)验收:按速冻草莓原料的要求进行检查验收。重点检查品种是否纯正,果实大小是否符合标准,果实成熟度是否符合要求。

(2)洗果:把浆果放在有出水口的水池中,用流动水洗果,并用圆角棒轻轻搅动,圆角棒不要伸到池底,以免将下沉的泥沙、杂物搅起。洗去杂质,使原料洁净。

(3)消毒:用 0.05% 的高锰酸钾水溶液浸洗 4～5 min,然后用水淋洗。

(4)除萼:人工将萼柄、萼片摘除干净。对除萼时易带出果肉的品种,可用薄刀片切除花萼。

(5)选剔:将不符合标准的果实及清洗中损伤的果实进一步剔除,并除去残留萼片和萼柄。

(6)控水:最后一次清洗后,将浆果滤控 10 min 左右,控去浆果外多余的水分,以免速冻后表面带水发生粘连。要求冻品呈粒状时,控水时间宜长;要求冻品呈块状时,控水时间宜短。

(7)称重:作为出口用的速冻草莓,要求冻后呈块状,每块 5 kg。在 38 cm× 30 cm×8 cm 的金属盘中,装 5 kg 草莓。为防止解冻时缺重,可加 2%～3% 的水。这样实际每盘草莓的重量为 5.10～5.15 kg。

(8)加糖:按草莓重量的 20%～25% 加入白糖。甜味重的品种可加 20% 的糖,酸味重的品种可加 25% 的糖。加糖后搅拌均匀。作加工原料的冻品一般不加糖。

(9)摆盘:要求冻品呈块状时,盘内的草莓一般要摆放平整,紧实。要求冻品呈粒状时,摆放不必紧实。稍留空隙,以防止成块,不易分散。

(10)速冻:摆好盘后立即进行速冻,温度保持在−30～−25 ℃,直到果心温度达−15 ℃时为止。为了保证快速冻结,保证冻品的质量,盘不宜重叠放置。如果盘不重叠,经 4～6 h 果心即可冻结,并达到所需低温。

(11)包装:将速冻后的草莓连盘拿到冷却间,冷却间温度保持在 0～5 ℃。呈块状的将整块从盘中倒出,装入备好的塑料袋中。要求呈粒状的,将个别结成小块的冻品逐个分开,然后根据包装大小,称重装入塑料袋中,用封口机密封后,放入硬纸箱中。在冷却间操作必须随取盘随包装,操作熟练迅速。

265

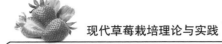

（12）冷藏：在冷却间装箱后立即送入温度为一18℃、湿度为100％的冷室中存放，贮藏期可达18个月，随时鲜销。

4.速冻草莓的运输和销售

速冻草莓既可生食，又可作为加工原料。用作冷饮生食的，运输时必须用冷藏车、冷藏船，销售时须用冷藏柜，以防冻品在出售前融化。目前我国冷饮行业发展迅速，冷链物流和冷藏设备也随之发展，各大中型超市都有冷藏设施，均有利于速冻草莓的销售。

5.速冻草莓解冻方法

速冻草莓，如未解冻，吃起来肉硬如石，只有冰冷的感觉，品尝不出香甜味道，因此在食用前必须解冻。解冻的时间和程度要适宜，吃起来才能感觉凉爽柔软，香甜可口。速冻草莓有水浴解冻、空气解冻、微波解冻、超声波解冻等4种解冻方式。常用的解冻方法是水浴解冻，将速冻草莓放入容器中，将容器坐在温水中，解冻后立即食用。过早解冻，会使浆果软塌流汁，食用时淡而无味，甚至造成腐烂变质。解冻后要在短时间内食用完毕，不能再重新冷冻或长久放置。

沈阳农业大学刘雪梅等的研究结果表明：在解冻时间方面，4种解冻方法的解冻时间差异极显著，微波解冻＜超声波解冻＜水浴解冻＜空气解冻。在物理特性方面，微波解冻后的草莓色泽及硬度保持最好、汁液流失率最低；超声波解冻仅次于微波解冻；空气解冻汁液流失率最大，硬度最小。在营养品质方面，微波解冻后草莓总酸含量显著高于其他3种解冻方法，还原糖含量、维生素C含量极显著高于其他3种解冻方法；超声波解冻草莓花色苷含量最高，说明在解冻过程中，超声波对花色苷的破坏作用最小；水浴解冻还原糖含量最低，空气解冻维生素C含量最低。综合分析，微波解冻法优于其他3种解冻方法。

第四节　草莓深加工技术

一、草莓酱加工技术

果酱是人类一种古老的保藏食品，果酱的色、香、味、形俱佳，营养丰富。草莓酱是果酱中的主要品种，可称果酱之王。日本的草莓酱占果酱的60％～70％。草莓酱生产除供应市场外，还可解决果农在草莓淡、旺季价格不平衡和部分等外品销售无渠道的问题，既减少了原料损失，又保证了原料价格稳定及产品全年供应市场。因此,草莓酱是提高草莓附加值的一种重要产品。

1.草莓原料要求

用于加工草莓酱的原料,要求成熟度高,果个大,果肉软,口味酸,容易除萼,可溶性固形物含量在8%左右。果实成熟度一般要求在九成熟或偏上的果品。既不能未熟,以避免制品的色泽不良及果肉萎缩变硬,又不能过熟,以防止果色太红引起制品色泽过深及果酱形态不良。果实色泽过深及过淡均不适合做果酱。为保证原料的均衡供应,国外多用速冻草莓作为原料。

用于加工的砂糖纯度要在99%以上,不含有色物质和其他杂质,无异味,无污染。

2.生产工艺

草莓酱的生产工艺流程为:原料选择→浸泡清洗→除去果梗、萼片、杂质→暂存→配料和溶化果胶→软化及浓缩→装罐、封口、杀菌→冷却→成品。

(1)原料选择:按以上原料要求验收原料,剔出不合格果如未成熟果、虫蛀果、霉烂果、疤痕果等。挑选工作应贯彻在整个处理过程中。

(2)浸泡清洗除萼:将选好的果实轻轻倒入水槽内,浸泡3～5 min,使果实的泥沙等软化洗掉。同时将上浮的萼片及杂质去除,摘掉果蒂。浸泡时间不要过长,以免果实颜色流失。水要保持清洁。在国外多采用机械法去萼,如日本长野罐头厂使用的美国品种"玛夏露",采用机械除萼,除萼率达90%。对于不易除萼的品种,只能人工除萼。国外多采用喷射冲洗、水槽冲洗及旋转冲洗等机械。洗果后再检查一次,以剔除萼片和不合格的果,然后控滤水分。

(3)暂存:把草莓过称装入盒或桶内,每个容器装果20～30 kg。为防止果实氧化变化,在果面上加果重10%的白砂糖。容器内果实常温放置,不超过24 h,在0 ℃冷库暂存,最多3 d。

(4)配料:草莓和砂糖比例为1∶1.4,柠檬酸加入量为成品的0.25%～0.4%,果胶为成品的0.25%。

(5)溶化果胶:按果胶∶糖∶水＝1∶5∶25的比例在锅内搅拌加热,直到果胶全部溶化为止。也可用褐藻酸钠代替果胶充当酱体的增稠剂。

(6)软化及浓缩:加热软化的目的是破坏酶的活性,防止变色,软化果肉组织,便于浓缩时糖液渗透,促进果肉组织中的果胶溶出一部分,有利于凝胶的形成。同时,通过加热,蒸发一部分水分,缩短浓缩时间,除去原料组织中的气体,以使酱体无气泡。加热软化时,先把锅洗净,放入总糖水量的1/3的糖水。糖水浓度为75%,同时倒入草莓,快速升温,软化约10 min,再分2次加入余下的糖水。沸腾

267

后,控制压力在 $1\sim2$ kg/cm² $(1$ kg/cm² $=0.098$ MPa),同时不断搅拌,使上下层软化均匀,待可溶性固形物达 60% 以上时,加入溶化的果胶溶液和用水化开的柠檬酸,继续加热煮沸,不断搅拌,待酱色呈紫红色或红褐色且具有光泽,颜色均匀一致时停止。如用褐藻酸钠溶液,应预先用 50 ℃,氢离子浓度为 1 nmol/L 的温水将褐藻酸钠粉末调成胶状,加入后充分搅拌,浓缩 $10\sim15$ min,然后加入苯甲酸钠液,再熬煮 10 min 即可。出锅温度要求 $90\sim92$ ℃,含可溶性固形物 66%~67%。

(7)装瓶及杀菌:草莓酱瓶装、罐装均可,空瓶消毒后,及时装入 85 ℃ 以上的果酱规定容量或重量,盖上用酒精消过毒的瓶盖,拧紧或用封罐机封罐。检查后放在 95 ℃ 的水内 $5\sim10$ min 杀菌,然后用喷淋水冷却至瓶中心温度 50 ℃ 以下。经检验合格即为成品。

3.产品质量标准(QB/T 1386—2017 果酱类罐头)

(1)感官指标:色泽为红褐色,均匀一致;具有良好的草莓风味,无焦煳味及其他异味;果实去净果梗及萼片,煮制良好,保持部分果块,呈胶黏状,置入水面上允许徐徐流散,但不得分泌液汁,无糖的结晶;不允许存在杂质。

(2)理化指标:总糖含量,以转化糖计,不低于 60%;可溶性固形物,按折光计,不低于 68%;重金属含量,锡≤200 mg/kg,铜≤10 mg/kg,铅≤3 mg/kg;产品净重有 312 g、600 g 和 700 g 三种,允许公差±3%,但每批产品平均不低于净重。

(3)微生物指标:无致病菌及因微生物作用所引起的腐败现象。

(4)罐型:采用国家规定的罐型。

二、草莓汁加工技术

草莓汁是草莓经过破碎、压榨和过滤等操作过程而得到的汁液。草莓汁无论在风味上,还是在营养上,特别是在维生素 C 的保存方面,都比其他草莓加工制品好,它是各种草莓加工品中最接近天然、新鲜果品的品种。草莓汁可以直接作为饮料,还是多种饮料和食品的原料,用它配制成草莓果汁、草莓小香槟、草莓汽水、草莓果酒、草莓雪糕、草莓冰淇淋、草莓糖果等,既增加营养成分,又具有草莓特殊香味。草莓浆果柔软多汁,易于取汁,对于不适于加工果酱的过熟果、畸形果、小粒果等均可加工成果汁。市场上的果汁有 2 种:一种是天然的,即利用新鲜草莓作为原料,经加工制成;另一种是人工配制的,用糖、有机酸、食用香精、食用色素和水等,模拟天然果汁的成分和风味配制而成。

1.草莓原料要求

选用含酸量高,色泽深红,耐贮运,可溶性固形物含量高的品种,如因都卡、宝交早生、戈雷拉、全明星等。浆果要求充分成熟,没有病虫污染、疤痕、腐烂和萎缩。采用色素含量较高、颜色比较稳定、酸度较高的品种(如索菲亚、丰惠、斯克脱等)与香味浓郁、维生素 C 含量较高、酸度较低、色泽较浅的品种(如宝交早生、春香等)混合制汁,可提高草莓汁的品质。

水质的好坏直接影响果汁的外观和风味,水的硬度是水质的重要指标,1 L 水中含有 10 mg 氧化钙硬度为 1°。加工果汁要求水的硬度小于 8°。一般自来水基本符合草莓汁的加工要求。

2. 生产工艺

草莓汁的生产工艺流程为:原料选择→浸洗→摘果梗、萼片→再清洗→烫果→取汁→滤汁→调整成分→杀菌→成品装罐。

(1)原料选择:按以上原料要求验收浆果。

(2)洗涤和摘果梗:把草莓放在洗涤槽浸洗 1～2 min,除去泥沙和果面上的漂浮物。再在 0.03% 高锰酸钾溶液中消毒 1 min。然后用流水冲洗,或换水冲洗 2～3 次。摘除果梗和萼片后,再淋洗或浸洗一次,最后沥水待用。

(3)烫果:在不锈钢锅或搪瓷盆中,采用蒸汽或明火加热草莓,不能用铁锅。把沥去水的草莓倒入沸水锅里烫 30～60 s,使草莓中心的温度在 60～80 ℃ 即可。然后捞出放入盆中。果实受热后,可以减少胶质的黏性和破坏酶的活性,阻止维生素 C 的氧化损失,还有利于色素的析出,提高出汁率。锅内的烫果水,可加到榨汁工序中去。

(4)榨汁:压榨取汁采用各种压榨机,也可用离心甩干机或不锈钢绞肉机来破碎草莓,然后放在滤布袋内,在离心甩干机内分离出热敏性凝固物质,由出水口收集果汁。三次压榨出的果汁混合在一起,出汁率可达到 75%。

(5)果汁澄清过滤:榨出草莓汁时,为防止升温变质,常添加 0.05% 的苯甲酸钠作为防腐剂。榨出的草莓汁在密闭的容器内放置 3～4 d 即可澄清。低温澄清速度更快。然后用孔径为 0.3～1 mm 刮板过滤机或内衬 80 目绢布的离心机细滤澄清。过滤的速度随着滤面上沉积层的加厚而减慢。可对果汁过滤桶加压或减压,使滤面上下产生压力差,以加速过滤。

(6)调整成分:调整成分的目的是使产品标准化,增进风味,控制糖度和酸度。草莓汁的糖度一般在 7%～13%,酸度不低于 0.7%～1.3%,可溶性固形物和糖酸比为(20～25)∶1。作为原果汁调整后的糖度要求为 45%,酸度为 0.5%～0.6%。

(7)杀菌:主要杀死果汁中的酵母菌和霉菌。一般采用加热杀菌,加热到 80～85 ℃,保持 20 min 即可。对混浊果汁加热时间过长,会影响风味,所以应采用超高温杀菌法,即升温到 135 ℃ 维持数秒钟或采用瞬时灭菌法。

269

(8)成品保存:果汁灭菌后趁热装入洗净消毒的瓶中,立即封口,再放入 80 ℃左右的热水中灭菌 20 min,取出后自然冷却,在低温下存放,一般应在 5 ℃左右冷库中贮存。

三、草莓罐头加工技术

罐藏是草莓加工中的一种好方法。草莓罐头具有草莓原有的风味,营养丰富,清洁卫生,稳定性好,贮藏期较长,运输携带方便。草莓罐头维生素 C 含量为 27.6～49.1 mg/100 g,比梨、桃等罐头高出 10～30 倍。

1. 罐藏加工的原理

草莓果实中营养物质丰富,水分也多,容易被微生物侵染。果实采收后,由于本身衰老或机械损伤,微生物很容易乘虚而入,结果造成果实腐烂。另外,果实在其内部酶系统的作用下,营养物质也会逐渐分解,以致腐败变质。但是,无论微生物还是酶系统,它们对温度都有一定的适应范围,如果加温到一定程度,微生物和酶系统都会受到破坏。草莓罐头就是利用这个原理,将经过一系列处理后的草莓装入特制的容器中,再经抽气,密封,隔绝外界的空气和微生物,最后再经过加热杀菌,从而使草莓具有较长时间保存期。

2. 草莓原料要求

(1)品种:一般应选择果实颜色深红,硬度较大,种子少而小,大小均匀,香味浓郁的品种。这样制成的罐头,果实红色,果形完整,具韧性,汁液透明鲜红,原果风味浓,甜酸适宜。草莓不同品种间加工适应性差异较大。试验认为,因都卡、早红光、莱斯特、梯旦等是较好的制作罐头品种,全明星次之。宝交早生和阿特拉斯制作罐头后果色浅,感官欠佳。鸡心品种不宜制作罐头。

(2)成熟度:制作糖水草莓罐头以果实八成至九成熟为宜,因必须经加热处理,故不能过于成熟,但成熟度太差又影响食品风味。

(3)新鲜度:要求果实新鲜完整,因为原料越新鲜完整,其营养成分保存的越多,产品的质量就越好。采后不宜积压,要及时加工。剔除未熟果、过熟果、病虫果、腐烂果。

罐藏容器应具备能够完全密封,耐高温高压,耐腐蚀,不与内容物发生化学反应,质轻价廉,便于制作和开启等特点。国内目前使用的主要有镀锡薄板罐(俗称马口铁罐)和玻璃罐两种,近来又发展了少量的铝罐。国外还盛行一种用复合塑料薄膜制作的包装。随着人们对生活质量和食品安全要求的不断提高,对食品包装的功能性提出了越来越高的标准和要求,推动了食品包装行业创新发展,以最大限度地满足安全健康和人性化需求。

做罐头的糖要求比较严格,要求选用的糖纯净,不含有色物质和其他杂质,无色、透明、晶体、易溶于水,无异味、无污染。

3.生产工艺

草莓罐头生产工艺流程为:原料选择→除去果梗、萼片→清洗→烫漂→装罐→排气封罐→杀菌冷却→成品检验。

(1)原料选择:按以上原料要求验收原料。

(2)除去果梗、萼片。

(3)清洗烫漂:将果实用流动的清水冲洗,沥干,然后立即放入沸水中烫漂 1～2 min,以果实稍软而不烂为度。烫漂时间长短视品种及成熟度而异。烫漂液要连续使用,以减少果实可溶性固形物的损失。

(4)装罐:烫漂后,将果实捞出沥干,装入罐内,随即注入 28%～30% 的热糖液。事先经检查合格的空罐要用热水冲洗干净或蒸汽消毒后备用,或者放入 40～45 ℃的稀漂白粉溶液中浸泡,浸泡的时间根据污染的程度而定,然后用清水冲洗干净备用。装罐的数量和质量要符合规格要求,在色泽、外形、成熟度等方面要保持同一罐或同一批一致。装罐时还要保持一定的顶隙,即食物表面包括汁液与罐盖之间保持一定距离,通常掌握在 6.35～9.6 mm,并严防混入杂物。

(5)排气封罐:适度的真空是罐藏的基本条件。装后排气的方法有两种。第一种是加热排气法,它是借热气或蒸汽的作用进行排气,至罐中心温度为 70～80 ℃,保持 5～10 min 立即封罐。四旋式或螺旋式的玻璃瓶罐,可直接用手工封盖。除此之外都必须用封罐机封罐。第二种是真空抽气法,它是用真空泵抽去罐头顶部的空气。这种方法必须使抽气与封罐密切结合,现在一般多采用真空封罐机。

(6)杀菌冷却:在沸水浴中杀菌 10～20 min,然后冷却至 38～40 ℃,镀锡薄板罐可以直接投入冷水中,待罐温降至 38～40 ℃时取出。玻璃罐头实行分段冷却,使其逐步降温,一般分三段进行,每段温差 20 ℃。最后经保温处理,检验合格即为成品。

(7)成品检验:产品的糖水浓度达到 12%～16%,固形物为净重的 55%～60%,感官、理化和卫生等各项指标都应达到行业标准规定的质量标准。

为了解决草莓制作罐头后果实褪色、瘫软的问题,吉林农业大学采用把抽空的草莓果实 300 g,注入含糖 30% 沸腾的黑穗醋栗天然果汁作为填充液和抽空液。这样制出的草莓罐头,经贮存后,色泽艳丽,果实饱满,不碎,不瘫软,外观良好,具有独特芳香味,甜酸适口,口感极佳。

四、草莓的其他加工技术

草莓是浆果,不便运输,难贮藏。因此,将它开发加工成草莓食品,不仅可缓解鲜销和贮藏压力,又能满足不同层次消费需求,从而提高产品附加值。除以上 3 种草莓加工技术外,市场上还有草莓干、草莓脯、草莓蜜饯、五味莓、草莓果茶、草莓露、草莓醋、草莓酒等深加工技术产品。另外,以草莓汁为原料制成的各种高级美容膏,有滋润和营养皮肤的功效,对缓解皮肤皱纹的出现有显著效果。

参考文献

[1]贲海燕,崔国庆,石延霞,等.氰氨化钙土壤改良作用及其防治蔬菜土传病害效果.生态学杂志,2013,32(12):3318-3324.

[2]曹坳程,王九臣.土壤消毒原理与应用.北京:科学出版社,2015.

[3]戴晔.携手共创设施园艺产业新篇章——中国优质农产品开发服务协会设施园艺分会成立.中国花卉园艺,2016(3):28.

[4]丁小明,张瑜,么秋月.中国设施园艺标准化现状.农业工程技术,2017,37(19):10-14. [5]范永强.庄伯伯实用技术手册.济南:山东科学技术出版社,2009.

[6]范永强,张永涛.土壤修复与新型肥料应用.济南:山东科学技术出版社,2017.

[7]雷家军.代汉萍,谭昌华,等.中国草莓属(*Fragaria*)植物的分类研究.园艺学报,2006,33(1):1-5.

[8]康瑞.农业现代化与我国设施园艺工程.山西农经,2015(3):49,63.

[9]李天来.日光温室蔬菜栽培理论与实践.北京:中国农业出版社,2014.

[10]刘雪梅,孟宪军,李斌,等.不同解冻方法对速冻草莓品质的影响.食品科学,2014,35(22):276-281.

[11]林婧,马邶生,王丽萍,等.设施园艺产业发展现状及对策分析.中国园艺文摘,2017,33(12):60-61.

[12]孟祐成.细胞分裂素对草莓增产效应的研究.耕作与栽培,1989(1):38-40.

[13]么秋月.群英荟聚,助力设施园艺产业健康发展——"2016中国园艺学会设施园艺分会学术年会"在天津召开[J].农业工程技术,2016,36(31):8-9.

[14]吴凤芝.蔬菜作物连作障碍研究——进展与展望Ⅰ.北京:中国农业出版社,2007.

[15]吴国兴.日光温室蔬菜栽培技术大全.北京:中国农业出版社,1998.

[16]余朝阁,孙周平,须晖,等.当前我国设施园艺发展中存在的问题及可持

续发展途径.长江蔬菜,2012(24):107-108.

[17]张福锁.测土配方施肥技术.北京:中国农业大学出版社,2011.

[18]张瑜.携手奋进　共创设施园艺产业新纪元——中国优质农产品开发服务协会设施园艺分会成立大会暨设施园艺产业链与品牌建设研讨会在京召开.农业工程技术,2016,36(1):46-47.

[19]朱振华.寿光棚室蔬菜生产实用新技术.济南:山东科学技术出版社,2001.

[20]周仙红,刘家魁,贾湧,等.利用臭氧水防治韭菜迟眼蕈蚊[J].中国蔬菜,2016(8):85-87.

附录一　设施土壤日光消毒技术规程（DB64/T 624—2010）

本标准编写的格式符合 GB/T 1.1—2009《标准化工作导则 第 1 部分:标准的结构和编写》的要求。

本标准由西北农林科技大学、宁夏大学提出。

本标准由宁夏回族自治区农牧厅归口。

本标准起草单位:西北农林科技大学、宁夏大学。

本标准主要起草人:程智慧、孟焕文、孙金利、李建设、高艳明。

1　范围

本标准规定了设施土壤日光消毒技术规程的技术条件、消毒时间选择和消毒操作规程。

本标准适用于宁夏回族自治区生态条件下塑料大棚和日光温室果菜栽培土壤的日光消毒尤其是连作土壤的日光消毒,生态条件相似的其他地区可以借鉴。

2　技术条件

2.1　栽培设施

日光温室、塑料大棚。

2.2　地面覆盖物

厚度 0.12 mm 或 0.12 mm 以上的无色透明聚乙烯薄膜,长宽依设施内地面尺寸而定。

2.3　土壤辅助添加物

常用的土壤辅助添加材料有石灰氮、鲜鸡粪、鲜牛粪等。

3　消毒时间选择

土壤日光消毒应选择夏季高温、光照最好的季节,并且为日光温室和塑料大棚作物栽培的换茬休闲季节,一般在 6—8 月。

4 消毒操作规程

4.1 清除前茬作物残留物

前茬作物结束后,及时拔出前茬作物,并将残留物及杂草清理干净。

4.2 普施有机肥

按照下茬作物种植要求,普施有机肥,如鸡粪、牛粪、羊粪等。

4.3 选择消毒辅助添加物

在夏季阴雨天气较多的地区,为保证土壤消毒效果,必须添加土壤消毒辅助添加物。辅助添加物可以选择单种添加物,也可以选用复合添加物,将选好的消毒添加物均匀撒施在土壤表面。

4.3.1 单种消毒辅助添加物

可以选择以下消毒辅助添加物的 1 种:(a)石灰氮,用量为 0.15 kg/m²;(b)鲜鸡粪,用量为 1 500 kg/亩;(c)鲜牛粪,用量为 1 500 kg/亩。

4.3.2 复合型添加物

可以选择以下消毒辅助添加物组合中的 1 种:(a)石灰氮 0.15 kg/m² + 鲜鸡粪 1 500 kg/亩;(b)石灰氮 0.15 kg/m² + 鲜牛粪 1 500 kg/亩。

4.4 深翻土壤

将普施过有机肥和撒过消毒辅助添加物的土壤深翻 30～40 cm,整平地面,作畦,宽 1.5～2 cm,长依地形而定。

4.5 地面覆盖

用厚度 0.12 mm 或 0.12 mm 以上的无色透明聚乙烯薄膜覆盖设施内地面,膜边沿用土压严。

4.6 灌水

从畦的一端塑料膜下向畦内灌水,充分湿透土壤,但不要积水。灌完水后将灌水口的薄膜封严。

4.7 密封设备

将塑料大棚或日光温室保持昼夜完全封闭,注意出入口和所有通风口不能漏风,保持塑料薄膜清洁无尘,保证较高的透光率。有条件的,可以安装温度记录仪记录 10 cm 地温,监测地温,并用地温指标判断消毒效果。

4.8 消毒天数确定

在夏季高温期间,土壤日光消毒时间需 15～30 d。消毒时间越长,消毒效果越好。连续高温晴天多的,消毒时间可短;阴雨天气多的,消毒时间应该延长。

4.9　揭膜晾晒

消毒完成后,揭去地面覆盖物,打开设施所有通风口,降低设施内的温度和湿度,但设施所有通风口和出入口防虫网应完整,防止外界害虫进入消毒后的设施内。

4.10　整地备栽

在土壤墒情合适时,按照下茬作物种植要求及时整地作畦,准备栽植。

附录二 设施园艺作物土壤消毒技术规程(DBB/T 1513—2012)

本标准按照 GB/T 1.1—2009 给出的规则起草。本标准由河北农业大学提出。

本标准起草单位:河北农业大学。

本标准主要起草人:甄文超、尹宝重、赵绪生、王亚南、赵洪水。

1 范围

本标准规定了对设施园艺土壤进行消毒的药剂种类、施药量、施药方法、施药时间、安全措施、药品贮存与运输、土壤条件等配套技术规范。

本标准适用于草莓、黄瓜、番茄等设施园艺作物。

2 规范性引用文件

下列文件对于本文件的应用是必不可少的。凡是注日期的引用文件,仅所注日期的版本适用于本文件。凡是不注日期的引用文件,其最新版本(包括所有的修改单)适用于本文件。

GB 12475—2006 农药贮运、销售和使用的防毒规程

GB 15618—1995 土壤环境质量标准

GB/T 8321—2000(所有部分) 农药合理使用准则

3 术语和定义

下列术语和定义适用于本标准。

3.1 土壤消毒

是一种高效快速杀灭土壤中真菌、细菌、线虫、杂草、土传病毒、地下害虫、啮齿动物的技术,能很好地解决高附加值作物的重茬问题,并显著提高作物的产量和品质。

3.2 设施园艺

又称设施栽培,是指在露地不适于园艺作物生长的季节(寒冷或炎热)或地区,

利用特定的设施(保温、增温、降温、防雨、防虫)，人为创造适于作物生长的环境，以生产优质、高产、稳产的蔬菜、花卉、水果等园艺产品的一种环控农业。

3.3 浅盘法

一种测定土壤线虫含量的方法。具体操作过程为：将 10 目的不锈钢筛盘放入配套的浅盘中，在筛盘上放置两层纱网，再放一层线虫滤纸，然后把 100 g 土样均匀铺在滤纸上，加水至浸没土壤。置于 20 ℃ 室温条件下分离。分别在经过 24 h、36 h、48 h 后，收集浅盘中的水，然后同离心浮选法一样，用三个套在一起的筛网过筛、冲洗、收集、计数。

3.4 稀释平板计数法

一种测定土壤病原真菌含量的方法。主要是根据微生物在固体培养基上所形成的单个菌落，即是由一个单细胞繁殖而成这一培养特征设计的计数方法，即一个菌落代表一个单细胞。计数时，首先将待测样品制成均匀的系列稀释液，尽量使样品中的微生物细胞分散开，使成单个细胞存在(否则一个菌落就不只是代表一个细胞)，再取一定稀释度、一定量的稀释液接种到平板中，使其均匀分布于平板中的培养基内。经培养后，由单个细胞生长繁殖形成菌落，统计菌落数目，即可计算出样品中的含菌数。

3.5 土壤相对湿度

土壤绝对湿度值占田间持水量的百分率。

4 土壤消毒药剂

参照 GB 12475—2006 与 GB/T 8321—2000 的规定。

5 土壤消毒方案

土壤中病原真菌数量的测定采用"稀释平板计数法"进行；线虫数量的测定根据"浅盘法"进行。

5.1 土壤中病原真菌消毒方案

Ⅰ级：对于土壤中病原真菌密度 $<5\times10^4$ CFU/g 干土的地块，不进行土壤消毒。

Ⅱ级：对于土壤中病原真菌密度为 $(5\times10^4)\sim(1\times10^5)$ CFU/g(不含 1×10^5 CFU/g)干土的地块，使用威百亩 10 kg。

Ⅲ级：对于土壤中病原真菌密度为 $(1\times10^4)\sim(2\times10^5)$ CFU/g 干土的地块，施用"威百亩"30 kg。

Ⅳ级：对于土壤中病原真菌密度 $>2\times10^5$ CFU/g 干土的地块，使用"氯化苦"

279

40 kg。

5.2 土壤中线虫消毒方案

Ⅰ级：对于土壤中病原真菌密度＜5条/g干土的地块，不进行土壤消毒。

Ⅱ级：对于土壤中病原真菌密度为5～10条/g干土（不含10条）的地块，使用"噻唑膦"2 kg。

Ⅲ级：对于土壤中病原真菌密度为10～20条/g干土的地块，黏土每亩使用"棉隆"15 kg，壤土每亩使用"棉隆"20 kg。

Ⅳ级：对于土壤中病原真菌密度＞20条/g干土的地块，黏土每亩使用"棉隆"25 kg，壤土每亩使用"棉隆"30 kg。

6 不同药剂土壤消毒作业操作规则

6.1 氯化苦

6.1.1 土壤消毒前的准备工作

消毒前，对土壤进行翻耕，土壤翻耕深度要达35 cm左右。达到田间没有作物秸秆和残根，没有大的土块，土壤要平整程度和相应土壤环境质量参照GB 15618—1995。在土壤进行消毒之前进行浇灌，使土壤湿度达90%以上。之后土壤需晾晒，一般砂壤土晾晒4～5 d，黏性土晾晒7～10 d。土壤湿度要求60%左右。然后土壤用旋耕机旋耕，旋耕前将所有有机肥与化肥施于土壤中。土壤消毒所需的温度为土壤表层以下15 cm处15～20 ℃。

土壤消毒所需注意的气候状况，气温低于10 ℃，或者气温高于30 ℃的情况下，不适于进行土壤消毒作。

6.1.2 施药

可采用注射施药法与动力机械施药法两种。注射施药法即将消毒药剂通过特制的注射器械均匀施入土壤中，根据药剂在土壤的分布特性，将药剂以一定距离注射到土壤中，注射深度通常为10～15 cm，注射间隔是20～30 cm。壤单孔注射量为1～3 mL（沙土距离应适当加大，黏土距离应适当缩小）。动力机械施药是用专用的施药机械进行施药。施好药后应及时覆透明膜，膜的厚度应在0.04 mm以上，腹膜要达到全封闭。消毒处理14～21 d后揭膜，高温天气可适当缩短覆膜时间，低温阴雨天气可适当延长覆膜时间。

6.2 威百亩

6.2.1 土壤消毒前的准备工作

消毒前，对土壤进行翻耕，土壤翻耕深度要达25～35 cm。田间没有作物秸秆和残根，没有大的土块，土壤要平整程度和相应土壤环境质量参照GB 15618—

1995。在土壤进行消毒之前进行浇灌，土壤湿度达 60%。之后土壤要进行晾晒，砂壤土晾晒 4～5 d，黏性土晾晒 7～10 d。然后土壤用旋耕机旋耕，旋耕前将所有有机肥与化肥施于土壤中。土壤消毒所需的温度为土壤表层以下 5～7.5 cm 处 5～32 ℃。

6.2.2　施药

6.2.2.1　注射施药

将药液注入注射器后，均匀注入土壤，即纵向、横向均为 30 cm 注射一穴，调整好下药量，注入后用脚踩实穴孔，需逆风作业。施药后立即覆盖透明地膜，10～20 d 后除去地膜，耙松土壤，晾晒 5～10 d。

6.2.2.2　滴灌施药

将威百亩试剂溶于水，然后采用负压施药或压力泵混合进行滴灌施药。施药浓度为 4% 以上，用水为 30～50 L/m²。施药后立即覆盖透明地膜，10～20 d 后除去地膜，耙松土壤，晾晒 5～10 d。

6.2.2.3　沟施

于播前 20 d 以上，在地面开沟，沟深 20 cm，沟距 20 cm。将威百亩试剂溶于水，每亩所需威百亩药剂兑水 400 kg，将稀释药液均匀的施于沟内，盖土后压实。施药后立即覆盖透明地膜，10～20 d 后除去地膜，耙松土壤，晾晒 5～10 d。

6.3　棉隆

6.3.1　土壤消毒前的准备工作

使用前，先对土壤进行深翻，一般翻地深度以 20 cm 为宜。施用棉隆要求土壤湿度要适中，一般水分保持在 76% 以上。

6.3.2　施药

将药剂均匀撒在土壤表面后，用旋耕机耕翻均匀。施药时间宜在 4：00—10：00 或 16：00—20：00，避开中午天气暴热时间。用药后马上覆盖透明地膜。依据土壤温度不同，覆膜时间与通气天数见表 1。

表 1　覆膜时间与天气关系

土壤温度/℃		密封时间/d		通气时间/d		安全试验时间/d	
25	开	4	松	2	安	2	可
20	始	6	土	3	全	2	以
15	施	8		5	试	2	种
10	药	12		10	验	2	植
5		25		20		2	

附录三 氯化苦土壤消毒技术规程
（NY/T 2725—2015）

本标准按照 GB/T 1.1—2009 给出的规则起草。

本标准由中华人民共和国农业部提出并归口。

本标准起草单位：中国农业科学院植物保护研究所。

本标准主要起草人：曹坳程、王秋霞、李园、欧阳灿彬、颜冬冬、郭美霞、毛连纲。

1 范围

本标准规定了氯化苦土壤消毒相关术语和定义，基本原则和技术方法。

本标准适用于为控制草莓、番茄、黄瓜、茄子、辣椒、姜、东方百合、烟草等作物连作障碍而进行的土壤消毒处理。

2 规范性引用文件

下列文件对于本文件的应用是必不可少的。凡是注日期的引用文件，仅注日期的版本适用于本文件，凡是不注日期的引用文件，其最新版本（包括所有的修改单）适用于本文件。

GB 12475 农药贮运、销售和使用的防毒规程

GB 2890 呼吸防护 自吸过滤式防毒面具

国务院令 2011 年第 591 号 危险化学品安全管理条例

中华人民共和国交通运输部令 2013 年第 2 号 道路危险货物运输管理规定

3 术语和定义

下列术语和定义适用于本文件。

3.1 土传病害 soil borne disease

土传病害是指由土传病原物侵染引起的植物病害，侵染病原包括真菌、细菌、线虫、病毒等。

3.2 连作障碍 continuous cropping obstacle

同一作物或近缘作物连茬种植后，即使在正常管理情况下，也会产生土传有害

生物加重、生长势变弱、发育异常、产量降低、品质下降的现象。

3.3 土壤消毒 soil disinfestation

为控制土传有害生物，采用物理、化学、生物或几种技术联合处理，杀灭耕作层土壤有害生物的措施。

4 基本原则

4.1 安全性原则

氯化苦土壤消毒应确保在运输、贮存、使用、废弃物处理等过程中对交通、周围环境、施药人员无不利影响。氯化苦运输应符合中华人民共和国交通运输部令2013年第2号的要求；氯化苦贮存应符合国务院令2011年第591号的要求；废弃物应按 GB 12475 的要求进行处理；氯化苦经营应取得危险品经营许可证；施用氯化苦人员应经过安全培训，取得县级以上主管部门颁发的资格证书。

4.2 适用性原则

土壤消毒前应优先考虑轮作、抗性品种、嫁接、有机质补充、无土栽培、生物防治、物理消毒等措施、当这些措施在技术或经济上不可行时，方可考虑采用氯化苦等化学土壤消毒的方法。

4.3 有效性原则

按推荐的剂量和方法，使用氯化苦进行土壤消毒，应能有效地控制土传有害生物，恢复土壤原有的生产能力。

5 技术措施

5.1 浇水

如土壤干燥，在土壤消毒前应进行浇水处理。黏性土壤提前 4～6 d 浇水，砂性土壤提前 2～4 d 浇水，如已下雨，土壤耕层基本湿透，可省去此步骤。

5.2 旋耕与整地

当 10 cm 土层土壤相对湿度为 60%～70% 时，进行旋耕，浅根系作物旋耕深度 15～20 cm，深根系作物旋耕深度 30～40 cm。旋耕时充分碎土，清除田间土壤中的植物残根、秸秆、废弃农膜、大的土块、石块等杂物，确保旋耕后的土地平整、松软。

5.3 安全防护措施

施药人员在称量药剂和施药过程中，应佩戴氯化苦具有阻隔效果的防毒面具并穿戴防护服。防毒面具性能应符合 GB 2890 的要求。施药过程中如有刺激流泪现象或闻到刺激性气味，应立即离开施药区域，并检查或更换防毒面具。

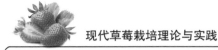

5.4 施药器械

将氯化苦施于土壤中,必须使用专用的手动或机械注射施药机械。

5.5 施药量

草莓、番茄、黄瓜、茄子、辣椒的推荐用量均为:$24 \sim 36$ g/m²。

姜推荐用量为:$50 \sim 80$ g/m²。

东方百合推荐用量为:$37.5 \sim 52.5$ g/m²。

烟草推荐用量为:$35 \sim 52$ g/m²。

根据作物连作时间的长短和土传病害发生的轻重程度选择施药剂量,连作种植短、轻度发病的地块推荐采用低剂量;连作时间长,重度发病的地块推荐采用高剂量。

通过调节施药器械的剂量调节装置,准确确定施药剂量。

5.6 施药条件

5.6.1 土壤温度

适宜氯化苦土壤消毒的温度为 10 cm 土层温度 12 ℃以上。避免在极端气温(低于 10 ℃或高于 30 ℃)下操作,夏季尽量避开中午天气暴热时段施药。

5.6.2 土壤湿度

适宜氯化苦土壤消毒的土壤相对湿度为 $60\% \sim 70\%$,旋耕后应及时施药。

5.7 施药方法

5.7.1 手动施药

向手动注射器内加药时,应将注射器出药口插入地下。

将药剂均匀施入地表下 $15 \sim 30$ cm 深度的土壤中,注入点间距为 30 cm,边注入边将药孔用脚踩实,操作人员应迎风操作。

5.7.2 机械施药

专用施药机械需配置具有相应马力的动力装置,如拖拉机等,将施药机械与动力设备连接后,将药剂均匀地施于土壤中。

5.8 覆盖塑料薄膜

为防止药剂向大气中挥发,施药后须迅速覆盖塑料薄膜,在塑料薄膜上面适当加压袋装、封好口的土壤或沙子($2 \sim 5$ kg),以防刮风时将塑料薄膜刮起,刮破,发现塑料薄膜破损后需及时修补。采用厚度 0.03 mm 以上的聚乙烯原生膜,推荐使用不渗透膜,不得使用再生膜。

覆膜时间,要定期进行巡查,发现问题及时处理。

5.9 设置警示标识

氯化苦处理区域应设置明显警示标识,禁止人、畜进入。

5.10 揭膜敞气

温度高时,覆膜时间短;温度较低时,覆膜时间需要适当延长。

具体覆膜密封及通气时间见到表1。

表 1 覆膜密封及通气时间

10 cm 土层温度/℃	密封时间/d	通气时间/d
>25	>7	5~7
15~25	>10	7~10
12~15	>15	10~15

揭膜时,先揭开膜两侧,清除膜周围的覆土及覆盖物,次日再将膜全部揭开,使残存气体缓慢释放,以免人、畜中毒。

285

5.11 安全性测试

消毒过的土壤需进行种子萌发试验测试其安全性,取表土下 10 cm 处消毒过和未消毒过的土壤,分别装入两个罐头瓶或透明的玻璃容器一半的位置。用镊子将一块湿的棉花平铺在瓶中的土壤上部,在其上放置 20 粒莴苣等易萌发的种子,然后盖上罐头瓶盖,置于无直接光照 25 ℃培养 2~3 d,记录种子发芽数,并观察发芽状态。当未消毒的土壤种子萌发正常时,如消毒土壤种子发芽率在 75% 以上,且种苗根尖无烧根现象,即可以安全种植作物。

5.12 消毒后管理

5.12.1 选用无病种苗

种子、种苗消毒:播种前应确保种子、种苗无病,否则应采用温汤浸种、高温干热消毒、药剂拌种、药液浸种等方法对种子、种苗进行消毒,杀灭种子、种苗携带的病原菌。

无病种苗的培育:采用商品化的育苗基质或育苗块育苗,或自配蛭石(或珍珠岩)加草炭作为育苗基质。

育苗过程中,要确保在浇水等农事操作中不携带病原菌。

5.12.2 水肥管理

使用商品化的有机肥,避免使用未腐熟的农家肥。

使用洁净水源进行农田灌溉,灌溉水输送过程避免病原菌污染。宜使用滴灌或微灌,避免大水漫灌。

5.12.3　农事操作

在农事操作过程中,避免将未处理的土壤、前茬作物的病残体带入消毒过的土壤中,使用机械和工具前须进行清洗。避免通过鞋、衣物或农具将未处理的土壤带入已消毒处理的田块中。

5.13　注意事项

5.13.1　氯化苦土壤消毒操作过程中,应避开人群,杜绝人群围观,严禁儿童在施药区附近玩耍。

5.13.2　将相邻的作物用塑料膜覆盖或隔离,防止氯化苦扩散而造成药害。

5.13.3　无明显风力的小面积低洼地且旁边有其他作物时,不宜施药。

5.13.4　施药过程中,若氯化苦不慎洒落到地面,须覆土处理。

5.13.5　施药完成后,应在处理区就地用煤油或柴油及时清洗施药器械,清洗器械应远离河流、养殖池塘、水源上游。

5.13.6　氯化苦废弃包装物及清洗废液应妥善回收,集中处理。

286　5.13.7　当皮肤不慎接触氯化苦,应及时用大量清水冲洗,若有不适,及时就医。

5.13.8　施药后应将防护服及时单独清洗。

附录四 棉隆土壤消毒技术规程 (NY/T 3129—2017)

本标准按照 GB/T 1.1—2009 给出的规则起草。

本标准由农业部科技教育司提出并归口。

本标准起草单位:中国农业科学院植物保护研究所。

本标准主要起草人:曹坳程、王秋霞、王全辉、王开祥、张艳萍、李雄亚、李园、欧阳灿彬、颜冬冬、仇耀康、管大海。

1 范围

本标准规定了使用棉隆进行土壤消毒的术语和定义、基本要求、消毒前准备、消毒处理、消毒后管理以及注意事项。

本标准适用于为控制草莓、番茄、菊科和蔷薇科观赏花卉及姜等高附加值农作物连作障碍而进行的土壤消毒处理。

2 规范性引用文件

下列文件对于本文件的应用是必不可少的。凡是注日期的引用文件,仅注日期的版本适于本文件,凡是不注日期的引用文件,其最新版本(包括所有的修改单)适用于本文件。

GB 12475 农药贮运、销售和使用的防毒规程

3 术语和定义

下列术语和定义适用于本文件。

3.1 土传病害 soil borne disease

由土传病原物包括真菌、细菌、线虫、病毒等侵染引起的植物病害。

3.2 连作障碍 continuous cropping obstacle

同一作物或近缘作物连茬种植后,产生的土传有害生物加重、生长势变弱、发育异常、产量降低、品质下降的现象。

3.3 土壤消毒 soil disinfestation

为控制土传有害生物,采用物理、化学、生物或几种技术联合处理,杀灭耕作层

土壤有害生物的措施。

4 基本要求

4.1 安全性要求

棉隆的运输、贮运、销售、使用及废弃物处理,应符合 GB 12475 的要求,确保对农作物及非靶标生物、交通、周围环境、施药人员无水利影响。

4.2 必要性要求

土壤消毒前应首先选用轮作、抗性品种、嫁接、有机质补充、无土栽培、生物防治及物理消毒等防控措施。当这些措施达不到预期效果或经济上不可行,并且土传病害发生严重时,方可采用棉隆土壤消毒的方法。

5 消毒前准备

5.1 土壤湿度调整

施药前 3～7 d 灌水,调整土壤相对湿度:砂土 60%～80%,壤土 50%,黏土 30%～40%。

5.2 施肥与整地

将腐熟的有机肥均匀撒于土壤表面,进行土壤旋耕,浅根系作物旋耕深度 15～20 cm,深根系作物旋耕深度 30～40 cm,旋耕后清除前茬植物残体,保证耕层土壤颗粒松散、均匀和平整。

6 消毒处理

6.1 施药量

整地后,按表 1 的规定施用棉隆。

表 1 不同作物推荐施药量

作物	推荐施药量(有效成分用药量 g/m²)
草莓	30～40
番茄	29.4～44.1
菊科和蔷薇科观赏花卉	30～40
姜	49～58.8

注:根据作物连作时间的长短和土传病害、地下害虫、杂草等发生的轻重程度选择施药剂量。连作时间短、轻度发病的地块推荐采用低剂量;连作时间长、重度发病的地块推荐采用高剂量。

6.2 施药方法

土壤消毒的最适土壤温度(5 cm 处)为 20～25 ℃,低于 10 ℃或高于 32 ℃时不宜进行消毒处理。

采用人工或机械均匀撒施棉隆于土壤表面后，立即用旋耕机进行旋耕，浅根系作物旋耕深度 15～20 cm，深根系作物旋耕深度 30～40 cm，确保棉隆与土壤充分混匀。

6.3　覆盖塑料薄膜

施药旋耕后立即采用内侧膜法覆盖塑料薄膜。塑料薄膜采用大于 0.03 mm 的原生膜，不宜使用再生膜和旧膜。

覆膜前，如果土壤较干，应及时向土壤表面浇水，确保土壤表面 5 cm 土层湿润。

露地覆膜后，应在塑料薄膜上面适当加压封好口的袋装土壤或沙子，防止塑料薄膜被风刮起、刮破。塑料薄膜如有破损应及时修补。

6.4　覆膜密封和揭膜敞气时间

依据土壤温度，按表 2 的规定进行覆膜密封和揭膜敞气。在揭膜敞气时，如发现土壤中存在残余棉隆颗粒，需全田浇水，消除药害隐患。揭膜敞气后，按照 7.1 的规定进行安全性测试。若安全性测试不通过，则应采用洁净的旋耕机旋耕土壤，3 d 后再次进行安全性测试，直到安全性测试通过，方可播种或移栽作物。

表 2　不同土壤温度覆膜密封的揭膜敞气时间

土壤 4 cm 处温度/℃	覆膜密封时间/d	揭膜敞气时间/d
＞24	＞15	＞7
18～24	＞20	＞10
13～18	＞30	＞15

7　消毒后管理

7.1　安全性测试

消毒过的土壤应进行种子萌发安全性测试。方法如下：取 2 个透明广口玻璃容器，分别快速装入半瓶消毒过和未消毒的土壤（10～15 cm 土层）。用镊子将湿的棉花平铺在土壤的上部，在其上放置 20 粒浸泡过 6 h 的莴苣等易萌发的种子，然后盖上瓶盖，置于无直接光照 25 ℃下培养 2～3 d，记录种子发芽数，并观察发芽状态。当消毒过与未消毒的土壤种子萌发率相当并达到 75% 以上，且消毒过土壤中种苗根尖无烧根现象，即表明安全性测试通过。

7.2　农事操作

使用的农机具应洁净。农事操作应避免将土传病原菌、地下害虫、杂草种子带入已处理的田地中。

7.3 种苗的选用

选用无病种苗或繁殖材料。

8 注意事项

8.1 施药及揭膜敞气时,应采取戴橡皮手套、穿靴子等安全防护措施,避免皮肤直接接触药剂,一旦药剂接触皮肤,应立即用肥皂、清水彻底清洗,施药后彻底清洗用过的衣物和器械。

8.2 该药剂对鱼有毒,防止污染池塘。

8.3 严禁拌种使用。

8.4 本品无特效解毒药,如误食须立即到医院就医。

附录五　草莓及其病虫害图谱

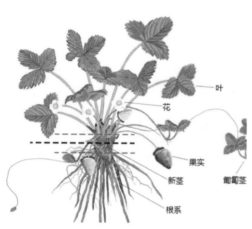

附图 2-1　草莓的生物学特性

附图 2-2　草莓的根形态示意

附图 2-3　草莓的新茎示意

附图 2-4　草莓的根状茎示意

附图 2-5　草莓的匍匐茎示意

附图 2-6　草莓的叶形态示意

292

附图 2-7　草莓的叶芽示意

附图 2-8　草莓的花芽示意

附图 2-9　草莓的花示意

附图 2-10　草莓的花序示意

附图 2-11　草莓的种子形态示意

附图 3-1　草莓缺氮症状示意

附图 3-2　草莓缺磷症状示意

附图 3-3　草莓缺钾症状示意

附图 3-4　草莓缺钙症状示意

294

附图 3-5　草莓缺镁症状示意

附图 3-6　草莓缺铁症状示意

附图 3-7　草莓缺锌症状示

附图 3-8 草莓缺硼症状示意

附图 4-1 草莓灰霉病症状示意

附图 4-2 草莓白粉病症状示意

附图 4-3 草莓叶斑病症状示意

附图 4-4 草莓褐斑病症状示意

附图 4-5 草莓轮斑病症状示意

附图 4-6 草莓蛇眼病症状示意

附图 4-7 草莓革腐病症状示意

附图 4-8　草莓炭疽病症状示意

附图 4-9　草莓炭疽病维管束症状示意

附图 4-10　草莓芽枯病症状示意

附图 4-11　草莓黄萎病症状示意

附图 4-12 草莓红中柱根腐病症状示意

附图 4-13 草莓根腐病症状示意

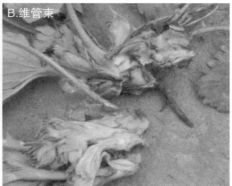

附图 4-14 草莓青枯病症状示意

附图 4-15　草莓芽线虫病
症状示意

附图 4-16　草莓根线虫病
症状示意

附图 4-17　草莓寒害症状
示意

附图 4-18　草莓冻害症状示意

附图 4-19　草莓氨害症状示意

附图 4-20 草莓药害症状示意

301

302

附图 4-21　草莓有机肥危害示意

附图 4-22　草莓土壤盐渍化障碍示意

附图 4-23　草莓土壤盐渍化危害示意

附图 4-24　草莓土壤酸化危害示意　　　　附图 4-25　草莓盐碱地土壤危害示意

附图 4-26　草莓畸形果示意

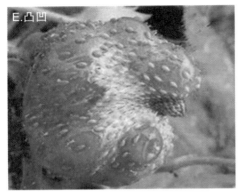

E.凸凹

F.青头

G.裂果

H.空洞

J.僵果

附图4-26　（续）

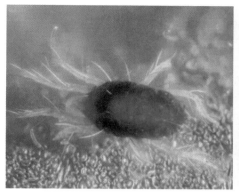

附图 4-27　草莓红蜘蛛形态示意

附图 4-28　草莓红蜘蛛危害示意

附图 4-29　草莓蚜虫形态示意

附图 4-30　草莓蚜虫危害示意

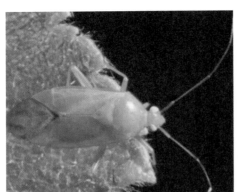

附图 4-31　草莓绿盲蝽形态示意

附图 4-32　大青叶蝉形态示意

附图 4-33　金龟子形态示意

附图 4-34　草莓蛴螬及其危害示意

附图 4-35　草莓蛞蝓及其危害示意